电子显微学中的辩证法

扫描电镜的操作与分析

林中清 李文雄 张希文 著

人民邮电出版社
北京

图书在版编目（CIP）数据

电子显微学中的辩证法 ： 扫描电镜的操作与分析 / 林中清，李文雄，张希文著. -- 北京 ： 人民邮电出版社，2022.3

ISBN 978-7-115-58022-1

Ⅰ. ①电… Ⅱ. ①林… ②李… ③张… Ⅲ. ①扫描电子显微镜 Ⅳ. ①TN16

中国版本图书馆CIP数据核字(2022)第027300号

内 容 提 要

本书以自然辩证法的三大规律为指导思想来论述扫描电镜的基本原理，通过充分且翔实的实例向读者介绍扫描电镜的基本操作规程、测试条件的合理选择、疑难问题的成因和合适的应对策略。此外，本书还就测试过程中出现的各种表象，通过改变测试条件，对其进行全面、细致且深入的分析，帮助读者全面地认识扫描电镜，正确掌握扫描电镜的操作技巧和分析问题、解决问题的方法。

本书在理论探讨上力求简单明了，在实战操作上做到翔实充分，适合各大院校、科研院所相关专业的学生，相关企业的研发人员，以及扫描电镜领域的从业人员参考阅读。

◆ 著　　林中清　李文雄　张希文
责任编辑　邓昱洲
责任印制　李　东　焦志炜

◆ 人民邮电出版社出版发行　　北京市丰台区成寿寺路 11 号
邮编　100164　　电子邮件　315@ptpress.com.cn
网址　https://www.ptpress.com.cn
北京虎彩文化传播有限公司印刷

◆ 开本：700×1000　1/16　　彩插：12
印张：12.75　　2022 年 3 月第 1 版
字数：220 千字　　2025 年 5 月北京第12次印刷

定价：69.80 元

读者服务热线：(010)81055410　印装质量热线：(010)81055316
反盗版热线：(010)81055315

前言

说起哲学，人们的第一印象是晦涩难懂。大多数的哲学理论体系似乎都高高在上，与实践活动之间仿佛间隔着“天堑”。自然辩证法作为马克思主义哲学体系中的一个分支学科，自然而然地也被赋予了这样的论断。

在我国，自然辩证法是中学、大学的政治和哲学课程中的重要内容；在高考以及研究生考试中，自然辩证法也是必考的内容。但考试过后，还能说清楚自然辩证法基本内容的学生却不多。即便是自然辩证法的三大规律，能在第一时间表述出来的人也不多。对一些人来说，学习自然辩证法只是为了应付考试，平时很难将其基本原理融入思维体系作为各种实践活动的指导思想。而将自然辩证法作为指导思想对科学研究活动来说往往更为重要；辩证思维方式的缺失，常常会给研究者带来许多谬误和迷失，使研究者对事物的认识及研究偏离正确的轨道。

仔细考察万事万物的发展及变化规律，可以发现它们完全遵循着自然辩证法的三大规律：对立统一、否定之否定、量变到质变。

对立统一，即对立面的统一和矛盾规律。这一规律认为任何事物都具有内在的矛盾性，又都是矛盾的统一体。矛盾是指事物内部或事物之间既对立又统一的关系。矛盾是事物发展变化的源泉和动力。统一性受对立性制约，对立的形式、规模和范围又被统一性所规制。

否定之否定，是指事物演化都包含肯定与否定这两种影响因素，两者之间的相互竞争是事物演化的动力。在肯定因素居于主导地位时，事物会延续现有性质和特征演化，当否定因素居于主导地位时，事物性质和特征演化的趋势就会发生改变。观察一个事物须同时看到事物的肯定与否定这两个方面。在肯定中看到否定，在否定中又要看到肯定。要全面地看问题，避免形而上学中的一些片面狭隘的思维方式给我们带来认识偏差。

量变到质变，是万事万物变化发展的基本表现形式。质是事物被区别的属性表现；量是事物可量化的规定性；度是保持事物属性的量的界限。量变是事物数量的变更，质变是事物根本性质的变化，是量变的终结。事物由量变导致质变的关键在于对度的把控，适度性原则是实践活动的最佳选择。事物的变化总是从量变开始，质变是量变的终结。

考察自然科学以及人文社会的演变进程可以发现，无论它们各自的进程差异有多大，都遵循着以上三大规律。下面以人类从出生到死亡的历程为例，简单地向读者描述这三大规律究竟如何规范着一个生命体的成长历程。

当一个婴儿降生，这个生命的统一体必然包含相互矛盾的两个因素：成长和衰老。成长和衰老作为两个相互否定的因素，统一存在于每个生命个体之中，而相互之间的量变将导致整个生命体的质变。

婴儿降生之初，成长因素在个体的发展进程中起着主导作用，此时衰老因素相对来说势微力弱，生命个体处于成长的阶段。随着时间的推移，各种身体机能将不断被加强。

伴随着年岁的增长，成长过程逐渐变缓，而衰老过程逐渐加速。当这种演变进程达到一定程度，也就是人到中年之后，衰老因素将转变为生命历程中的主导因素，从此这个生命个体将发生质的变化，走向衰老乃至死亡。

自然界的演进历程更是脱离不了这些规律。科学实验是对自然现象进行科学研究的最基本方法之一，在实验进行的过程中，改变任何一个条件，往往都会产生两个相互否定的变化因素，最终结果则由这两个因素在各自量变的此增彼减的变化过程中处于主导地位的那个因素来决定。随着条件的改变，处于主导地位的因素往往也会发生逆转，而逆转点常常就是得到最佳结果的实验条件。

仪器设备是科学实验过程中必不可少的工具。在操作仪器设备进行测试的过程中，测试条件的变化所带来的结果也将遵循自然辩证法的三大规律。

扫描电镜是揭示材料微观形貌最重要的工具之一，对它的正确认识是充分揭示材料微观形貌的基础。但目前对扫描电镜的理解往往存在单一且绝对化的倾向。这一倾向造成的结果是：在选择电镜时，研究人员往往带有一定的盲目性；而在使用仪器的过程中，操作员对测试条件的选择不合理，容易形成假象，并导致对结果的分析偏离实际。

本书将以自然辩证法的三大规律为基本指导思想，以不同的视角来论述扫描电镜的成像原理，探讨测试过程中四大测试条件（加速电压、束流强度、工作距离、探头）的合理选择，分析各种测试问题（样品的热损伤和碳污染、样品的荷电现象、样品磁性的影响）的成因及应对方案，并针对扫描电镜测试调整时的一些基本原则给出合理的建议。

对于以上这些内容，本书将通过对大量案例（近 500 张形貌像照片）的分析来强化读者的认知。感兴趣的读者可以通过扫描下方的二维码获取案例中用于对比分析的形貌像照片，来进一步加深对结论的理解。本书内容力求理论探讨简单明了、实战分析详尽充分，普及基本知识，提供查找工具，以期能为扫描电镜的使用者和行业从业者提供一些参考。

最后需要说明的是，本书的内容主要依托于笔者三十多年来进行扫描电镜测试的经验，受目前的主流理论体系影响较少。笔者提出的不少观点和论述，在目前的教材和相关文献中并没有被明确提出。例如，笔者提出并论述了形貌衬度这一概念，探讨了荷电现象的成因，阐述了对磁性材料的理解及进行测试时的应对方法，分析了扫描电镜极限分辨力的研判方式，论述了扫描电镜表面形貌像的清晰度与辨析度的辩证关系，等等。这些观点和论述都是基于大量充分的实际测试案例得出的，本书也精选并呈现了诸多案例。

当然，任何观点的提出都需要经得起同行的质疑及检验，笔者也希望能得到读者们的批评与指教，有任何意见和建议，请发送邮件至 837588749@qq.com。

目 录

第 1 章 扫描电镜的定义及其工作原理 ······ 1

1.1 扫描电镜的定义 ······ 1

1.1.1 显微镜与电子显微镜 ······ 1

1.1.2 扫描电镜与透射电镜 ······ 2

1.2 扫描电镜的组成及其工作原理 ······ 5

1.2.1 扫描电镜的结构及功能 ······ 6

1.2.2 扫描电镜的工作原理 ······ 27

第 2 章 扫描电镜的相关理论知识 ······ 29

2.1 扫描电镜的信息源 ······ 29

2.1.1 物质的组成 ······ 30

2.1.2 高能电子束对样品信息的激发 ······ 32

2.2 放大倍率 ······ 40

2.3 分辨力 ······ 42

2.4 扫描电镜的图像衬度和表面形貌像的形成 ······ 46

2.4.1 形貌衬度 ······ 47

2.4.2 二次电子衬度和边缘效应 ······ 58

2.4.3 电位衬度 ······ 62

2.4.4 Z 衬度 ······ 65

2.4.5 晶粒取向衬度 ······ 69

2.5 扫描电镜图像的清晰度和辨析度 ······ 71

2.5.1 图像衬度与清晰度的关系 ······ 73

2.5.2 图像的放大倍率与辨析度的关系 ······ 75

2.5.3 图像的放大倍率与清晰度的关系 ······ 75

2.5.4 图像辨析度与清晰度的辩证关系 ······ 77

2.5.5 实例的展示及探讨 …… 79
2.5.6 总结 …… 86

第 3 章 扫描电镜测试面临的几个问题 …… 89

3.1 样品的荷电现象 …… 89
3.1.1 荷电现象的成因 …… 91
3.1.2 荷电现象的 3 种表现形式 …… 94
3.1.3 加速电压和束流强度对样品荷电现象的影响 …… 99
3.1.4 如何应对样品的荷电现象 …… 105
3.1.5 总结 …… 114
3.2 样品热损伤的成因及应对方法 …… 116
3.2.1 样品热损伤的成因 …… 116
3.2.2 如何应对样品热损伤 …… 120
3.3 磁性材料的测试方案 …… 123
3.3.1 什么是磁性材料 …… 124
3.3.2 电磁透镜对各种磁性材料的影响 …… 126
3.3.3 如何判断样品的磁特性 …… 128
3.3.4 如何对磁性较强的样品进行测试 …… 129
3.3.5 使用半内透镜物镜测试磁性样品的实例 …… 130
3.3.6 总结 …… 131
3.4 碳污染及其应对 …… 133
3.4.1 碳污染的成因 …… 133
3.4.2 碳污染的应对 …… 134

第 4 章 扫描电镜的操作要领及测试条件的选择 …… 139

4.1 扫描电镜的操作要领 …… 139
4.1.1 对中 …… 139
4.1.2 消像散 …… 141
4.1.3 对焦 …… 142
4.1.4 调整亮度和对比度 …… 143
4.1.5 调整位置的选择 …… 144
4.2 扫描电镜工作距离和探头的选择 …… 145
4.2.1 工作距离和探头的选择与形貌衬度的形成 …… 146

4.2.2 不同工作距离与探头组合的优缺点 …… 160
4.2.3 不同工作距离与探头组合的成像结果对比 …… 161
4.3 扫描电镜的加速电压与束流强度的选择 …… 175
4.3.1 加速电压与分辨力的关系 …… 176
4.3.2 加速电压与样品中信息分布的关系 …… 178
4.3.3 加速电压对形貌像荷电现象的影响 …… 181
4.3.4 束流强度的选择 …… 182
4.3.5 电子枪本征亮度对加速电压和束流强度选择的影响 …… 186

附录 本书中与扫描电镜相关的概念及其说明 …… 189

后记 …… 193

第 1 章

扫描电镜的定义及其工作原理

1.1　扫描电镜的定义

人们总是希望能将自己的视野伸展得更远、观察得更细微，但人眼的视力范围却很小。许多教科书给出的人眼的理论分辨极限是在明视距离（25 cm）下可分辨出 100 μm 的物体。笔者认为，现实中能轻松分辨的物体的最小尺寸仅为 1 mm，要想观察更细微的细节就需要借助放大镜或显微镜。

1.1.1　显微镜与电子显微镜

显微镜是人们用以观察微观世界的仪器，其作用就是将人眼无法分辨的物体或物体上的微小细节放大到人眼所能分辨的尺寸。显微镜的基本组成包括光源、透镜系统以及信息接收及处理系统。

光源：提供一个激发样品信息的激发源（可见光、电子束）。

透镜系统：操控激发源或由其激发的样品的光学信息，从而形成放大的样品图像的信息，将人眼无法观察到的微小样品以及样品上无法被分辨的细节放大到可被人眼分辨的大小。

信息接收及处理系统：接收透镜系统所形成的图像信息，并进行处理，生成最终的放大图像。

依据光源和透镜类型可将显微镜分为光学显微镜和电子显微镜。光学显微镜以可见光为光源，其透镜系统的主要部件使用光学玻璃制作，信息接收及处理系统为人眼或光学探头（包含成像系统及配套的软件）。电子显微镜的光源为三级电子枪产生的高能电子束，使用电磁透镜系统对电子束进行操控（会聚、发散、放大、缩小），信息接收及处理系统使用的是荧光屏或各类探头及配套的软件。

显微镜的成像主要有两大模式：平行束成像和会聚束成像。

平行束成像是早期被广泛使用的一种成像模式。绝大部分光学显微镜以及早期的透射电镜都使用这种成像模式。平行束成像模式是将一束平行光（或散射光）打在样品上产生含有样品特征信息的透射光或反射光（体视镜），由透镜系统对这些透射光或反射光进行会聚、放大，在信息接收及处理系统上形成图像。透射电镜的平行束成像方式类似于幻灯机，如图 1.1 所示。直到 20 世纪 70 年代，透射电镜引入了会聚束成像模式，这才使其分辨力达到了原子级。

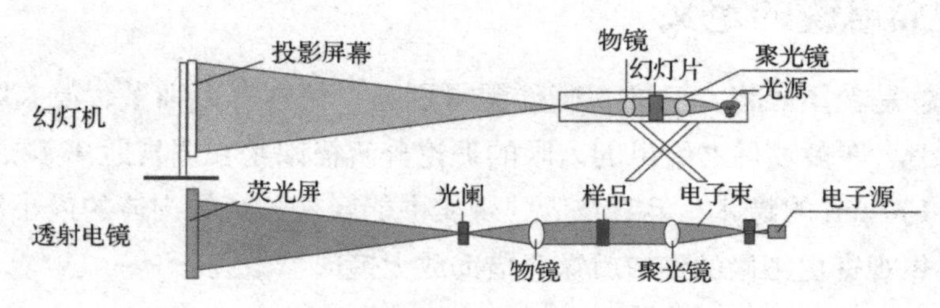

图 1.1　透射电镜的平行束成像模式

平行束成像模式的成像速度快，有利于显微系统的原位动态观察，但分辨力不如会聚束成像模式。目前在透射电镜超高分辨观察中，为了获取高分辨像常使用聚光镜球差校正的会聚束成像模式，而在高分辨原位操控及动态观察中常使用物镜球差校正的平行束成像模式。会聚束成像模式主要应用在电子显微镜中，该模式是将电子束会聚成极细的电子探针，由交变磁场（扫描线圈）拖动，在样品上来回扫描，激发样品各点的信息，使之被信息接收及处理系统接收、处理，并生成样品的放大图像。

会聚束成像不是通过透镜放大图像，而是通过缩小电子束在样品上的扫描范围来放大图像，这种图像放大方式和平行束成像的图像放大方式有本质区别，2.2 节将就此内容进行详细探讨。扫描电镜完全使用会聚束成像模式，透射电镜则包含这两种成像模式。

1.1.2　扫描电镜与透射电镜

对于扫描电镜与透射电镜的区别，人们往往简单地将扫描电镜划分为低级别的电子显微镜，将透射电镜划分为高级别的电子显微镜。形成这种观点的主要原因在于透射电镜的镜筒结构更为复杂，整体形态看起来也比扫描电镜更“高大雄伟”。此外，更关键的原因还在于透射电镜拥有更高的分辨力，可以看到原子级别的结构信息。

事实上，这两种类型的电子显微镜在本质上存在巨大差别。无论是电镜的结构还是成像方式都不相同，而所呈现的样品信息无论是形态还是属性都有非常大的差异。扫描电镜和透射电镜的结构如图 1.2 所示。

（a）扫描电镜

样品位置

（b）透射电镜

图 1.2　扫描电镜和透射电镜的结构

从图 1.2（b）可见，透射电镜的样品位于透镜的光路之中，电子束穿越样品，在样品下方所形成的透射电子和散射电子是透射电镜成像的主要电子信息。样品不能太厚，一般情况下，厚度不能超过 60 nm，样品的尺寸也不能太大，直径不大于几毫米。由于样品极薄，电子信息在样品中的扩散几乎对透射电镜的成像不产生影响，因此透射电镜的分辨力可以不断地提升。目前报道的性能最好的商用透射电镜，分辨力可达 40 pm（1 pm=0.001 nm）。透射电镜获取的主要是带有样品内部结构信息的投影像、衍射像和倒易像等。这几种图像都将三维空间信息转换成了二维平面信息。所以单张图像所呈现的空间结构特征不直观、不完全，需要仪器操作者或科研人员拥有较强的空间解读能力，才能从二维平面信息中解读出正空间（三维空间）的信息，从而正确地得出三维空间形态。目前各透射电镜厂家都引入了三维重构软件来更直观地呈现样品的空间三维结构，只是这种通过软件解析的呈现效果较为“呆板”。虽然透射电镜图像的直观性较差，但对晶体样品空间结构信息的呈现却可达到原子级分辨力，是观察原子级别的晶体结构和原位化学反应过程的利器。但是高能电子束对这些观察结果的影响也十分巨大，如何排除高能电子束的影响是目前电镜厂商所面临的最大难题。依据测试需求的不同，透射电镜分别使用了平行束成像和会聚束成像这两种成像模式。

扫描电镜则完全使用会聚束的成像模式。样品位于透镜光路之外，透镜的作用是形成电子探针（直径极其细小的电子束），并将该电子探针会聚于样品表面，激发样品的各种电子信息。其中溢出样品表面的二次电子和背散射电子是扫描电镜成像所依赖的主要电子信息。扫描电镜对样品尺寸的要求宽松，高能电子束一般难以穿透样品，因此电子的扩散对其分辨力的影响较大，使得扫描电镜的分辨力很难优于 1 nm。扫描电镜直观地呈现了样品表面的三维微观形貌，图像有强烈立体感，空间形态的伸展十分宽广、充分且直观。由于受样品厚度和加速电压的限制，透射电镜获得的样品表面形貌信息较少，形貌像的信噪比较差，空间的伸展也比较小，图像上的高低差基本在 100 nm 以内。

电子显微镜有两种会聚束成像模式，分别为 STEM（Scanning Transmission Electron Microscope，扫描透射电子显微镜）模式和 SEM（Scanning Electron Miroscope，扫描电子显微镜）模式。STEM 模式主要由透射电镜使用，SEM 模式是扫描电镜的主要成像模式。命名的不同意味着成像的方式存在区别。这两种成像模式的最大差别在于使用了不同的电子信息进行成像。STEM 模式使用的是穿越样品、位于样品下方的透射电子和散射电子，SEM 模式使用的是溢出样品表面、位于样品上方的二次电子和背散射电子。不同的电子信息呈现出不同的样品信息，形成的图像也存在较大的差别。SEM 模式获得的是带有强烈三维空间信息的表面形貌像。STEM 模式获得的是带有样品内部信息的投影像、衍射像和倒易像。这是两种类型完全不同的样品信息，互为补充但无法相互替代。扫描电镜和透射电镜的 STEM 像与 SEM 像的对比如图 1.3 和图 1.4 所示。

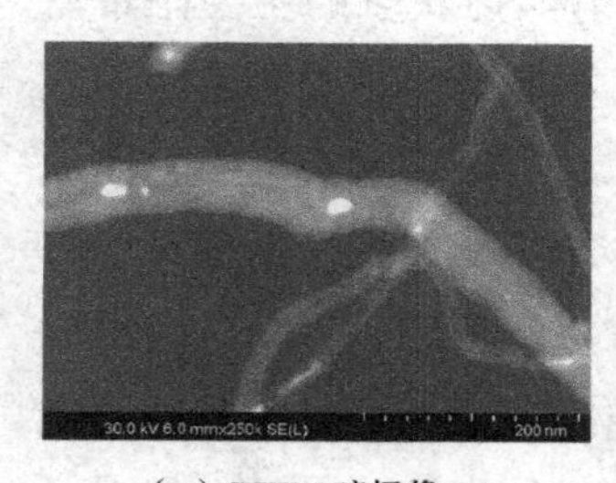

（a）STEM 暗场像

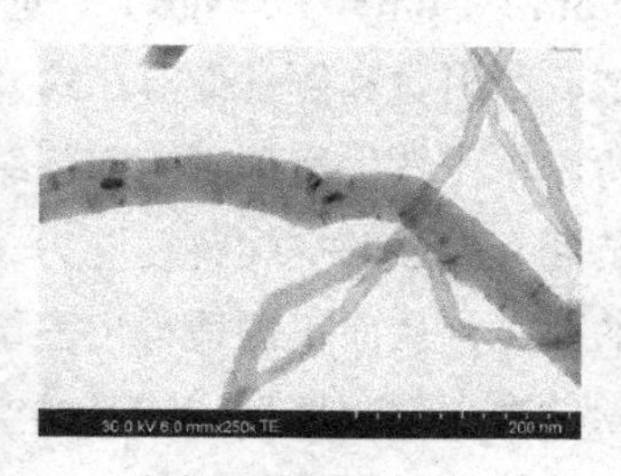

（b）STEM 明场像

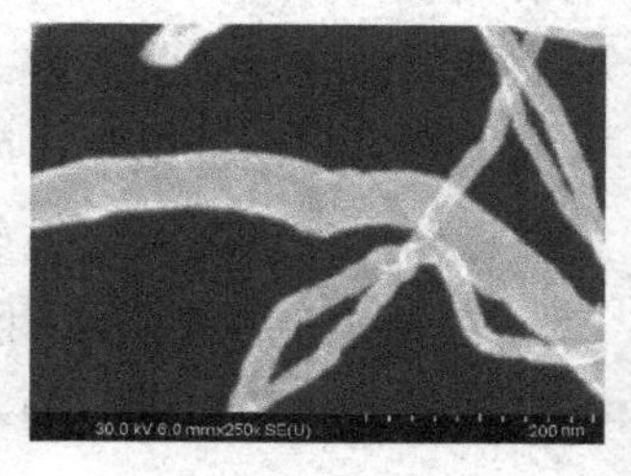

（c）SEM 像

图 1.3　扫描电镜的 STEM 像与 SEM 像的对比

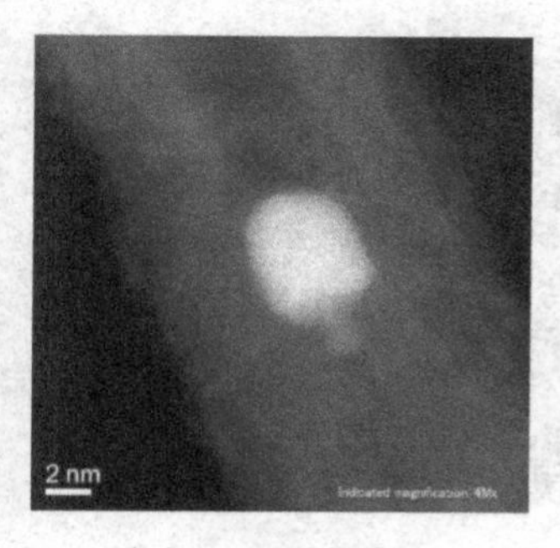

（a）STEM 暗场像

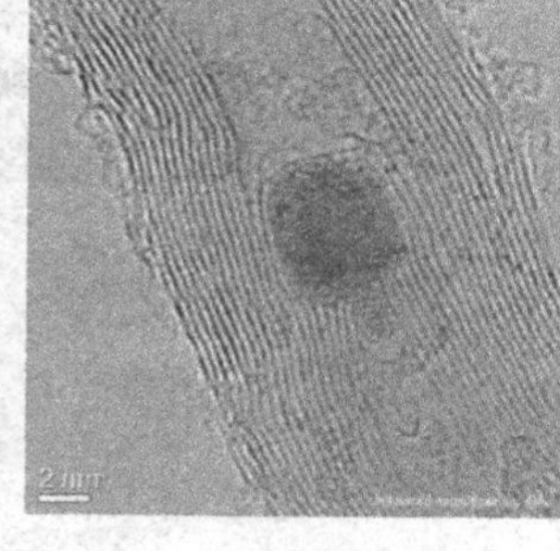

（b）STEM 明场像

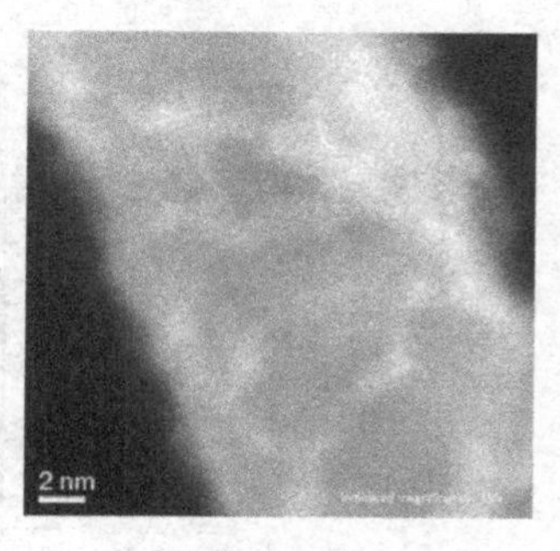

（c）SEM 像

图 1.4　透射电镜的 STEM 像与 SEM 像的对比

扫描电镜观察的样品，对于高能电子束来说，可被看成是无穷厚的。电子在样品中的扩散，对表面细节的呈现影响较大。加速电压越高造成的影响越大，故扫描电镜的加速电压限制在 30 kV 以下。对于大部分样品，使用 STEM 模式成像，在高加速电压下，图像的空间分辨效果更好。样品越厚，高加速电压的空间分辨优势越大。如果观察的是以轻元素为主的薄样品，过高的加速电压会使图像的细节衬度不足，从而影响空间分辨。此时就要将加速电压降低才能获得更好的图像。采用辩证的思维方式，摒弃单调、僵化的思维模式对电子显微镜测试条件的选择是十分有益的。

扫描电镜可以加装 STEM 装置，从而获取加速电压低于 30 kV 的 STEM 像，是形成低电压 STEM 像的必要补充。透射电镜也可以在样品的上方加装特制的二次电子探头，来获得样品的表面形貌像。但这些功能都具有较大的局限性，是所对应电镜重要的功能补充，而不是它们的主要功能。

综上所述，扫描电镜和透射电镜是两种不同类型的电子显微设备。各自在其主要的应用领域中起着举足轻重的作用，相互之间不具备完全替代的可能，因此不能简单地加以比较。本书将从扫描电镜的组成和工作原理入手，就扫描电镜相关理论知识，特别是针对实操的应对策略进行详细探讨，内容的实战属性强，对于理论探讨将采取尽量简化的方式，减少公式推导等纯理论的内容。

1.2　扫描电镜的组成及其工作原理

虽然各电镜厂家在扫描电镜结构设计上存在较大不同，但基本的结构都是基于图 1.5 所示的框架来搭建的，故本节也将以该框架为基础来展开讨论。

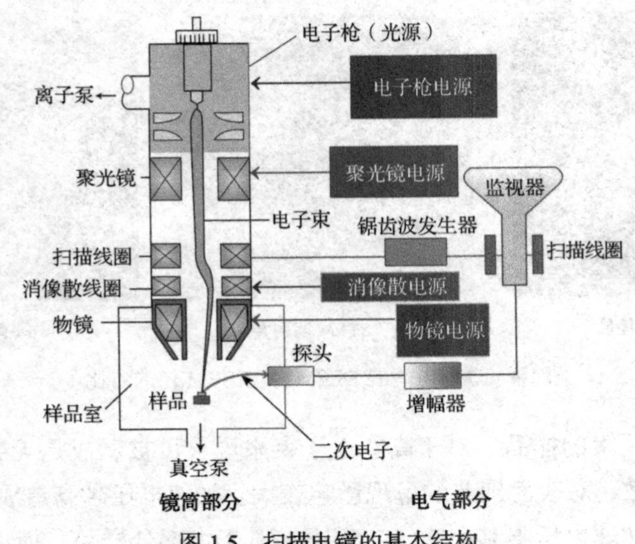

图 1.5　扫描电镜的基本结构

1.2.1　扫描电镜的结构及功能

如图 1.5 所示，扫描电镜整机的结构可粗分为镜筒部分和电气部分。

1. 镜筒部分

镜筒部分包括光源、透镜系统和真空系统。

（1）光源

扫描电镜的光源都是采用三级电子枪的结构设计，用来产生高能电子束。电子枪分为热发射及场发射两种类型。热发射电子枪三级结构分别为阴极、栅极、阳极，场发射电子枪三级结构的主体分别为阴极、第一阳极、第二阳极。电子枪结构设计及用材上的差异导致了光源的本征亮度不同，从而对扫描电镜的分辨力产生基础性也是决定性的影响。正是基于这个缘由，扫描电镜也都以光源的类型来命名。为什么光源的本征亮度对扫描电镜的分辨力具有决定性的影响呢?

- 电子枪的发射亮度和本征亮度

电子光学中对光源亮度的定义基本延续了光学中对光源亮度的定义，只是将功率改成了电流（即电子束束斑电流，简称束流），其光源亮度定义为单位立体角内的束流密度，单位是 A/（$cm^2 \cdot sr$）。该定义表述的是由电子枪发射出来的电子束的亮度值，故可称为电子枪的发射亮度。在实际操作过程中可利用加速电压对发射亮度进行调整，发射亮度基本与加速电压成正比关系。但对发射亮度的调整必须是在某一个水平线上来进行，这条水平线就是电子枪的本征亮度。

从电子枪发射亮度的定义来看，束流密度越大、立体角越小则发射亮度越大。立体角越小可以保证样品产生信号的区域范围更小，高束流密度将使样品在小范围内产生大信号量。因此发射亮度大就可以保证信息接收及处理系统可以在更小的信息溢出范围内接收到更多的样品信息，这有利于获得样品的高分辨像。

要保证电子枪在同样的加速电压下有更大的发射亮度，就必须提升其品质。衡量电子枪品质高低的参数就是本征亮度，也称为约化亮度，其单位是 A/（$cm^2 \cdot sr \cdot kV$）。本征亮度是一个常数，一旦电子枪制作完成，本征亮度也就确定了。电子枪阴极材料和结构不同，本征亮度也不同。常见的电子枪类型有钨灯丝、六硼化镧、热场发射、冷场发射，这些电子枪的本征亮度依次增大。电子枪的本征亮度越大，相同加速电压下形成的发射亮度也越大，越有利于获得高分辨像，以该类型电子枪为基础的扫描电镜的分辨力也越强。

电子枪的本征亮度是否越大越好？这个问题应当辩证地来看待，电子枪本征亮度的增大对形成高分辨的显微图像有利，但同时也会导致对样品热损伤的增大。当热损伤达到一定程度，其对样品的破坏将成为获取样品正常的显微像所面临的最大问题。例如，使用氦离子光源的显微系统就存在容易造成样品严重热损伤的问题。对于使用电子束做光源的扫描电镜，在现有条件下，其电子枪本征亮度值增大导致的样品热损伤处于相对较低的程度，因此，电子枪的本征亮度越大，扫描电镜的分辨力也就越强。

- 电子枪的类型及其工作原理

电子枪根据阴极材质和三级结构设计的不同主要分为两种：热发射（钨灯丝、六硼化镧）和场发射（热场、冷场），它们的主体虽然都是三级结构设计，但不同点在于，热发射电子枪的三级结构分别为阴极、栅极（负偏压）、阳极；场发射电子枪的三级结构分别为：阴极、第一阳极（正偏压）、第二阳极。热场发射电子枪在阴极下方增加了一个主要用于抑制热电子对电子束产生影响的栅极。为什么场发射电子枪相对于热发射电子枪有更高的本征亮度呢？这些结构设计上的差异到底能为电子枪的性能带来怎样的改变？

先来介绍一下热发射电子枪。热发射电子枪的阴极材质分为两类：多晶钨和六硼化镧。钨灯丝和六硼化镧灯丝的阴极如图 1.6 和图 1.7 所示。

电子溢出区

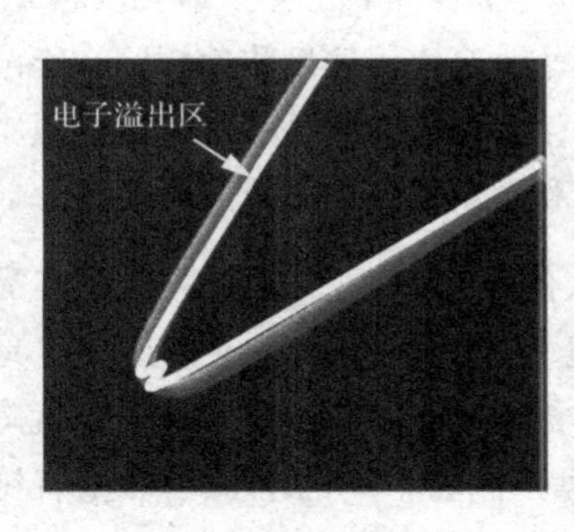

图 1.6　钨灯丝阴极

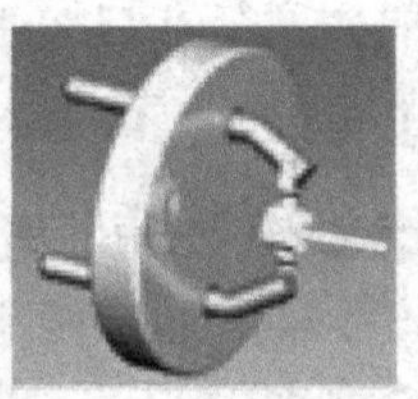

AEI/Leica/Zeiss EVO
AMRAY
HITACHI S
JEOL K

图 1.7　六硼化镧阴极（白色尖端）

钨灯丝的材质是多晶钨，功函数大，电子须由高温激发。灯丝电流加载在钨灯丝上形成高温（2800 K），全区域发射电子。电子束散射范围和色差都很大，故束流虽大但束流密度小，发射角大，电子枪本征亮度低，分辨力较弱。

六硼化镧灯丝的材质为单晶六硼化镧，单晶六硼化镧针尖焊在阴极座架上，其功函数比钨灯丝更小，灯丝电流加载在单晶六硼化镧上形成高温（1900 K），发射电子主要集中在单晶区域（图 1.7 中白色尖端区域）。电子束散射范围、色差比钨灯丝低，束流密度比钨灯丝大。本征亮度和分辨力都强于钨灯丝。

钨丝
阴极
栅极
栅极偏压
低于1 kV
等位线
加速电压
地线
阳极
-
+
电子

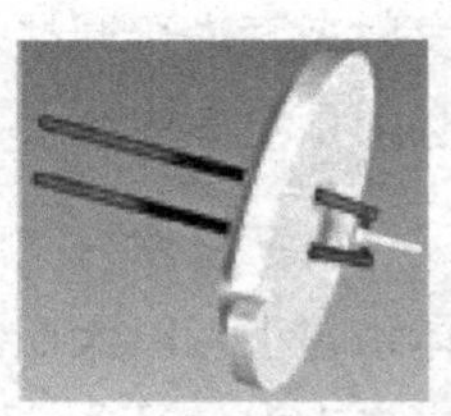

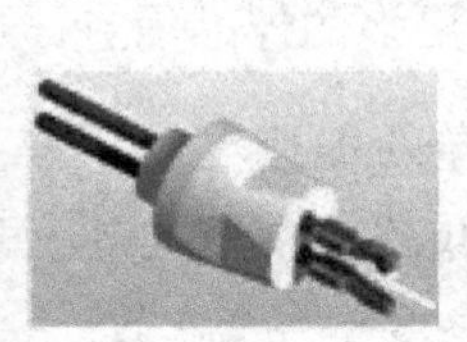

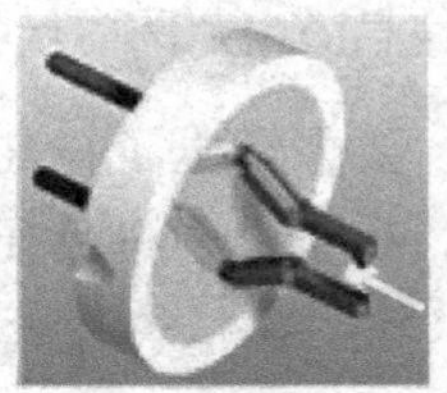

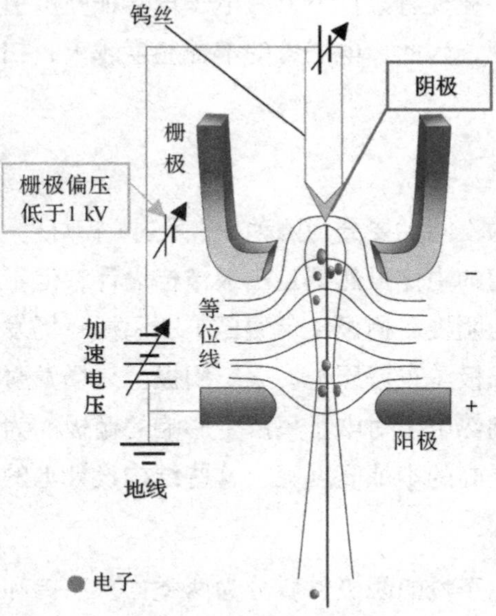

图 1.8　钨灯丝电子枪结构

下面以钨灯丝电子枪为例介绍热发射电子枪的工作原理，钨灯丝电子枪的结构如图 1.8 所示。加速电压（可调）以开路、负偏压形式加载在阴极。十几伏的加热电压（可调）以闭路形式叠加在阴极上，提供形成高温的阴极电流。栅极上以开路形式负载更低的可调负偏压。阳极接地（零电位），与栅极之间形成均匀的静电场。该静电场在栅极和阳极开孔处被拉大而变得不均匀，形态及功能接近透镜，对进入电场的电子具有会聚作用，故被称为静电透镜。灯丝位于透镜中的部位经过高温发射的热电子由静电透镜会聚成束，形成直径小于 50 μm 的“电子束”。灯丝其余部位发射的热电子被栅极、阴极间偏压抑制，不参与形成电子束。阴极到阳极之间（主要是栅极与阳极之间）的加速电场将电子束中的热电子加速，形成扫描电镜的电子光源——高能电子束。

接下来再介绍一下场发射电子枪。按照电子枪在工作时的灯丝温度，场发射电子枪可分为冷场发射电子枪和热场发射电子枪这两种类型。热场发射电子枪灯丝尖部的单晶钨经过磨制暴露出（100）晶面，其特点为功函数比冷场发射电子枪的单晶钨更大，需要在单晶钨表面涂覆氧化锆涂层来降低拔出电子的功函数，并采用较高的工作温度（1200 K），被拔出的电子主要来自氧化锆涂层。冷场发射电子枪灯丝尖部的单晶钨经过磨制暴露出（310）晶面，其特点为功函数小，单晶钨的电子可被第一阳极直接拔出，工作温度为室温。冷场发射电子枪及热场发射电子枪的灯丝结构基本一致（见图 1.9）。热场发射和冷场发射电子枪的结构如图 1.10 所示。

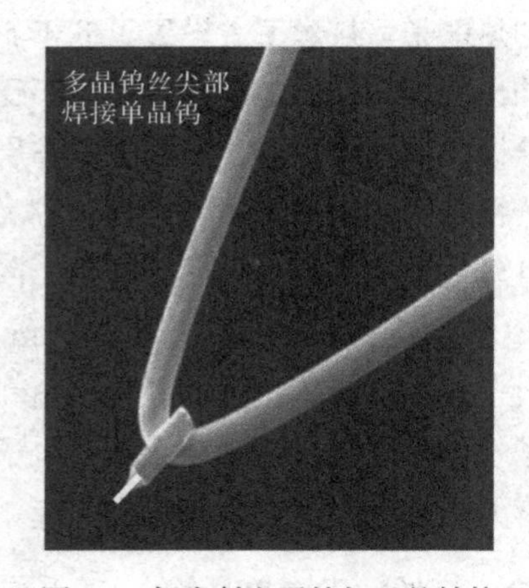

图 1.9　场发射电子枪灯丝的结构

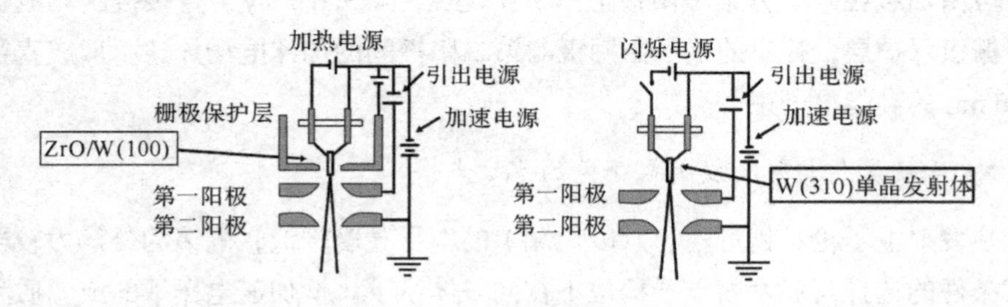

图 1.10　热场发射（左图）和冷场发射（右图）电子枪的结构

从图 1.10 可见，无论是热场发射还是冷场发射电子枪，其基本结构都是阴极、第一阳极、第二阳极。加速电压以开路的负偏压形式加载在阴极上，第一阳极相对于阴极是正偏压，第二阳极为零电位。与热发射电子枪相同，热场发射电子枪的阴极上以闭路形态叠加了一个 10 V 以内的加热电源，为抑制热电子对电子束的影响，在阴极下方设置了一个保护栅极。冷场发射电子枪阴极上叠加一个带开关、电压约 60 V 的闭路电源，可以给阴极提供一个瞬时电流（FLASH 操作），用以去除附着在灯丝上的气体分子。

场发射电子枪的工作过程如下。对于热场发射电子枪，灯丝（阴极）由单晶钨（100）构成，其功函数虽然比热发射电子枪的多晶钨丝小很多，但还是不足以让处于其下方的第一阳极（加载着相对于阴极的正电压）把电子从晶体的表面直接拔出。在单晶钨表面涂敷一层氧化锆，形成氧化锆 / 单晶钨（100）结构，可减小电子溢出的功函数。以这种灯丝为阴极，就形成所谓的“肖特基电子枪”。如此处理还是无法让第一阳极从针尖直接拔出电子，需在灯丝上加载一个低于 10 V 电压的加热电源，将灯丝的温度提升到 1200 K，才能实现电子枪的正常发射。为屏蔽多晶钨的热电子，灯丝下方设置了低于 500 V 的负偏压栅极保护层。单晶钨从栅极孔中伸出，该部位的电子发射非但不受栅极保护层负电场的抑制，还将受到该负电场给予的加速作用。位于栅极保护层下方的第一阳极所加载的电位高于阴极灯丝，分挡可调，最高可达 4.2 kV，称为引出电压。在该电压的作用下氧化锆的电子从灯丝尖部被拔出，由阴极与第二阳极（确切地说是栅极与第二阳极）之间的加速电场加速，形成直径小于 50 nm 的高能电子束。热场发射电子枪的束流密度远大于热发射电子枪，而其立体角和色差远低于热发射电子枪。因此，热场发射电子枪的本征亮度远高于热发射电子枪，其数值高于热发射电子枪 3 个数量级，分辨力也大大强于热发射扫描电镜。

对于冷场发射电子枪，灯丝针尖由单晶钨（310）构成。该晶面逸出功函数小，可由加载在其下方第一阳极上的引出电压（4 ～ 6.5 kV）直接拔出。电子枪不设栅极保护层，拔出的电子由阴极与第二阳极间的加速电场加速，形成直径小于 10 nm 的高能电子束。

- *冷场发射与热场发射电子枪的优缺点*

热发射电子枪（钨灯丝、六硼化镧）的本征亮度较低，电镜的分辨力较弱，测试条件的选择与场发射电子枪也不在同一体系下，低加速电压下的成像质量极差。因此，接下来将只对场发射电子枪的两种类型来展开讨论。

冷场发射电子枪的阴极使用单晶钨（310），功函数相对较小。在工作中，不用加热电子枪即可通过电场拔出电子，故命名为冷场发射电子枪。

电子枪灯丝的电子出射范围小，立体角也小，溢出电子的能量差（色差）更小。虽整体的束流强度较低，但相对于出射范围来说，其比值，即束流密度，还是要比热场发射电子枪大。这使得电子枪的本征亮度较大，有利于扫描电镜获取高分辨的测试结果。电子枪的本征亮度的定义式如下。

$$\beta_{本征}=\frac{束流强度}{束斑面积\times 立体角\times 加速电压}$$

当然辩证地来看，冷场发射电子枪也有其不足之处。其缺点在于电子枪温度低，镜筒中气体分子容易在灯丝表面累积，对电子的拔出产生影响。工作中发射电流会逐渐下降，需要不断提升引出电压。当气体分子累积到一定程度时，需要施加一个瞬时大电流（FLASH 操作）来驱散这些气体分子。为了保持束流在测试中尽可能稳定，对镜筒真空度的要求更高，因而高真空度是扫描电镜获取高分辨形貌像的基础条件之一。

使用冷场发射电子枪作为光源的扫描电镜拥有更强的分辨力，但束流稳定性及束流强度略显不足。最新的冷场发射扫描电镜对电子枪、真空度和镜筒精度的改进，一定程度上弥补了这些缺陷，使其不再是冷场发射电子枪的严重缺陷。随着显微分析设备性能的提升，目前冷场发射电子枪仅在需要进行长时间的 EBSD（Electron Backscattering Diffraction，电子背散射衍射）分析时还略显不足。

热场发射电子枪的问世时间比冷场发射电子枪更早。热场发射电子枪的阴极使用的是单晶钨（100），其功函数比多晶钨丝和六硼化镧单晶要小很多，但比冷场发射电子枪的单晶钨（310）的功函数大。电子虽然也是由第一阳极拔出，但需要采取一系列辅助的方法：灯丝加载一定电压，产生 1200 K 的高温，单晶钨表面涂覆一层氧化锆，这些方法都是为了减小灯丝表面的功函数，提高发射效率。由于电子基本由第一阳极在单晶钨灯丝尖部拔出，因此其发射面积、立体角及色差都比热发射电子枪小很多，但比冷场发射电子枪要大。故本征亮度要比热发射电子枪提高很多，但低于冷场发射电子枪。

相较于冷场发射电子枪，热场发射电子枪的本征亮度略低，仪器分辨力略弱。

氧化锆的消耗会降低灯丝束流的发射效率，当氧化锆涂层出现破损时，灯丝的高分辨寿命也就到头了，因此热场发射电子枪的高分辨寿命较短。热场发射电子枪的优点在于束流强度大且稳定，对微区分析有利，而随着分析设备［EDS（X-ray Energy Dispersive Spectrum，能量色散 X 射线谱）、EBSD］性能的提升，该优势也在逐步弱化，而其空间分辨力弱的劣势却无法得到改善。不过凡事都有度，这个度和测试需求有关，辩证的关系无处不在。

热场发射电子枪设置了抑制栅极，同样的加速电压下，电子束中的电子实际所处的加速电场强度比冷场发射电子枪的加速电场强度更大一些，故电子能量也更高。虽然冷场发射电子枪的束流密度较大，但对于抑制样品热损伤，还是有一定优势。大的工作距离会引起束斑弥散，将大幅削弱样品的热损伤。小的工作距离下，束流密度增大在其他条件相同的情况下会使样品的热损伤加重。由于具有电子枪本征亮度高和高真空的特点，冷场发射扫描电镜适合大工作距离和具备高分辨力的优势极其明显。

以枝晶 MOF（Metal-Organic Framework，金属有机骨架）和 Au 纳米颗粒样品为例，具体分析热场发射和冷场发射扫描电镜对样品造成热损伤的差别，如图 1.11 和图 1.12 所示。

图 1.11 展示了枝晶 MOF 形貌，该样品容易受到电子束的热损伤。分别使用冷场发射和热场发射扫描电镜在相似条件下进行测试，热场发射扫描电镜只能观察更能耐受热损伤的粗枝晶而无法观察到细枝晶的结构。冷场发射扫描电镜即便观察更容易受到热损伤的细枝晶也不存在问题。

（a）热场发射

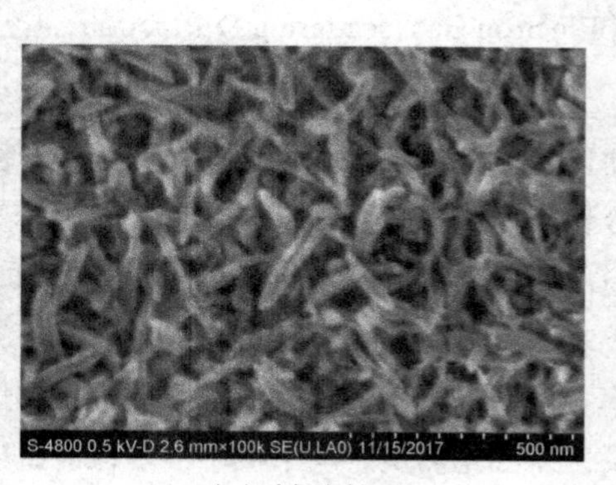

（b）冷场发射

图 1.11　扫描电镜观察的枝晶 MOF 形貌

Au 纳米颗粒样品由在硅片上蒸镀 Au 涂层获得，样品的制备条件为 10 mA 工作电流，10 s 工作时间。热场发射扫描电镜使用的加速电压为 1 kV，工作距离为 0.9 mm，放大倍率为 50 万倍。虽然冷场发射扫描电镜使用的加速电压为 3 kV，放大倍率为 80 万倍，这些条件都更容易对样品造成热损伤，但由于工作距离被拉大到 7.6 mm，最终结果是样品的热损伤更小。对比图 1.12（a）和图 1.12（b）可以看出来，热场发射扫描电镜观察到的 Au 纳米颗粒热损伤严重；而冷场发射扫描电镜观察到的 Au 纳米颗粒保持了较为良好的形态，热损伤不明显。

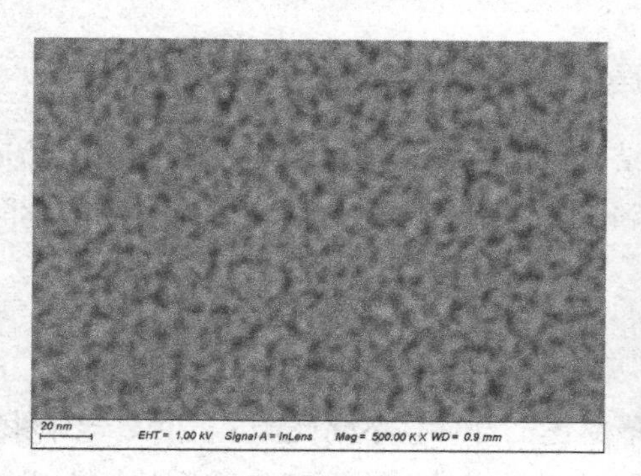

（a）热场发射

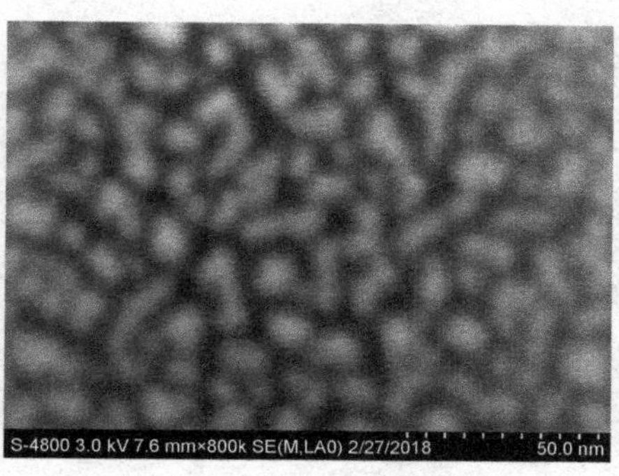

（b）冷场发射

图 1.12　扫描电镜观察的 Au 纳米颗粒形貌

热场发射电子枪和冷场发射电子枪的性能对比如表 1.1 所示。

表 1.1　热场发射电子枪和冷场发射电子枪的性能对比

对比项	热场发射电子枪的参数	冷场发射电子枪的参数
阴极温度	1200 K	室温
能量范围	0.7 ～ 1 eV	0.2 eV 左右
电子源直径	15 ～ 30 nm	5 nm 以下
本征亮度	5×10^8 A/（$cm^2 \cdot sr \cdot kV$）	2×10^9 A/（$cm^2 \cdot sr \cdot kV$）
探针电流	100 nA 以上	2 nA 左右
电子束稳定性	不用进行 FLASH 操作	要进行 FLASH 操作
使用寿命	1 ～ 2 年	7 年以上

（2）透镜系统

透镜是所有显微镜用于放大成像最关键的部件。不同类型的显微镜，组成透镜的材质及结构可以不同，但功能却基本相似。各电镜厂家在扫描电镜的透镜系统结构设计上可能略有不同，但是最基本的结构完全一致，包含以下几个部分。

聚光镜：会聚电子枪产生的电子束。

物镜：将电子束会聚在样品表面。

扫描线圈：产生交变磁场拖动电子束在样品表面扫描。

消像散线圈：消除因镜筒精度差异造成的磁场不均匀分布，形成电子束强度的各向差异。也就是将椭圆斑校正成圆斑。

极靴：引导、改善磁流体，形成高强度、均匀且封闭的磁场。

上述透镜或线圈均使用电磁透镜的结构。那么电子显微镜为什么使用的都是电磁透镜？电磁透镜有何优点？其构造和工作原理是什么？面临着哪些物理学问题？下面将一一解答。

- 电磁透镜

前文谈到，透镜是显微镜放大成像最关键的部件。不同光源（光束、电子束）需要使用不同的透镜，光学显微镜使用的是光学透镜，电子显微镜则使用电磁透镜和静电透镜。静电透镜放大效果差，对电压要求极高，不易调整，故很少使用，本书不予探讨。

无论光学透镜还是电磁透镜都是通过改变信息激发源（可见光、高能电子束）的运行路径，来达成放大成像的效果。尽管高能电子束在电磁透镜中的运行轨迹比可见光穿越光学透镜时复杂得多，但最后的放大成像效果却基本相似。因此，电子显微学教材介绍电磁透镜的电子束路径时，往往都是以光学显微镜的光路为模板来进行探讨的。

直线传播、反射、折射是光的 3 种传播模式。在同一种均匀介质中，光是以直线方式来传播的，小孔成像、影子等都是光线直线传播的反映。光线在两种介质交界处会发生传播方向的改变，当光到达界面后改变方向返回原来的介质中，这就是反射，反射光的光速和入射光相同。光线从一个介质进入另一个介质，会发生传播方向和传播速度的改变，这就是光线的折射现象。初中的物理教科书告诉我们，光学透镜的成像原理正是基于这种折射现象。

透镜可以看成许多棱镜按照特别设计的结构所进行的组合。通常情况下，光通过凸透镜时，经过两次折射后会聚在透镜另一侧的焦点（平行光）或像平面上；

光通过凹透镜时，经过两次折射后按照焦点和虚像各点连线所形成的角度发散出去。凸透镜和凹透镜的经典成像模式如图 1.13 所示。

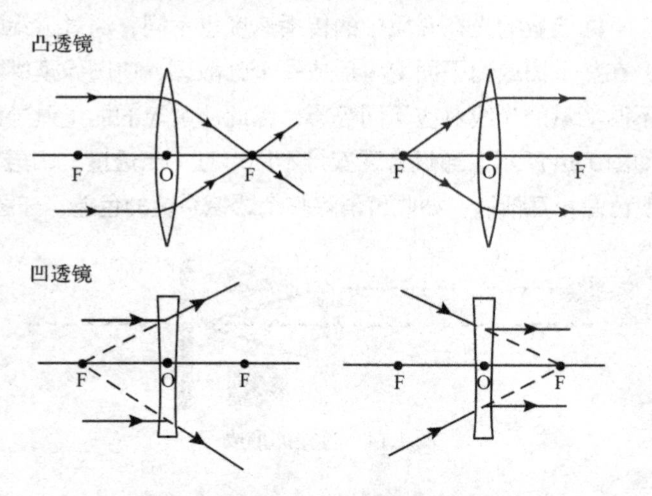

图 1.13　凸透镜和凹透镜的经典成像模式

显微系统中，凸透镜的主要作用是对光线进行会聚、成像（实像、虚像、放大、缩小），也可对光路进行调整，是显微系统放大成像的主体部件。而凹透镜在显微系统中常常被用于消除系统像差对图像分辨率的影响。显微系统的像差包含球差和色差这两个部分，它们的存在会影响光线在通过显微系统时的会聚状态，使得光线穿越透镜后，无法完全会聚在透镜后方的焦点上，焦平面上将形成一个弥散斑。该弥散斑的存在，会使图像细节衬度变差，造成的结果是图像清晰度下降，严重的话会使得图像细节无法被分辨出来。光学透镜的成像规律如表 1.2 所示。

表 1.2　光学透镜的成像规律

透镜类型	物距（U）	像距（V）	像的特性	实例
凸透镜	$U=\infty$（平行光）	$V=f$（物像异侧）	会聚成点	测定焦距（f）
	$U>2f$	$f<V<2f$（物像异侧）	缩小、倒立、实像	照相机
	$U=2f$	$V=2f$（物像异侧）	等大、倒立、实像	
	$f<U<2f$	$V>2f$（物像异侧）	放大、倒立、实像	幻灯片、电影
	$U=f$	$V=\infty$（物像同侧）	不成像	探照灯
	$U<f$	$V>f$（物像同侧）	放大、正立、虚像	放大镜
凹透镜	物在镜前任意处	$V<U$（物像同侧）	缩小、正立、虚像	

色差和球差是光线经过透镜时出现的两类像差，会影响显微系统的成像效果。消除像差影响，有利于显微系统获取高分辨像。任何光束很难保证束内光的能量完全一致。不同能量的光在介质中的传播速度也不同，通过透镜时，折射程度也会存在差别，在焦平面或像平面上将形成一个弥散斑，使图像模糊不清，影响图像的分辨率。不同能量的光线对应不同色彩，因此，由光的能量差异而引起的像差被称为色差，如图 1.14 所示。通过合理安排不同形态（凸透镜、凹透镜）、不同材质的透镜可以使色差相互抵消，如此可消除整个透镜系统的色差，如图 1.15 所示。

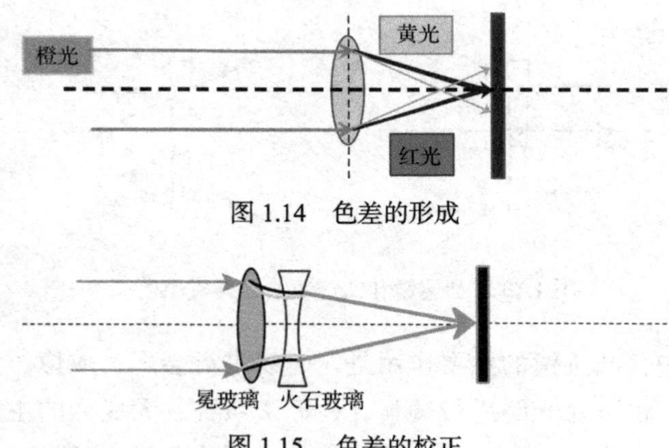

图 1.14　色差的形成

图 1.15　色差的校正

透镜中心区与边缘区对光线的折射存在差异，使得轴上某个物点发出的光束，穿越透镜后会聚在透镜后方光轴上的不同位置，在像平面上形成一个弥散斑从而影响图像的分辨率，这种像差被称为球差，球差的形成与校正如图 1.16 所示。利用光阑只让近光轴光线通过可以减少球差，所有的显微系统都会使用该方式来削弱较大幅度球差的影响。此外还有两种方式常常被光学显微镜所使用：曲配和组合透镜。曲配是指透镜两个曲面使用不同曲率半径，这两个曲面会对光线的折射产生差异，互相的抵消和弥补会减少透镜球差的数值。组合透镜是指利用凸透镜和凹透镜的组合消除球差，组合方式有胶合和分离。电子显微镜则主要使用电磁球差校正器来消除透镜球差。

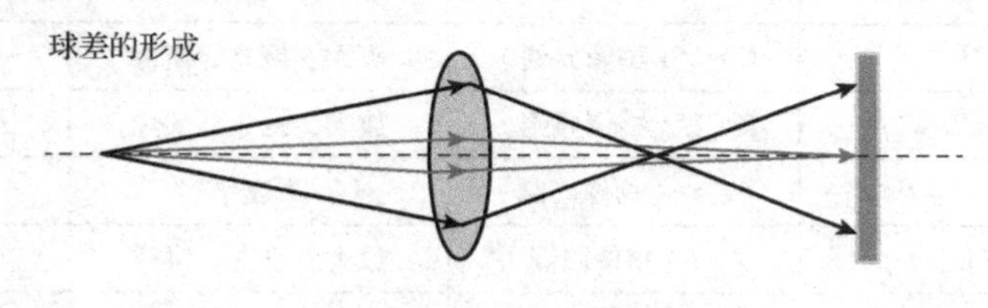

图 1.16　球差的形成与校正

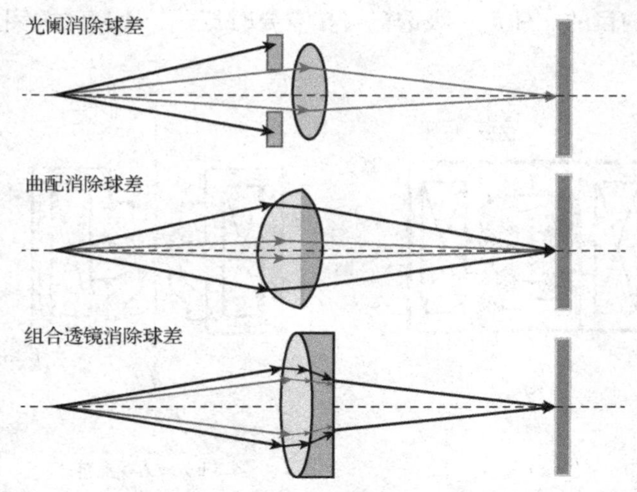

图 1.16　球差的形成与校正（续图）

- 电磁透镜的构造及其工作原理

扫描电镜使用高能电子束作为光源，若使用光学透镜对电子束进行会聚，结果是损耗大、工艺烦琐、效果极差。一个轴对称的均匀弯曲磁场可对电子束产生更好的折射效果，而且操控简单、效果优异，是对电子束进行会聚的主要方式。由于类似于光学透镜对光线的会聚，且该磁场是利用电流通过绕制在软磁材料上的铜线圈来产生的，故而命名为电磁透镜。

电磁透镜的构造是将一个轴对称螺旋绕制的铜芯线圈置于一个由软磁材料（具备顺磁性，纯铁或低碳钢）制成的，具有内环间隙的壳子里，如图 1.17 所示。内部插入磁导率更高的锥形环状极靴，如图 1.18（a）所示。该构造可以使磁场强度、均匀性、对称性得到极大提升，从而在较小空间获得更大的电磁折射率来提升磁透镜的会聚效果，使扫描电镜可以获得尺寸极小的电子束斑，拥有远大于光学显微镜的放大倍率。透镜的实物如图 1.18（b）所示。

电磁透镜的工作过程如下：当电流通过铜芯线圈时，将产生一个以线圈轴中心对称分布的闭环磁场，电子在穿越磁场时因切割磁力线而受洛仑兹力作用发生向心的偏转折射，该偏转方向和电子运行方向叠加后使得电子在磁场中沿圆锥螺旋曲线轨迹运行，如图 1.19 所示，最终使电子束从磁场另一端飞出后被重新会聚，其轨迹如图 1.20 所示。类似于光学透镜中的光线会聚，电磁场对电子束起到透镜的作用。改变线圈电流的大小，可以改变电磁透镜对电子束的折射率。电子显微镜通过对透镜电流的调节可无级变换电磁透镜的焦点位置，达成改变整个透镜系统放大倍率的目的。任何一级透镜可在需要时打开，不用时关闭，如此更易于仪器的调整。

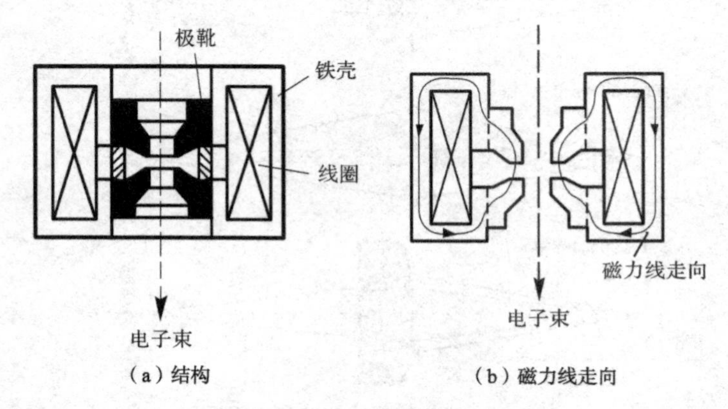

（a）结构　（b）磁力线走向

图 1.17　电磁透镜的构造

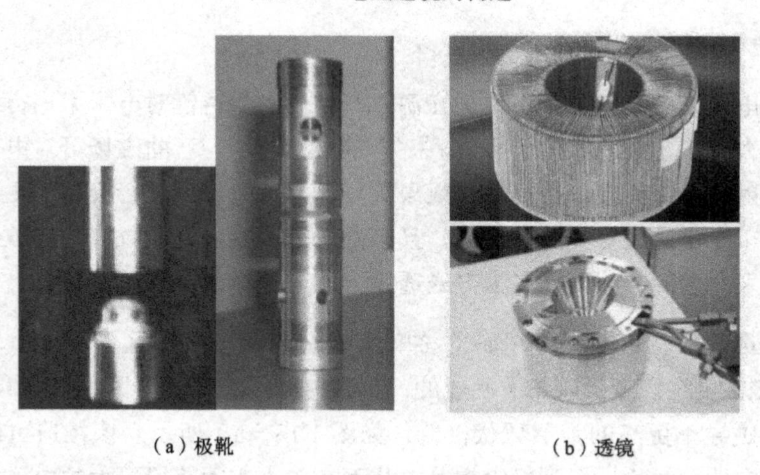
（a）极靴　（b）透镜

图 1.18　聚光镜极靴和透镜（物镜）

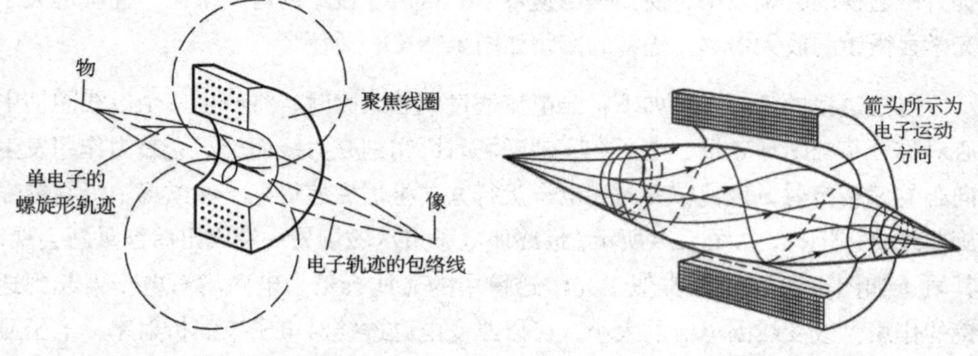

图 1.19　单电子轨迹示意图　图 1.20　电子束轨迹示意图

既然电子显微镜与光学显微镜的成像方式基本类似，那么在光学透镜的成像过程中存在的像差，在电磁透镜的成像过程中也同样存在，只是像差的严重程度及解决方式不一样。解决了像差，对扫描电镜和透射电镜的成像效果影响也不一样，下面将就此进行详细探讨。

电子显微镜使用高能电子束和电磁透镜，相对于光学显微镜，电子显微镜形成的像差要小很多。然而，解决了像差也会对电子显微镜的测试结果产生负面影响，例如，电子束会聚得更小将带来更严重的样品热损伤，增大立体角在扫描电镜测试时会增加电子信号在样品中的扩散范围，使用单色器会导致信号能量衰减。这些负面影响是否会超过解决像差所带来的正面效果？这就存在着量变到质变中对“度”的把握这样一个辩证的问题。

对光学显微镜而言，由于像差较大，显然解决像差带来的正面效果要更大一些，所以光学显微镜配制了大量消除像差的组件。电子显微镜呢？目前仅在场发射透射电镜中应用了球差校正器，在观察高分辨像时，球差校正器起着极为明显的作用，扫描电镜中却并未使用这样的校正器。这与两种电子显微镜所针对的样品以及所获取的样品信息特性有关。透射电镜观察的是超薄样品，厚度仅几十纳米，样品中的信息扩散基本可忽略不计，同时电子束和样品之间的热转换也不如扫描电镜充分。因此，在消除球差时的负面影响相对于扫描电镜来说要小很多。

透镜球差的改善会带来两个结果：束流密度和立体角的增加。束流密度的增加会使信息激发区缩小的同时增加信号强度，这对获得高分辨像有利；电子束立体角的增加将扩大散射电子的散射角，有利于提高图像的 Z 衬度，这正是形成高分辨 STEM 像所需要的条件。解决球差所带来的结果对形成透射电镜高分辨像基本都是有利因素，因此球差校正对透射电镜提高分辨力的效果十分明显。

实践证明，电磁透镜的球差远低于光学透镜的球差，因此消除球差可以在一定范围内对结果产生正影响。例如在对小于 1 nm 的细节（特别是小于 0.1 nm 的细节）的分辨上，消除球差的效果尤为明显，而对大于 1 nm 的细节的分辨，这种改善效果会差很多，因为电磁透镜的球差极小，对这些形貌细节的影响也就十分有限。球差校正也要以电子枪亮度足够大为基础，还未见到在热发射电子枪上加装球差校正的应用。电子枪亮度太小，再好的球差校正也毫无意义。

扫描电镜所观察的样品相对电子束来说可视为无穷厚，电子束射入样品所引起的信号扩散较大。使用的电子信息是溢出样品表面的二次电子和背散射电子，改变电子束立体角对其溢出范围的影响不可忽略。扫描电镜一般无法分辨小于

1 nm 的细节（2.3 节将详细探讨），球差校正对扫描电镜的改善效果有限，因此，目前也没有球差校正应用于扫描电镜。球差校正器是使用多极子校正装置产生的磁场对电子束做一个补偿散射（如同凹透镜对光线的散射），来消除聚光镜边缘所引起的球差，其结构如图 1.21 所示。

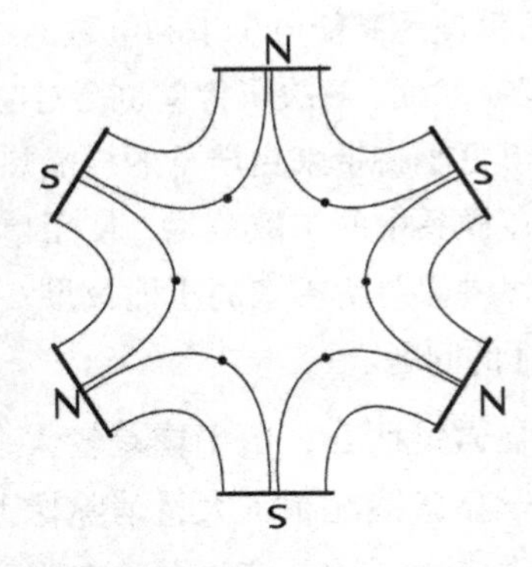

图 1.21　球差校正器的实物与结构

电子显微镜减少色差主要依靠单色器。其原理是将电子束按照能量进行分离，然后选取某个能量段的电子束，由此降低电子束的能量差，也就是色差。其缺点是电子束强度会随着色差的改善而同步降低，这就要求样品本身能产生充足的信息，信号接收器的接收效果也要得到相应的提升。目前单色器主要被用于高端的热场发射扫描电镜，冷场发射电子枪的电子束本身的色差很小，添加单色器对色差的改善效果不大，而负面影响（束流的衰减）可能更大，故冷场发射扫描电镜未见使用单色器。安装单色器仅是对色差较大的光源进行纯化，很难使被纯化的光源的品质（本征亮度）有很大的提升。

（3）真空系统

电子显微镜使用高能电子束作为光源。高能电子束在运行过程中极易受到气体分子干扰，造成电子束出现能量衰减、束斑弥散等现象。电镜镜筒的真空度不高，将极大地削弱电子束的发射亮度，使样品中电子信息的溢出范围增大、溢出量减弱、均匀性变差、杂散信息增加。同时气体分子的存在将会对探头接收样品的电子信息产生干扰，削弱探头的接收能力，并造成镜筒的污染。以上这些都会直接影响电子显微镜的性能，导致仪器的分辨力下降。

要维持电子显微镜的高分辨工作状态，就必须减少镜筒中的气体分子，即保证镜筒处于高真空状态。可以说镜筒高真空是电镜高分辨的最基本保证之一，没有高真空就无法获得电子显微镜的高分辨图像。维持电子显微镜的高真空，要做好以下几点：真空泵的性能要足够强；管路要充分密封；尽可能减少由样品带入各种易挥发的污染物。第 3 章将详细介绍如何减少由样品带入的污染物，本节将主要对各种真空泵做一个简单的介绍。

真空泵是制造及维持电子显微镜真空环境最关键的部件。依据镜筒各部位对真空度的不同需求，所选用的真空泵也不相同。同时各类真空泵对工作环境真空度的需求也不相同。这些不同的需求使得电子显微镜真空系统的设计理念必须是将不同类型的真空泵，依据仪器的真空度需求和各类真空泵对工作环境的真空度需求进行合理的搭配。

组成电子显微镜真空系统的真空泵主要有以下几种：机械泵、扩散泵、涡轮分子泵、离子泵。

- 机械泵

机械泵是最早出现，同时也是最成熟的真空泵。其结构简单、性能稳定、价格低廉、使用寿命长，产生的真空度较低（从标准大气压到 10^{-3} Pa）。因此作为制造电子显微镜低真空环境，以及制造高真空体系中前级真空环境的泵机，几乎被所有类型的电子显微镜所使用。对油气污染有特殊要求的电子显微镜使用隔膜泵来替代机械泵。但隔膜泵结构较复杂、易出故障、价格较昂贵、寿命较短、噪声较大，因此没有被广泛应用。机械泵的实物和结构如图 1.22 所示，主要包含圆柱空腔定子、偏心转子、旋片、弹簧、定盖和排气阀等零件。

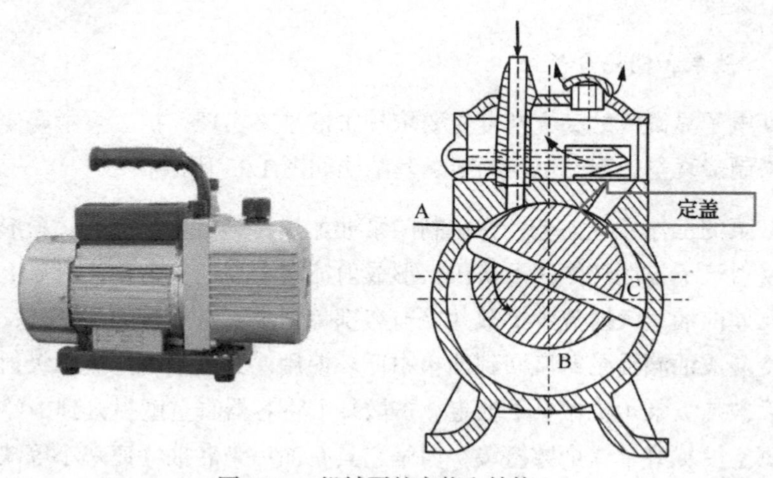

图 1.22　机械泵的实物和结构

机械泵的工作过程如下：偏心转子的顶端始终保持与圆柱空腔定子内腔接触，形成定盖。转子旋转时，始终沿定子内壁滑动；转子开有两个滑槽，分别安装一个旋片，两个旋片中间安装一个弹簧，当旋片随转子旋转时，借助弹簧张力和转子的离心力，使两旋片紧贴在定子内壁滑动。两个旋片把转子、定子内腔和定盖所围成的月牙形空间分隔成 A、B、C 这 3 个部分，分别叫作吸气腔、压缩腔和排气腔。

当转子按图示的逆时针方向旋转时，与进气口相通的空间 A 的容积增大、压强降低，当空间内的压强低于被抽容器内的压强，依据气体压强平衡原理，容器中的气体将不断地被抽进吸气腔（A）；同时与排气口相通的排气腔（C）容积减小、压强升高，当气体的压强大于排气口的大气压强时，排气阀打开，排气腔气体被排至大气中。压缩腔（B）中的气体被两个旋片密封送往排气口。每次旋片越过定盖，压缩腔将转变为排气腔，同时形成新的吸气腔和压缩腔。

随着这 3 个腔室循环往复地转变，容器中的气体由吸气腔转入压缩腔，再转入排气腔，最后由排气口排出。容器中的气体被抽出后，容器也逐渐进入真空状态。在气体由排气腔转入吸气腔时，吸气腔并不处于完全真空状态，而是存在一定的真空度，这就使容器中的真空在达到一定程度之后，将很难与吸气腔的真空维持压差。此时机械泵就无法将容器中的真空度进一步提升，从而出现一个真空极限。该极限值大约为 10^{-3} Pa。

电子显微镜想要获取更高的真空度就需要依靠扩散泵、涡轮分子泵、离子泵等高真空泵机。

- *扩散泵和涡轮分子泵*

早期电子显微镜的高真空度主要依赖扩散泵来实现。扩散泵主要使用高速油气分子来制造真空，因此也叫油泵，其结构如图 1.23 所示。

扩散泵的工作原理如下：将特制的泵油加热，然后让油蒸气从伞形喷嘴高速喷出，将射流下方的气体向下挤压，形成射流层上下的压力差；射流上方的被抽气体因压差向油蒸气射流中扩散并被射流携带到带有水冷管的泵壁处，大部分油蒸气被冷凝成油滴沿泵壁流回到油箱中循环使用，而被抽气体被下级射流逐级压缩，最后被前级泵（机械泵）抽走。扩散泵可将容器真空度提升到 10^{-6} Pa，将机械泵的真空度提升了 3 个数量级，但是它具有油污染和抽气速率小等缺点。因此逐渐被更清洁、获取真空度更高且速度更快的涡轮分子泵所替代。

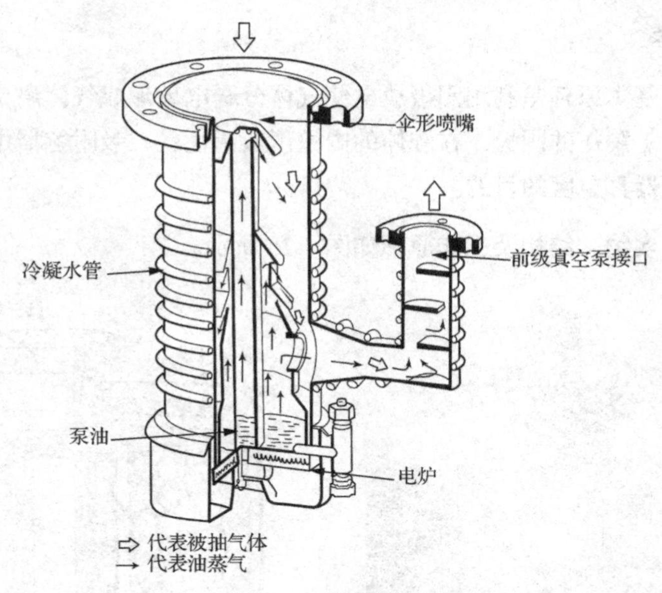

图 1.23　扩散泵的结构

涡轮分子泵可将容器真空度在很短的时间内从 10^{-2} Pa 提升到 10^{-7} Pa，极限值可达 10^{-9} Pa。涡轮分子泵的实物和结构如图 1.24 所示。

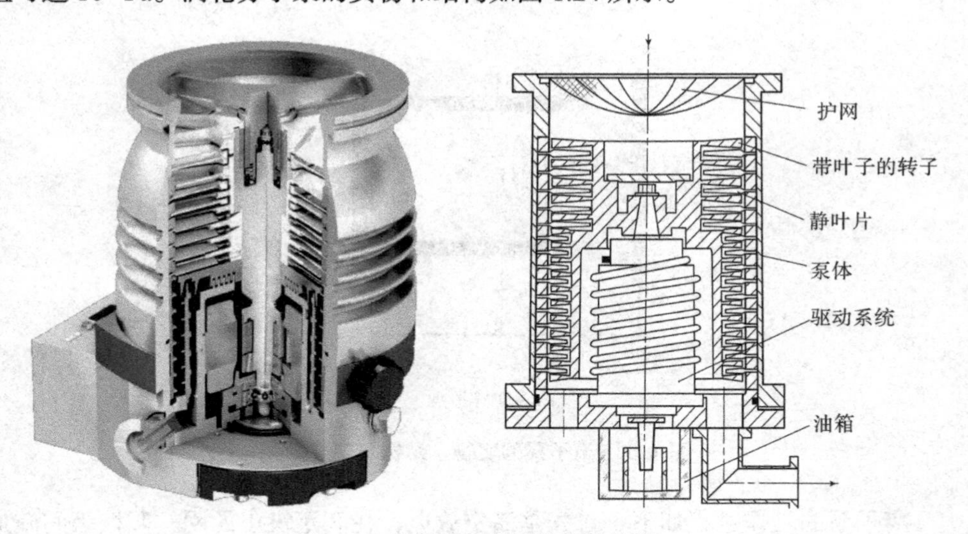

图 1.24　涡轮分子泵的实物和结构

高速旋转的叶片带动气体分子做定向运动，只要把叶片角度设计合适，高速旋转的叶片就会将气体分子向下带向排气口，由位于排气口的前级泵，也就是机械泵将气体分子排向大气。

- 离子泵

离子泵的基本原理是利用阴极放电使气体分子电离形成气体离子。气体离子撞击金属（钛）制作的阴极，在腔体的内壁形成活性膜，吸附容器中的气体分子以达成提升容器真空度的目的。

离子泵的实物、结构及工作原理如图 1.25 所示。

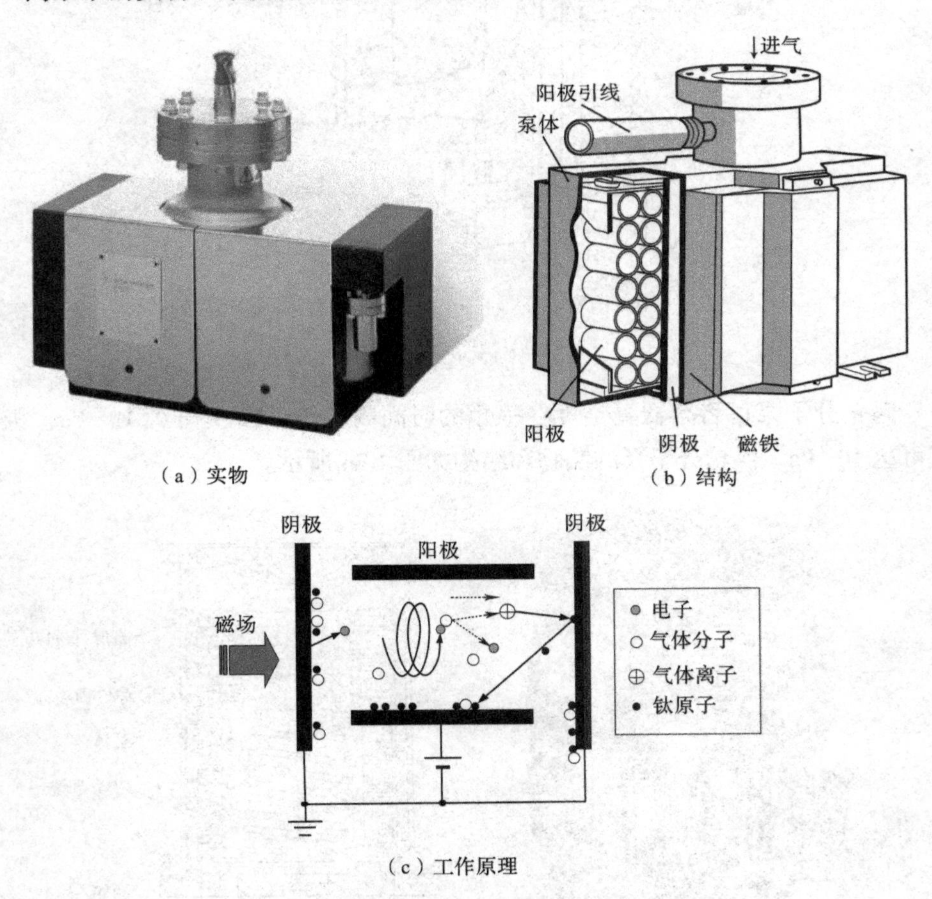

（a）实物

（b）结构

（c）工作原理

图 1.25　离子泵的实物、结构及工作原理

离子泵的工作过程如下：首先是潘宁放电，在间距极小的阴、阳极板间施加高电压，使极板间的电场强度非常大；在与之平行的磁场辅助下，电子以螺旋线的轨迹高速运动，以增加电子运动行程，从而大大提高了电子与气体分子碰撞的概率；碰撞将产生阳离子和二次电子，连锁反应将提高离子和电子的产量；紧接着是气体吸附过程，阳离子以很大的能量冲击阴极（钛板），产生强烈的溅射，

大量的钛原子被轰击出来，沉积在阳极筒壁上和阴极板上遭受离子轰击较弱的区域，形成新鲜的钛膜吸附活性气体，惰性气体则在阴极溅射不强烈的区域被掩埋。由此将减少容器中的气体分子，提升容器的真空度。

从离子泵的工作原理可知，离子泵是一个需要在真空环境下工作的真空泵，否则将降低其使用寿命。当真空度处于 10^{-3} Pa 或更低时应该关闭离子泵。只有在真空度高于 10^{-4} Pa 时，才能启动离子泵。离子泵可将容器真空度提升到 10^{-9} Pa 以上，是超高真空的利器，被广泛地用于高分辨场发射扫描电镜的真空系统中。

扫描电镜真空系统需要依据电镜对真空度的需求进行设计。钨灯丝扫描电镜因电子枪亮度对分辨力的限制，配置性能过高的真空系统并不经济，故只需配置机械泵和涡轮分子泵（早期为扩散泵）即可满足需求。场发射扫描电镜的超高分辨对镜筒的真空度有更高的要求，通常需要在镜筒位置配置两个以上的离子泵，以保证电子枪和镜筒处于 10^{-7} Pa 以上的真空度。冷场发射扫描电镜对真空度要求更高，一般配置 3 台离子泵。日立 Regulus8200 系列冷场发射扫描电镜还在电子枪附近加装化学吸附泵，进一步提升电子枪真空度，以保证电子枪能够进行较长时间的稳定工作。

2. 电气部分

扫描电镜的电气部分主要具有两大功能：一个是给镜筒内的各个功能部件（电子枪、各类透镜、探头以及真空系统等）提供工作电源（电压）；另一个就是接收和处理样品的各种表面形貌信息（主要是二次电子、背散射电子），形成表面的微观形貌像。电气部分包含了针对镜筒各功能部件用电特性所设计的各种专用电路板和电源线路板，将市电转换成电镜专用的电源电压，对电镜的各个功能部件进行调整，以形成激发样品信息的电子探针。由探头、信息处理系统、信号放大系统以及显示器所组成的信息接收及处理系统，成为电气部分的另外一个组成部分，将样品信息以图像的形式呈现出来。

各厂家在设计线路板以及用于处理信息的软件时，都充分体现了各自的特点，故要想充分了解，必须阅读各厂家的使用说明书，在此很难一一复述。但在探头设计方面，特别是对二次电子探头的设计，其基本架构和探头可获取的信息却相差无几。目前主流观点对探头的认识过于简单，容易形成一些认识偏差。

本节将重点讨论二次电子探头和背散射电子探头的基本结构和所获得的表面形貌信息的特性。

（1）二次电子探头的组成及工作原理

二次电子能量较弱（低于 50 eV），要想充分获取二次电子信息就必须使用高灵敏探头。利用敏感度极强的荧光材料接收弱信号，再以光电倍增管对弱信号进行放大，将能量极弱的二次电子信息转换为能被电子线路处理的电信号，这种设计模式是目前解决这一难题的最佳方案。二次电子探头也正是基于这个思路来设计的。由收集极、闪烁体、光导管、光电倍增管和前置放大电路组成的探测器被称为埃弗哈特 - 索恩利（Everhart-Thornley）探测器，一直以来都是各电镜厂家用于接收二次电子的主流探测器，其结构如图 1.26 所示。

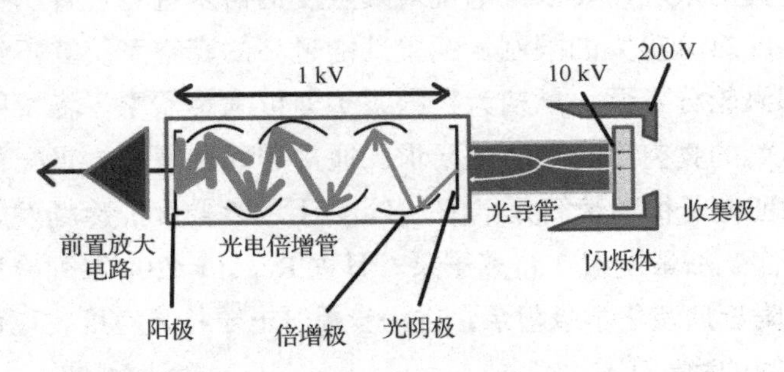

图 1.26　Everhart-Thornley 探测器的结构

位于探头最前端的收集极由金属网构成。略高于 200 V 的正偏压负载在收集极上以协助捕获更多的二次电子。进入收集极的二次电子被加载在闪烁体金属铝膜上的 10 kV 电压加速，在闪烁体上产生一定数量的光子。闪烁体产生的光子经光导管全反射导入光电倍增管阴极，由阴极转换成电子。这些电子被光电倍增管的倍增极不断倍增，由阳极输出高增益、低噪声的电信号。紧贴阳极的前置放大电路将这些电信号放大后输出。

二次电子探头本身是无法从低能量的二次电子中将到达探测器的高能量背散射电子给分离出来的。但可通过改变收集极偏压，将低能量的二次电子阻隔在探头之外。在探头收集极上加载负偏压，则探头获得的信号为背散射电子信号。这种情况下，图像信号衰减较多，质量较差。

综合上述的探讨，可得出如下结论，由二次电子探头采集样品电子信息所获得的形貌像，其特性取决于到达探头的电子信息中不同电子的比例。电子信息中二次电子比例大，图像就偏向二次电子图像的特性，背散射电子比例大则图像偏向背散射电子的图像特性。

（2）背散射电子探头的构造及工作原理

经典的背散射电子探头使用环状硅基材料，探头的主要部件是硅面垒探测器或金－硅面垒探测器，由肖特基二极管或 PN 结二极管组成，如图 1.27 所示。

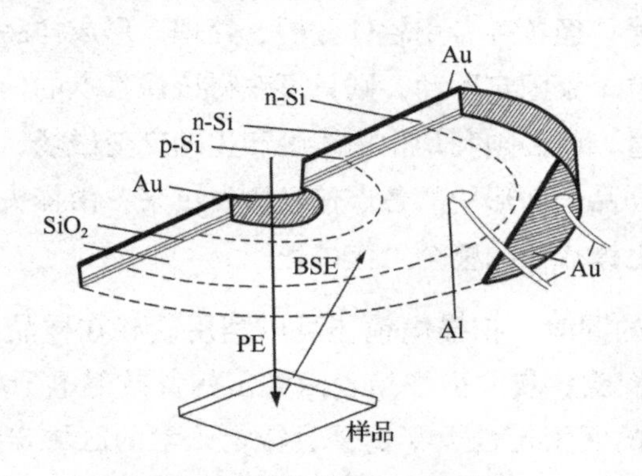

图 1.27　背散射电子探头结构

硅基材料形成电子－空穴对，只有具备一定能量的电子才能激发电子－空穴对。能量较高的背散射电子可在探测器中激发大量的电子－空穴对，同样的加速电压下，电子－空穴对的产量和背散射电子强度具有一定的对应关系，由此形成对应的电信号，经放大处理后在显示器上形成样品的背散射电子图像。图像特性是 Z 衬度、晶粒取向衬度较突出，但细节缺失严重。能量较小的二次电子很难激发电子－空穴对，被自然地排除在探测器之外。因此由该探头所获得的图像带有强烈的背散射电子图像特性。

为了获取低能量的背散射电子信息，背散射电子探头可以改用 YAG（Yttrium Aluminum Garnet，钇铝石榴子石）晶体，或在探头上涂敷一层薄膜，如 FEI 公司的 T_1 探头和 CBS（Circular Backscattered，环形背散射）探头，这些改变都对探头获取低能量背散射电子有利，形成的图像细节更丰富。不过探头灵敏度提高了，二次电子等低能量电子的干扰也会增多，Z 衬度也会相应被削弱。因此可以说，辩证关系无处不在，适度选择才是最佳的标准。

1.2.2　扫描电镜的工作原理

对照图 1.5，扫描电镜的工作原理（方式）如下：三级电子枪产生的高能电子束，经聚光镜系统会聚、消像散线圈校正后由物镜将其会聚于样品表面形成电子探针；电子探针将激发出样品中的各种信息，其中溢出样品表面的背散射电子、二次电子及特征 X 射线是形成样品表面形貌像，并对其进行形貌微区成分及结构取向分析（元素分布及含量、晶体取向、应力等）的主要信号源。

这些样品信息由安装在镜筒和样品仓内的各类探头接收，形成与表面形貌信息相对应的电子信号，经各种专用软件分析、处理，形成样品形貌像和成分像的一个像素点。如果电子束固定不动，则只可获得该像素点的信息。想要获取样品的整个表面形貌信息，就必须利用扫描线圈产生的交变磁场，拖动电子束在样品表面来回扫描，将样品表面形貌的各点信息激发出来，由探头接收并组成完整的形貌像，完成扫描电镜成像的整个工作过程。

在形成形貌像的同时，扫描电镜还可以利用装载在样品仓的分析附件，如能谱探头和 EBSD 探头，获取由样品表面溢出的背散射电子和特征 X 射线等信息，进行形貌微区的元素定性、半定量、特定元素的区域定量、元素区域分布（Mapping）状况等分析。也可对晶体样品进行形貌微区的结构、取向、应力及这些信息的区域分布状况等分析。

工作距离（WD）的选择对形成扫描电镜表面形貌像来说极为关键，因为它是调控扫描电镜各探头获取溢出样品表面的各种电子信息和特征 X 射线的基础。工作距离往往容易和扫描电镜焦距的概念混淆：工作距离是指物镜下边缘到样品上表面的距离；焦距（f）是物镜电磁透镜的中心点到样品的距离。由于两者差距极小，故在实际操作中也可将工作距离近似认为就是扫描电镜的焦距。在扫描电镜测试过程中，探头到底能获取怎样的样品信息，形成的形貌像有怎样的特点，与工作距离的选择关联性极大。关于这一点却常被大家所忽视，使获取的形貌像信息不充分甚至出现假象，4.2 节中将给出详细的探讨。

前文介绍了扫描电镜的定义及工作原理，下一章将详细探讨与扫描电镜相关的理论知识。

第 2 章

扫描电镜的相关理论知识

2.1 扫描电镜的信息源

高能电子束轰击样品，将激发出样品的各种特征信息。其中溢出样品表面的二次电子、背散射电子是扫描电镜形成样品表面形貌像、成分像、电位衬度像，以及进行晶体结构取向分析的主要信息源。内层电子被激发所产生的特征 X 射线则是对样品表面元素组成进行分析的信息源。

作为扫描电镜形成表面形貌像并对其进行成分及晶体结构取向分析所使用的主要信息源，二次电子、背散射电子以及特征 X 射线是如何产生的？一般观点认为当高能电子束与样品表面原子的核外电子发生非弹性碰撞、形成能量交换，样品表面原子的核外电子获得能量被激发，将形成二次电子。入射电子与原子核或核外电子碰撞，发生弹性或非弹性散射，就形成了散射电子，在这些散射电子中与入射电子方向相反的散射电子就是背散射电子。

业界普遍认为原子核外电子被激发将形成二次电子，原子的最外层，也就是价电子层的电子结合能最低，也就最容易被激发，因此二次电子主要来自该层。如果原子核外电子的激发具有同样的激发模式，最后形成的都是二次电子，那么内层电子的激发为什么不按照结合能越低，电子被激发得越多的模式，而是与激发源的能量与电子轨道激发能之间的过压比（入射电子的能量和轨道电子激发能之间的比值）有关，当过压比达到 3 ～ 4 时，轨道电子被激发得最多。被激发的二次电子和背散射电子从样品表面溢出有何特点？溢出分布是否均匀？各自的分布特点又是怎样的？

要回答以上这些问题，就要从物质的组成谈起。

2.1.1 物质的组成

分子、原子、离子是构成物质的 3 种基本粒子。如何定义这 3 种粒子？组成物质后，物质所表现出的特性又是如何？下面将分别加以探讨。

（1）分子

分子是指单独存在、相对稳定、能保持物质的物理及化学特性的最小单元。任何分子（除单原子分子外）都是由多个原子按照一定键合顺序和空间排列结合在一起的。有些原子对外也表现出如分子般的特性（如 He、Ar 等惰性元素），称为单原子分子。分子对外相对稳定，靠范德华力（分子间作用力）来维系分子间的联系。范德华力是分子或原子之间的静电作用力，该力较弱，因此由分子组成的物质熔点、沸点、密度都比较低。日常所见到的液态和气态物质基本都是由分子或单原子分子所组成的。

（2）原子

原子是化学反应中的基本微粒，在化学反应中不可被分割。原子由带正电的原子核（质子和中子）和核外绕核运动带负电的电子组成。原子的大部分质量集中于原子核，而电子在核外按照一定的轨道做绕核运动。一般认为，原子的直径大约是 0.1 nm，是原子核直径的 1 万倍到 100 万倍，电子的直径比原子核还要小。相对于电子，原子可被看成是一个非常大的空腔体。

原子存在 3 个基本关系：数量关系，即质子数 = 核电荷数 = 核外电子数；电性关系，即原子失去核外电子为阳离子，获得核外电子为阴离子；质量关系，即质量数（A）= 质子数（Z）+ 中子数（N）。

原子核外电子运行的轨道是量子化排布的。不同轨道上的电子都具有一定能量，这个能量包含电子运动产生的动能以及电子被原子核吸引产生的势能，它们共同组成了电子的内能。内能取决于核外电子与核的距离，电子离核越远则内能越大。电子可以在轨道间来回跃迁，跃迁时会伴随能量的吸收和释放。电子由高能层向低能层跃迁时因势能降低而释放能量，释放的能量就是原子结合能，以特征 X 射线的形式释放出来。电子从低能的基态跃迁到高能的激发态需吸收外界能量，这就是原子的激发能。不同原子的同一能层、同一原子的不同能层的电子结合能不同，相应的激发能也不同。激发能和结合能是电子在两个能层间的跃迁过程中发生的能量变化。二者在电子跃迁方向、能量变化上是互逆的，但变化的量值相当，为两个能级之间的差值，这也正是进行元素成分分析的根基和依据。

原子核外电子排布必须满足三大要求：泡利不相容原理、能量最低原理和洪特规则。电子的排布规律为每个能层最多容纳 $2n^2$ 个电子（n 为电子层数），最外层不超过 8 个电子、次外层不超过 18 个电子、倒数第三层不超过 32 个电子。按照该规律排布能保证原子的能量最低，因此也最稳定。单原子分子物质（惰性元素）的稳定性正是来源于其最外层电子排布的是 2 个电子（He）和 8 个电子（其余惰性元素），即构成了八隅体结构。其他元素的原子不具备这种八隅体结构，因此其稳定性皆不如惰性元素的原子。

原子核外电子能层按照电子内能的差异分为 K、L、M、N、O、P、Q 这七层。最内层 K 层电子的内能最低，Q 层电子的内能最高。能层层数与原子序数、电子排列规律有关。每个原子的能层都有其特定的电子能量。每个能层上含有若干个亚层，用 s、p、d、f 表示，亚层间电子能量也不一样，按照 s、p、d、f 的顺序依次增大。各亚层含有的电子轨道数不一样，轨道数按照 s、p、d、f 的顺序依次为 1 个、3 个、5 个、7 个，每个轨道最多容纳两个自旋方向相反的电子，因此每个亚层含有的电子数最多是 2 个、6 个、10 个、14 个。

核外电子的运行轨迹与行星运行轨迹的区别在于，电子运行轨迹很难被确定，只能用统计学方法对核外电子空间分布进行描绘，这种描绘的结果类似云，称为电子云。电子云的形态和能级有关，不同能级对应不同的电子云形态。原子核及核外电子云的周边会形成电场，即库仑场，电场形成的势垒就是库仑势。入射电子与核外电子的相互作用，主要发生在该库仑势与入射电子之间。

以原子为基本微粒单位构成的物质，称为单原子物质。这类物质除了前面提到的单原子分子（惰性气体），还包括非金属单质如 C、Si，以及金属单质如 Au、Fe、Co、Cu，等等。但与单原子分子不同的是，金属和非金属单质微粒间的相互作用力是非常强烈的化学键，故这类物质常常是密度较大，熔点、沸点较高的固体物质。

化学键是相邻的多个原子或离子间相互作用力的统称，是使原子及离子相互结合的作用力。如果原子的核外电子排布不如惰性元素那样形成最稳定的八隅体结构，那么其外层电子（一般都是最外层）之间通过电子的轨道杂化相互组成各种类型的化学键来满足那种最外层电子达到八隅体的稳定结构。这类化学键就是共价键，是组成多原子物质化学键的基本类型。

（3）离子

离子是指原子或原子基团由于自身或外界作用而失去或得到电子，形成的带电荷的粒子。原子或原子基团得到电子带负电，称为阴离子，失去电子带正电，称为阳离子。阴、阳离子之间存在静电作用，产生吸引力，同时也包含电子和电子、原子核与原子核之间的静电排斥力，当静电吸引与静电排斥作用达到平衡时，便形成了离子键。以离子组成的物质有大多数盐、碱和活泼的金属氧化物。

无论是以分子、原子还是离子为基本单位组成的物质，其根本都是原子。在原子中，原子核和轨道电子形成的电子云周边都存在库仑势。物质（不含惰性元素）的原子间都存在化学键，化学键会使原子最外层电子的能量发生改变，但内层电子的能量基本保持不变。也就是说物质的原子之间无论发生怎样的化学反应，其内层电子的结合能和激发能不发生变化，依靠这一特性，能谱才能对组成化合物的元素进行定性和定量分析。

2.1.2　高能电子束对样品信息的激发

（1）样品信息的激发

形成高能电子束的微粒（高能电子）相对于组成样品的最小微粒（原子）来说，其体积和质量都极为渺小。高能电子射入样品就如同高速小微粒穿行在无数巨大空心球所构成的空间中。每个空心球除了拥有巨大的空间，还有位于中心包含空心球几乎全部质量的原子核，原子核周围有电场形成的势垒。与高能电子大小相仿的电子在离核一定距离的轨道上做高速无规则运动，形成电子云。电子云及其形成的电场势垒如同为球体形成一个虚壳，有的球体拥有多层壳。球体中运动的电子可以在这些壳层间来回跳跃，并从外界获得能量或向外界释放能量。电子获得能量跃出球体形成自由运动的电子，即二次电子和光电子。高能电子穿越一个个球体的过程如同骑行在有许多汽车隔离桩的自行车道或人行道上，如图 2.1 所示。

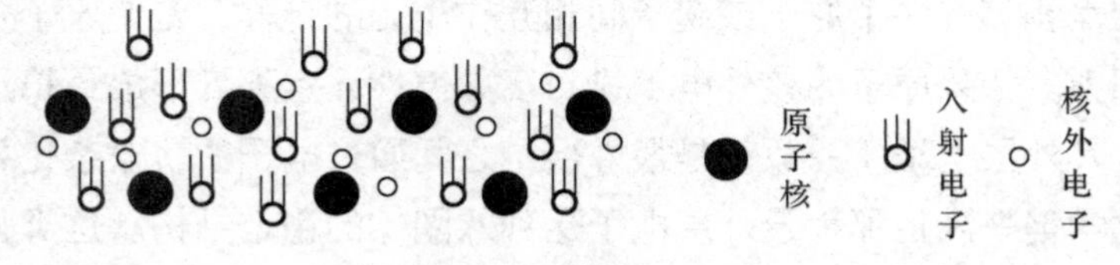

图 2.1　高能电子穿透原子

原子核及核外各种电子云层如同这些隔离桩，层层叠叠交错排布在入射电子的运行轨迹上，疏密有间。样品非常薄，隔离桩纵横交错较少，空间的间隔较大，大量入射电子有足够空间穿透样品，形成透射电镜的电子信息——透射电子。原子排列紧密的部位电子穿透得少，原子排列稀疏的部位电子穿透得多，这样就形成透射电镜的投影像。绝大部分的分子或原子（H 原子除外）体积庞大，无法穿越这些隔离桩。几十纳米厚的薄膜会阻隔气体、液体的分子或原子，而电子却能畅通无阻。这就是透射电镜气体杆的设计依据。

样品厚度增加，在入射电子的运行轨迹上，隔离桩互相交错，纵横排布的密集度也会增加，样品足够厚，入射电子将无法自由穿透样品。而入射电子与原子核及核外电子云的频繁接触，将擦出如下“火花”：入射电子接近原子核，由于电子质量远小于原子核，在原子核及其所形成的库伦场的强势影响下，入射电子将只发生方向改变而能量保持不变（或变化极少），这就是弹性散射。弹性散射所引起的入射电子运行方向改变较大，有些甚至与入射方向完全相反，被称为背散射电子。这些背散射电子是高角度背散射电子的主要来源，高角度背散射电子信息形成的 Z（原子序数）衬度往往更明晰一些，但高角度背散射电子信息的占比一般较小，要形成高质量的 Z 衬度像，就要求样品本身能产生较多的高角度背散射电子（如高密度的金属样品）。

入射电子接近壳层电子时，电子云的库仑场会对其产生影响（也不排除与壳层电子直接碰撞的可能）。由于电子的质量相当，入射电子在改变方向时将与壳层电子之间发生能量交换。壳层电子获得能量被激发，溢出原子。这些溢出电子中的大部分形成了扫描电镜的主要信息源，也就是二次电子。入射电子在发生方向改变的同时失去部分能量，发生非弹性散射。这一现象将会发生在原子的所有壳层。非弹性散射也是形成散射电子的主要来源。

当原子的内层电子被激发，就会在该壳层留下一个空位。外层电子在原子核的引力作用下从高能层跃迁到该层，两个能层之间的能量差，以特征 X 射线的形式对外释放，释放的能量称为结合能。特征 X 射线正是扫描电镜对样品进行微区能谱分析的信号源。

二次电子和背散射电子是扫描电镜的主要信号源。它们的能量大小不同，二次电子能量低于 50 eV，背散射电子能量和入射电子相当。以 1 kV 加速电压激发电子为例，电子能量与产额的关系如图 2.2 所示。

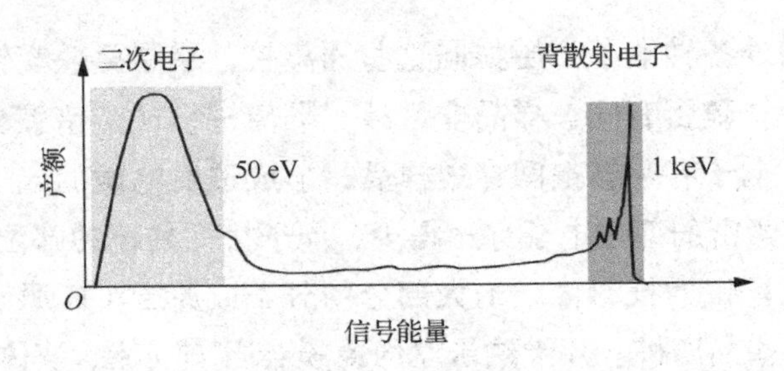

图 2.2　1 kV 加速电压激发的电子能量与产额的关系

除了二次电子和背散射电子，还存在其他能量介于二者之间的电子（俄歇电子、光电子等），但这些电子产额低、接收困难，难以成为扫描电镜的主要信号源。因此，下面将只探讨二次电子和背散射电子的产生。

- 二次电子的产生

传统观念认为价电子（最外层电子）最容易被激发，因为激发能最低，二次电子主要来自最外层的电子。那么存在一个疑问，如果激发能低就容易被激发，内层电子的激发为什么不是按照激发能高低顺序来进行的?

从能谱分析中特征 X 射线产生的过程可知，原子核外的内层电子被激发将使该层轨道出现空穴，原子将处于不稳定状态。为维持原子的稳定，外层电子将填补该空穴，并释放能量，这个能量就是特征 X 射线。特征 X 射线的强度对应着该轨道电子的激发量。考察能谱特征峰的大小随加速电压变化的情况可知，并非来自外层的特征 X 射线的强度就一定强过来自内层的特征 X 射线的强度，反映特征 X 射线强度的能谱特征峰的大小与加速电压和该层轨道的结合能之间的过压比有关。

先看一个加速电压的变化对铜锌合金能谱谱线强度影响的实例，由图 2.3 可见，15 kV 和 30 kV 加速电压下 Cu 和 Zn 的 K 线强度变化明显。15 kV 时，明显是以 Cu 和 Zn 的外层电子，也就是 L 能层的电子激发为主。但是在 30 kV 时，内层的 K 线强度明显增加，说明加速电压的增加将更有利于内层电子的激发，这与单纯的外层电子更容易被激发的论断存在很大背离。原因何在？是不是传统的理论体系存在问题?

充分的事例表明，特征 X 射线与二次电子在激发量上存在巨大差距，这意味着内层电子的总激发量极少。因此，笔者推测内层电子的激发与最外层电子的溢出可能不属于同一个激发体系，不能简单地将二者混为一谈。即与特征 X 射线的产生相关的内层电子的激发，所形成的电子信息可能是能量高于二次电子（50 eV）的光电子。

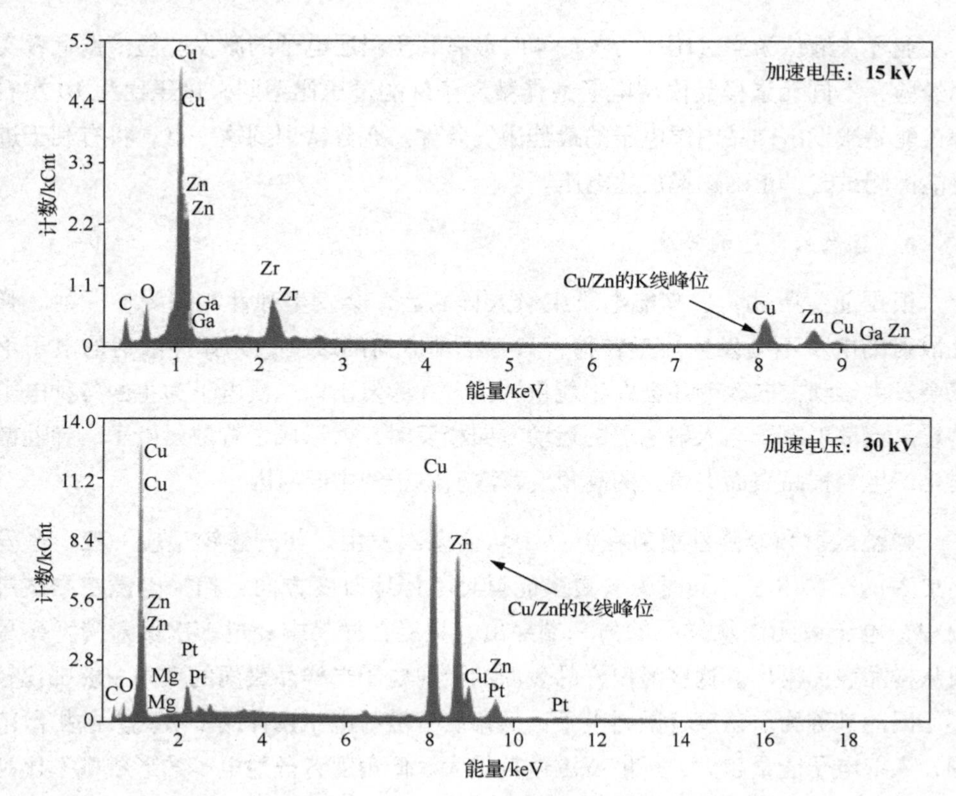

图 2.3　加速电压的变化对铜锌合金能谱谱线强度的影响

所谓光电子就是指由光电效应产生的电子，即轨道电子全面接收入射光源的能量，克服轨道结合能的影响而溢出。光电子的最大初动能与光的频率（能量）有关。光电子的能量公式表述如下：

$$E_k=h\nu-A$$

其中，h 是普朗克常数，ν 是频率，A 是逸出功。

对光电子的能量和强度进行计算，即可对元素及其各层轨道能级和价态做出定性或半定量的分析，是进行 XPS（X-Ray Photoelectron Spectroscopy，X 射线光电子能谱法）分析的主要信息源。能谱和 XPS 分析都是基于内层电子的激发，因此，二者使用的电子信息可能才属于同一个激发体系，与二次电子的激发无关。也就是说，内层电子的激发是以光电子形式溢出，而价电子层电子的激发才是以能量较低的二次电子形式溢出。由此得出的结论是，二次电子来自原子最外层，即价电子层，与特征 X 射线并非同一个激发体系。

业界普遍认为当过压比为 3 ～ 4 时最有利于内层电子的激发。但依据笔者实际经验，不同元素样品内层电子最佳激发条件的过压比不同，过压比为 10 左右都可能是激发出样品内层电子的最佳激发条件。充分认识到这一点，将有利于进行能谱测试时，正确选择加速电压。

- 背散射电子的产生

根据前文所述，在高能电子束射入样品后，会发生弹性和非弹性散射。弹性散射的电子不会发生能量转移，只有运动方向的改变，非弹性散射的电子不仅会发生运动方向改变还会发生能量转移，并激发出以二次电子为主的各种电子信息。当散射电子与入射电子的运动方向相反时，就形成了背散射电子。弹性散射是产生与样品表面夹角大的高角度背散射电子的主要原因。

弹性散射和非弹性散射在样品中均会多次发生，如同连锁反应一般，激发出更多的二次电子，同时失去更多能量且不停地改变方向。扫描电镜在测试过程中，电子束无法从样品的另一端穿出，只能在样品中经过多次散射消耗殆尽或从样品表面溢出。这些溢出样品表面的散射电子与样品表面的夹角一般都比较小，因此被称为低角度背散射电子。低角度背散射电子在样品中有更大的扩散范围，入射电子能量越大，扩散范围也就越大。低角度背散射电子的形成概率比高角度背散射电子高许多，因此它在样品中的产额以及溢出量也更高，是背散射电子中的绝对主体。高角度和低角度背散射电子统称为背散射电子，它们和二次电子共同组成扫描电镜表面形貌像的主要信息源。

（2）二次电子与背散射电子的溢出

- 二次电子的溢出

二次电子源自高能电子束对样品原子核外价电子层电子的激发。能量低（小于 50 eV）、溢出深度浅（小于 10 nm）、溢出样品表面的电子分布不均匀。与样品表面夹角较大的二次电子——高角度二次电子，在样品中运动的自由程较短，溢出概率高，溢出量也较多。与样品表面夹角较小的二次电子——低角度二次电子，在样品中运动的自由程较长，因此损耗大、溢出概率较低、溢出量也较少。二次电子溢出的分布如图 2.4 所示。

溢出样品表面的二次电子来自于两个方面：一个是电子束直接激发并溢出样品浅表层的二次电子（各电镜厂家常常将其标示为 SE1）；另一个是由样品内部各种散射电子激发并溢出样品浅表层的二次电子（标示为 SE2）。SE2 的溢出范围受到散射电子的分布状况的影响，一般来说其溢出范围比 SE1 大很多。SE1、SE2 的溢出情况如图 2.5 所示。

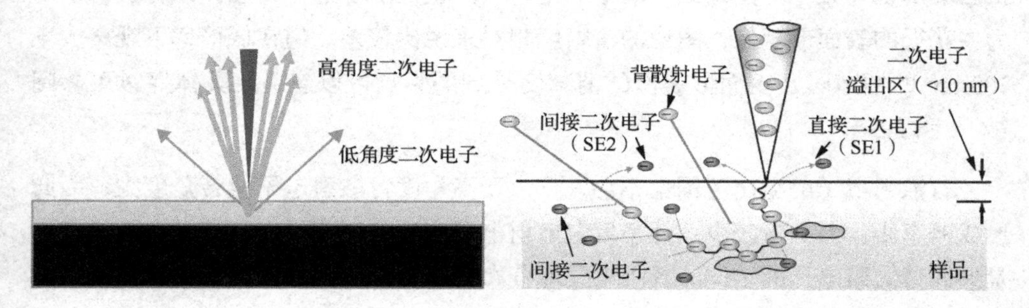

图 2.4　二次电子（SE1）的溢出分布　　图 2.5　SE1、SE2 的溢出示意图

SE1 是形成高分辨表面形貌像的关键信息。其扩散范围小，基本在电子束路径的周边，对样品表面形貌细节的影响也最小。同等条件下该信息越充分，图像清晰度越高、细节分辨力越强。SE2 向电子束周边扩散的弥散度较高，加速电压越高，其产额和弥散度也会越大。当 SE2 成为样品表面形貌像的主导信息时，表面形貌像的图像分辨率就会大大降低。这就是过高的加速电压导致扫描电镜分辨力弱的最主要原因。

选择加速电压时要充分考虑其对 SE1、SE2 产额的影响。在满足测试所需的电子束发射亮度和电子信息深度（参见 4.3.2 节）的情况下，加速电压越低越好。要获得这样的结果，扫描电镜的本征亮度就要够大。这就是电子枪本征亮度为什么能对扫描电镜分辨力产生决定性影响的最主要原因。关于加速电压的选择与分辨力的关系可参见 2.3 节和 4.3 节。

二次电子的溢出量会随着平面斜率的变化发生较大的改变，在样品的边缘处溢出最多，由此形成二次电子衬度及边缘效应。一般认为样品表面形貌可看成不同斜率的平面的组合，故二次电子衬度就带有大量的形貌信息。

许多实例显示，二次电子的产额也会随着样品的原子序数以及样品密度的不同而变化，因此二次电子的溢出量差异也会带有 Z 衬度、晶粒取向衬度等反映成分及结构的信息，只是不如背散射电子反映得那么强烈。由于二次电子能量较低，其溢出量特别容易受到样品中荷电场的影响，以它为主获得的表面形貌像极易出现图像亮度的异常，即样品的荷电现象。

- 背散射电子的溢出

背散射电子的能量与入射电子相当，在样品中扩散范围较大，加速电压越大扩散范围也越大，对图像细节的影响也越大。正是由于这一特性，以背散射电子为主获得的表面形貌像，图像的清晰度相对来说比较差。但在低倍率下观察大于 200 nm 的细节时，表面形貌像的清晰度受到的影响可以忽略，具体探讨可参阅 2.4 节和 2.5 节。

背散射电子的溢出范围也不均匀，由于高角度背散射电子偏转角度大，因此形成概率小，溢出量较少；低角度背散射电子产生的概率较大，故溢出量较多，是形成背散射电子的主体。其溢出强度分布如图 2.6 所示。

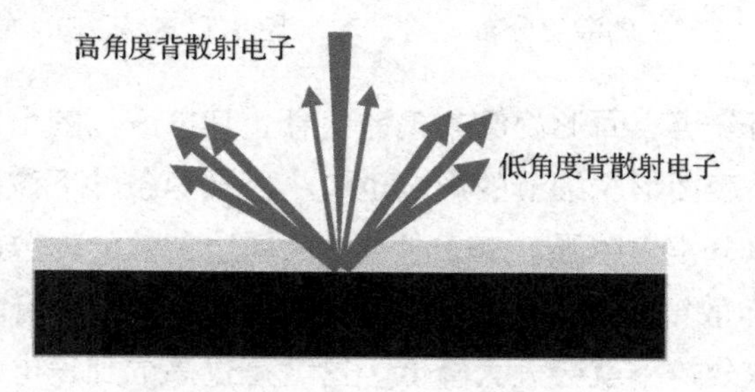

图 2.6　背散射电子的溢出分布

背散射电子的产额和溢出量极易受到样品原子序数、密度以及晶体材料的晶体结构和取向的影响，因此反映出的 Z 衬度和晶粒取向衬度较强，是对样品进行这两方面分析的首选信息源。利用背散射电子衍射所形成的菊池花样对晶粒取向及构造进行分析，所获得的取向精度可以得到极大的提升，达到 0.1°，得到的晶体信息最为精确和充分，这就是所谓的 EBSD（Electron Backscattered Diffraction，电子背散射衍射）分析。该分析方式是目前利用扫描电镜进行晶体结构和取向分析最权威、最充分、最常用的技术手段。

无论是直接利用背散射电子获取晶粒取向衬度还是通过 EBSD 来对晶粒进行观察和分析，信息源都是背散射电子。若接收不到背散射电子，扫描电镜将无法充分进行晶体材料结构及取向的分析。

典型的 EBSD 晶粒取向面分布图如图 2.7 所示。

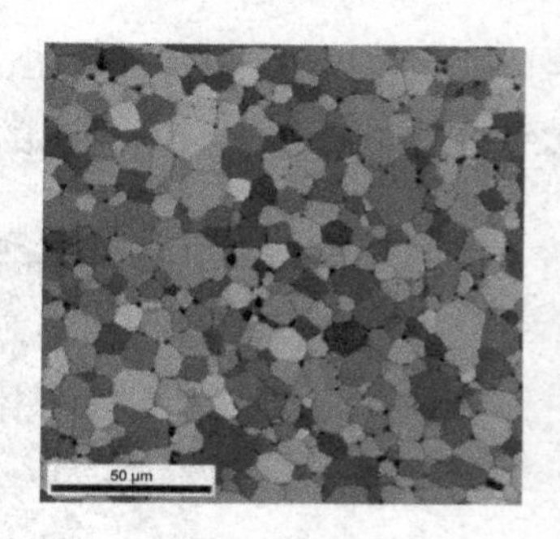

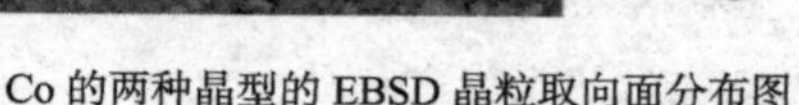

Co 的两种晶型的 EBSD 晶粒取向面分布图　　ZrO_2 的 EBSD 晶粒取向面分布图

图 2.7　典型的 EBSD 晶粒取向面分布图

加速电压、样品特性、信息需求、探头的性能和位置都会影响利用背散射电子信息获得图像的分辨率。在谈论分辨力时不能脱离测试条件的限制，例如，观察样品的 Z 衬度信息，背散射电子形成的图像受到的干扰小，比二次电子形成的图像更直观，但表面形貌信息会有所损失；加速电压过低就无法接收到样品的内部信息；加速电压高了又无法充分地获取样品的表层信息；YAG 材质的探头比半导体材质的探头更适合低加速电压下的观察，获取的样品表面信息丰富，但也更容易受到其他信息的干扰。以上所述的情况都将在本书中予以呈现。

由此可见选择背散射电子作为信息源获得的扫描电镜形貌像，既有其优势，同时也存在“致命”的不足之处。总体来说背散射电子在样品中的扩散比二次电子更大。对样品表面形貌像的细节干扰较强。因此，形成形貌像的电子信息中背散射电子含量越大，则高倍率图像的清晰度也越差。总之，利用背散射电子信息获得的图像的特点是 Z 衬度与晶粒取向衬度大、受荷电影响小，但缺乏表层信息、图像的细节分辨不足、电位衬度较小。

需要说明的是，在本节的探讨中，会出现非常多关于衬度的名词，例如形貌衬度、二次电子衬度和边缘效应、Z 衬度、晶粒取向衬度以及电位衬度。这些衬度都是形成形貌像的要素，在 2.4 节将展开深入的探讨。

我们以同一样品同一区域的背散射电子形貌像（见图 2.8）和二次电子形貌像（见图 2.9）为例，来直观地对比一下两种形貌像在分辨力及信息呈现上的区别，并结束本节的探讨。

背散射电子能量较高，造成图像表面信息的缺乏，图像看起来“干干净净”，样品表面的碳污染无法被观察到。Z 衬度清晰明了，成分差异明晰。灰度最深的为 Al 元素，灰度最浅的是 Cu/Ni 合金相，介于中间的是 Si 元素。元素的灰度分布完全符合 Z 衬度所呈现出的差异。

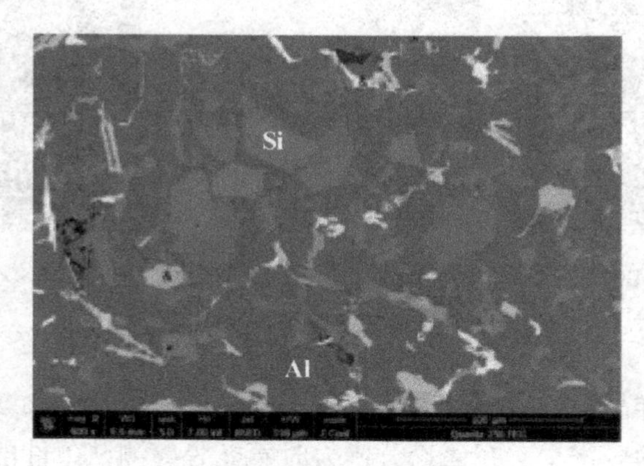

图 2.8　背散射电子形貌像

能量较低的二次电子所展现的表层信息丰富，图像看起来“杂乱无章”，碳污染极为明显。Z 衬度受到的干扰较多，成分信息较为混乱，元素分布的呈现出现偏差，Si 元素聚集的部位在该形貌像中异常地变为最暗，可能由于样品在 Si 富集区更容易聚集电荷，产生了更大的电位衬度。

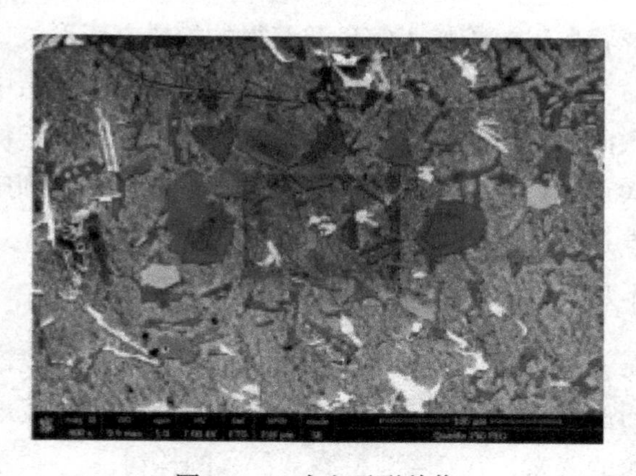

图 2.9　二次电子形貌像

2.2　放大倍率

放大倍率是显微镜最重要的指标之一。虽然各种显微系统工作原理不同，图像放大的方式也有所不同，但最终计算图像放大倍率的方式都是一致的，也就是原始图像的尺寸 ÷ 物体的尺寸。

扫描电镜是根据加载在两个扫描线圈上的锯齿波电信号的振幅差异来放大图像的。这两个扫描线圈，一个是位于镜筒内的扫描线圈，另一个是显示系统的扫描线圈。这两路锯齿波由同一个发生器产生，因此其频率和相位都完全一致，这保证了镜筒内电子束扫描和显示器的光点扫描完全同步，但锯齿波的幅度却完全不同。加载在显示器扫描线圈上的锯齿波的振幅在倍率变化过程中保持不变，而加载在镜筒扫描线圈上的锯齿波的振幅大小是变化的，由此来改变扫描电镜放大倍率的值。

扫描电镜放大倍率（M）按如下公式计算：

$$M=\frac{\text{图像尺寸}}{\text{电子束在样品上的扫描范围}}$$

早期各电镜厂家都使用 5 in（英寸，1 in=2.54 cm）相片的底边长 12.7 cm 作为扫描电镜图像边长。此后，出于商业原因，某些电镜厂家将用于计算放大倍率的图像尺寸加大，出现了几种不同的放大倍率计算方式即所谓的图片和屏幕两种放大模式。这导致使用不同厂家的扫描电镜在同一放大倍率下观察同一个样品的同一个位置，所获取的形貌像也存在差异，想获得一致的结果必须进行转换，要转换就必须先确定图像属于哪种放大模式。

图片放大模式（欧美厂家又称其为宝丽来放大）使用 12.7 cm 底边长的图像尺寸来计算放大倍率。屏幕放大模式使用成像的屏幕尺寸来计算放大倍率，这个尺寸种类非常多，早期是 30 cm，近来出现了 27 cm 等好几种不同尺寸。

确定图片放大模式的方式如图 2.10 所示。

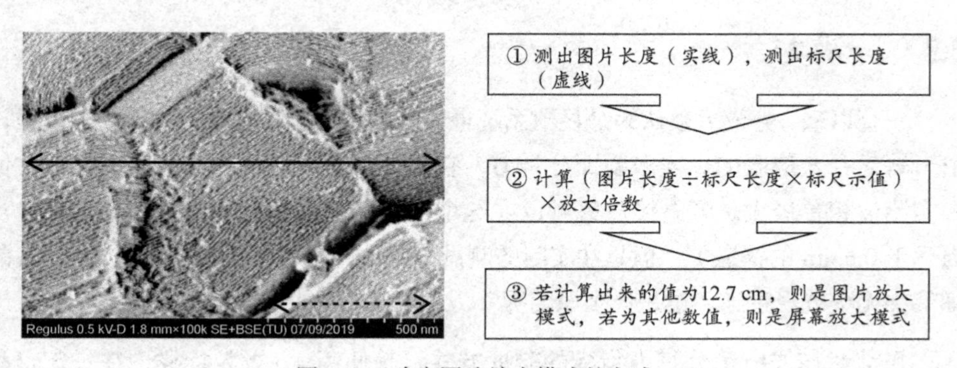

图 2.10　确定图片放大模式的方式

图片放大模式和屏幕放大模式的对比如图 2.11 所示。

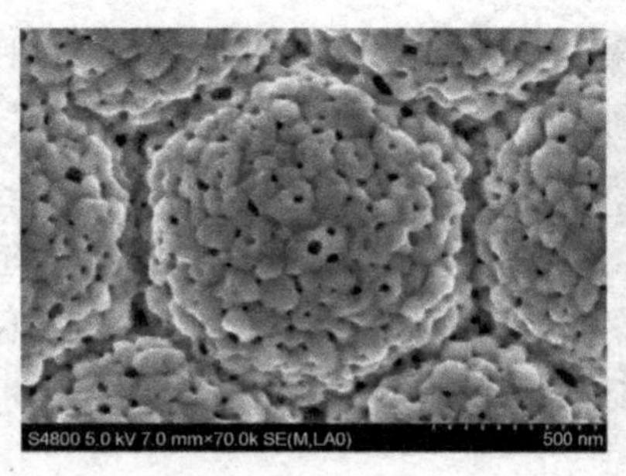

图片放大

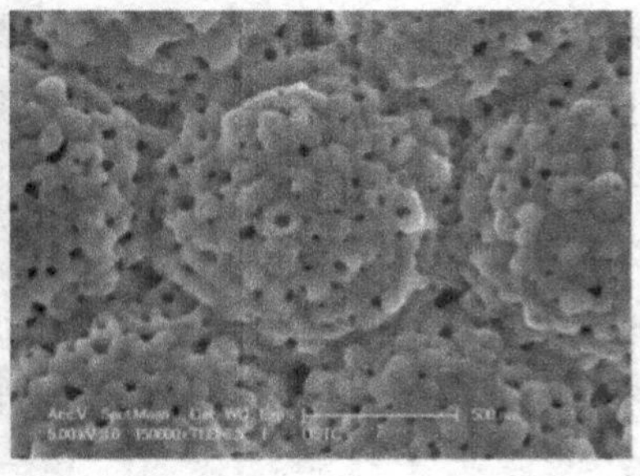

屏幕放大

图 2.11　图片放大模式与屏幕放大模式的对比

从图像上看，同样的样品，在图片放大模式下的 7 万倍的图像比在屏幕放大模式下的 15 万倍的图像的放大效果更好。两种放大倍率是如何相互转换的？要解决这一问题，先要明确的是从哪种模式转换到另一种模式。如果要计算图片放大模式转换成屏幕放大模式下的放大倍率，则转换的计算公式为屏幕边长 ÷ 图片边长 × 放大倍率。以图 2.11 给出的两幅图像为例，假设屏幕放大模式的边长为 300 mm，图片放大模式的图像边长是 127 mm，则可得 300 mm÷127 mm × 7 万倍 ≈16.5 万倍，即图片放大模式下的 7 万倍大约等效于屏幕放大模式下的 16.5 万倍。因而，从图像上看，图片放大模式下的 7 万倍的图像比屏幕放大模式下的 15 万倍的图像的放大效果更好。

只有当计算放大倍率的标准统一后，各品牌扫描电镜的图像在相同倍率下进行比较才有意义，这也是不同厂家的扫描电镜获取图像信息一致性的基础。否则将会造成读图时的困惑，给测试结果的正确分析带来障碍。

2.3　分辨力

一直以来，分辨力被认为是显微系统最关键的性能指标。可是对于扫描电镜，由于缺乏令人信服的标样来验证分辨力，它又是一个最不可靠的指标，其标注值和实测值相差极大。各电镜厂家可以在这个指标上随意地发挥（目前已出现分辨力优于 0.6 nm 的报道），但是在实际的测试过程中却连被验证确实存在的 1 nm 的细节都无法被观察到。这是什么原因呢？

目前对扫描电镜分辨力指标的验证方式，是使用 Au 颗粒标样，在一定倍率的图片中找到一个相距小于一定尺度的间距（如 0.6 nm），如图 2.12 所示。随着倍率的加大，测量软件能拉出的间隙就越小。但是我们可以看到这种方式充满了测量谬误。边缘的选择是否合适？软件所拉出的两个点的间隙是否能被验证和拉出的数据相符？这明显是无法确定的。

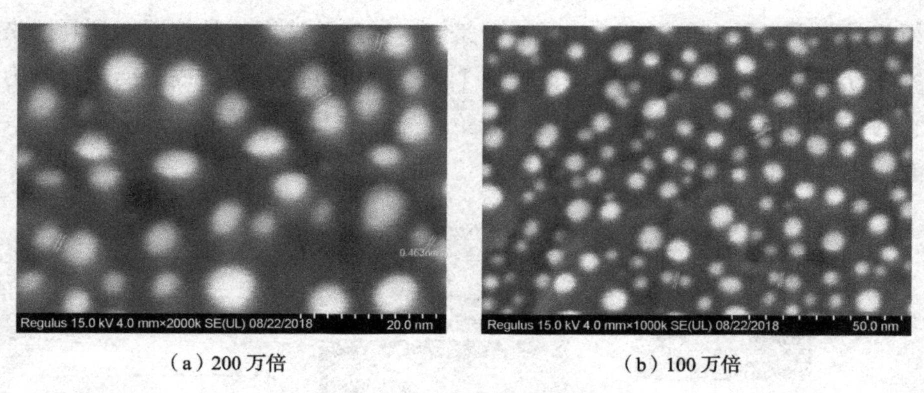

（a）200 万倍　　（b）100 万倍

图 2.12　Au 颗粒标样的扫描电镜图像

一直都被认为是验证扫描电镜分辨力不二选择的 Au 颗粒标样，符合标样的标准化要求吗？要想成为标样必须满足以下 3 个要素：第一，样品的细节要有明确的尺寸标示，且标明尺寸及其不确定度（如使用光栅的形式）；第二，样品的性能及结构必须稳定，不能今天是这个结构，明天是那个结构；第三，样品是可溯源的，标样都有可以被追溯、被权威机构所验证的源头模板。以上 3 条，Au 颗粒标样无法满足任何一条，那么它怎么能够成为标样？

除了标样，计算分辨力的软件及这种计算方式也面临质疑。即便一个计算软件的计算方法被认为是科学的（实际上被质疑的问题有很多），计算软件也是针对图像衬度来进行计算的，而这个衬度呈现的是否是真实的细节信息，却因为没有标样而无法被验证。这种情况就如空中楼阁，构造再完美，但没有根基，也会轰然倒塌下来。

下面将考察小于 1 nm 的扫描电镜分辨力指标是否可靠。扫描电镜分辨力是指仪器所能分辨的样品最小细节的大小，验证方式是电镜所能分辨的两点间的最小距离。影响分辨力的因素包括样品信息的溢出范围和溢出量，以及仪器对样品信息的接收能力。

样品信息的溢出范围及溢出量是最根本的影响因素。该影响因素由激发源和样品的特性两方面决定。若假设仪器对样品信息的接收能力及样品本身的特性都对分辨力的影响微乎其微，即在最理想的条件下，仅考虑激发源的电子束斑尺寸对分辨力的影响，则扫描电镜的分辨力又是多少呢？

一般认为，扫描电镜的分辨力不应该优于电子束斑的直径大小，也就是分辨的细节尺寸不小于电子束斑的直径。但是学术界广泛认可的是使用瑞利判据来定义可被分辨的两点之间的最小距离，这个最小距离可认为是扫描电镜的分辨力。瑞利判据的内容是当一个艾里斑的中心位于另一个艾里斑的第一级暗环上时，刚好能分辨出两个艾里斑的图像，如图 2.13 所示。

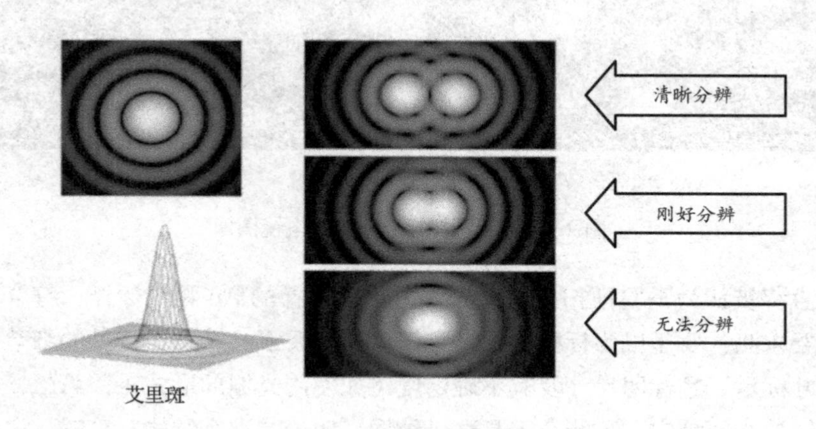

图 2.13　瑞利判据

依据瑞利判据的规定，对物体及其细节的分辨极限并不是处于清晰分辨的位置，而是处于刚好分辨的位置。此时，也不要求图像绝对清晰，而是足够清晰，以至能刚好分辨出细节即可。

不考虑电子束因倾角的不同而带来的尺寸改变，则可以认为电子束在样品表面扫描的过程中，束斑直径是完全相同的。两个直径完全相同的斑点能被区分的最小距离，依据瑞利判据就是斑点半径。因此，如果仅考虑束斑直径对扫描电镜的分辨力的影响，那么分辨力就是最小束斑的半径。

扫描电镜电子束的束斑直径最小是多大呢？图 2.14 和图 2.15 分别展示了加速电压为 30 kV 和 1 kV 时，束斑直径与束流强度的关系。可见在束流为 1 pA 时，扫描电镜的束斑直径最小，其中冷场发射扫描电镜的束斑直径小于热场发射扫描电镜和钨灯丝扫描电镜。加速电压为 30 kV 时冷场发射扫描电镜的束斑的直径为 1.3 nm 左右，加速电压为 1 kV 时束斑的直径为 2.6 nm 左右。

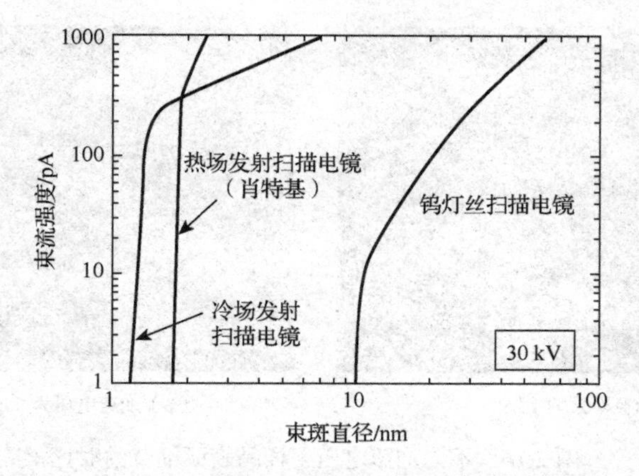

图 2.14　30 kV 加速电压下束斑直径与束流强度的关系

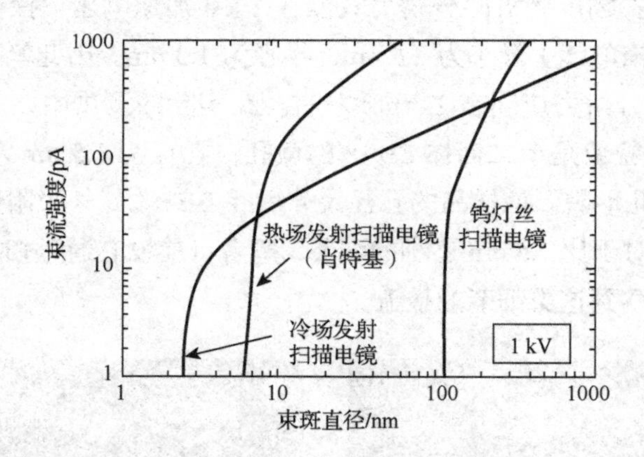

图 2.15　1 kV 加速电压下束斑直径与束流强度的关系

实际测试过程中，扫描电镜在其他条件相同的情况下，加速电压越高，电子束的束斑越小，这有利于提升仪器的分辨力。但过高的加速电压会减少表层的直接二次电子（SE1）的溢出而增加反映样品较深层信息的间接二次电子（SE2）的溢出。随着加速电压的升高，SE1 减少的量变终将转化为对形貌细节分辨的质变，导致形貌细节分辨力的下降，如图 2.16 所示。实际测试的结果表明，5 kV 以上的加速电压不利于呈现 5 nm 以下的细节。对 3 nm 以下的细节，基本只能使用 1 kV 及以下的加速电压，才能获取充分的细节信息。

图 2.16 所示的样品为 SBA-15，具备直径为 6 nm 的介孔，同等条件下 1 kV 的加速电压下图像的细节信息更为充分，5 kV 加速电压下图像的细节信息则已无法清晰呈现。

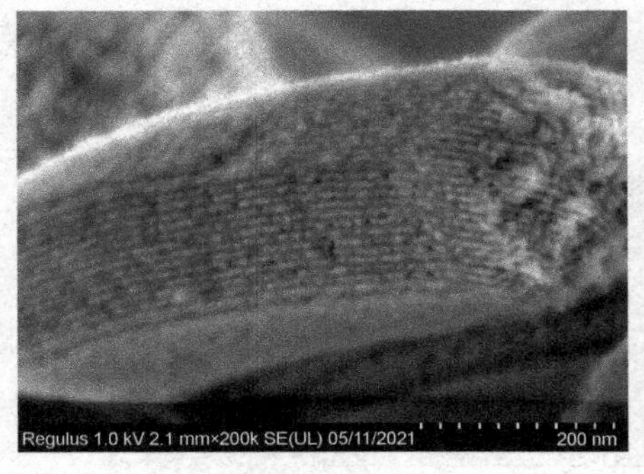

（a）加速电压为 1 kV

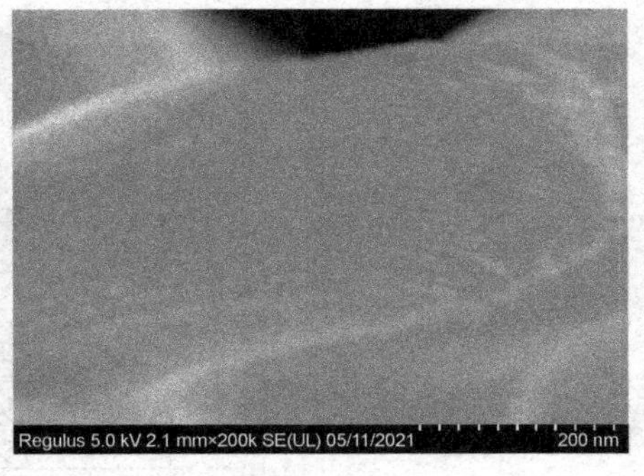

（b）加速电压为 5 kV

图 2.16　不同加速电压下样品表面细节的对比

综上所述，扫描电镜极限分辨力只能在 1 kV 加速电压下探讨，此时束斑直径（冷场发射扫描电镜）最小为 2.6 nm，半径为 1.3 nm。因此笔者认为：扫描电镜形貌像的极限分辨力应当在 1.3 nm 左右。在实际的测试中，笔者所观察到的分辨力最高的形貌像是十二面体 ZIF-8 的微孔，孔径为 1.5 nm 左右，图 2.17 展示了 ZIF-8 的微孔形貌。该样品的孔径尺寸后经 BET（氮气吸附脱附等温曲线）证实是存在的。对于比 1.5 nm 还小的细节，笔者目前没有通过扫描电镜观察到，也没见到任何观察到这类细节的报道。

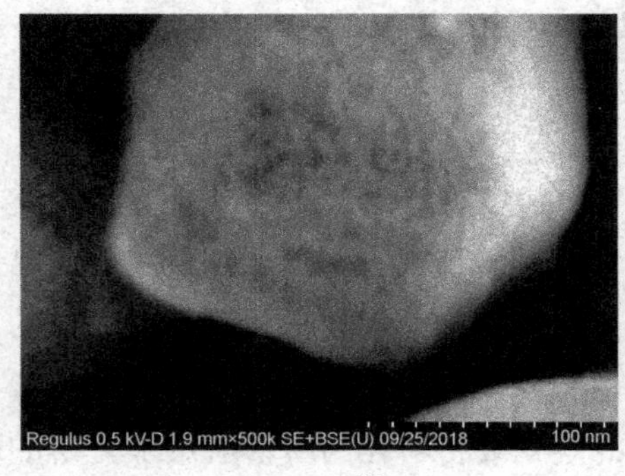

（a）50 万倍

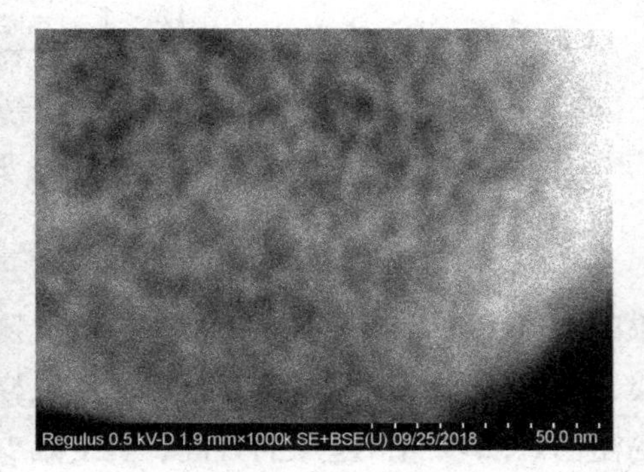

（b）100 万倍

图 2.17　十二面体 ZIF-8 的微孔形貌

2.4　扫描电镜的图像衬度和表面形貌像的形成

衬度是指图像上存在的灰度及色彩差异，正是借助这种差异，我们才能看到图像。衬度和对比度的不同在于：对比度是指图像上最亮处和最暗处的差异，以图像整体为考量对象；而衬度是指图像上每一个局部的明暗差异，它是以图像上的局部细节为考量对象。

扫描电镜表面形貌像通过不同类型的明、暗衬度来呈现不同形貌信息。呈现表面形貌特征的几个主要衬度类型包括：形貌衬度、二次电子衬度和边缘效应、电位衬度、Z 衬度、晶粒取向衬度。

形貌衬度是构成形貌像的基础，其余几种类型的衬度叠加在形貌衬度之上，充实并完善样品的表面形貌信息。依据辩证的观点，不同类型的衬度都有各自适合呈现的样品信息，相互之间不可能被完全替代。即便是形貌衬度也不具有完全替代其余任何一种衬度的能力。缺失了任何一种衬度的信息，都会使表面形貌像出现不同程度的缺陷，在一定程度上影响仪器的分析能力，这些都将在下面的探讨中通过实例予以充分论证。

2.4.1　形貌衬度

形貌衬度是直观呈现样品表面形貌三维空间形态的衬度。图像存在形貌衬度的原因是探头接收溢出样品表面电子的角度不同。要充分表述表面形貌三维空间的位置信息，形成形貌像的衬度应当包含两个基本要素：方向和大小。

日常观察物体的经验告诉我们，物体图像的空间三维形态，取决于人眼观察物体的角度：从侧向观察是立方体，从顶部观察就可能是正方形。这个图像的空间形态与你用哪种颜色的光去观察无关，红光去观察就是红色的立方体，用绿光去观察就是绿色的立方体。当以一定角度去观察物体时，会使由物体表面高低起伏的各个位置所反射出的光波在传输到人眼时形成相位差，这个相位差就包含了形成图像三维空间形态的两个基本要素——方向和大小，而这个相位差只与观察者的观察角度有关。如果运用光的波粒二象性中的粒子属性来解释，则是物体的高位对低位的遮挡，会使得由表面形貌高低位置反射的光产生一定的明暗差异，这个差异大小只会随着观察角度的改变而改变。而差异本身，也就是光的衬度，包含的是物体表面的三维空间形态信息。

扫描电镜在测试时，也是由于同样的道理形成了形貌衬度。形貌衬度只与探头接收溢出样品表面电子 [如 SE（Secondary Electron，二次电子）和 BSE（Back Scattered Electron，背散射电子）] 的角度相关。随着接收角的改变，形貌衬度将发生变化，形成形貌像的空间三维形态也会发生变化。透射电镜中暗场像具有更好的空间立体感，也是因为探头的结构及所处位置使其与散射电子之间可以形成更好的接收角。

接收角对形貌像的影响并不能简单地理解为越大越好或越小越好，而是存在一个最佳范围。不同电镜厂家的扫描电镜，因探头位置设计上的差异，都存在不同的最佳工作距离。在最佳工作距离上，扫描电镜可以获得最佳的接收角，呈现出各自所能表达的样品表面形貌的最大空间形态。倾斜样品也会对这个接收角产生较大的影响，这样的操作有利于获得更多的空间信息，但会带来表面形貌像形态的异变。

形貌衬度是形成形貌像的基础，但并不是形成形貌像的唯一影响因素。探头接收到的电子信息（SE和BSE）的溢出范围会掩盖形貌像中许多细小的形貌细节。选用的电子束或电子信息中电子能量越大，对细节的掩盖也越强，达到一定程度就会影响细节的分辨，从而对表面形貌像产生影响。

那么，要形成充足的形貌衬度，该如何形成探头接收电子信息的接收角？首先，要充分了解探头与样品的相对位置，以及处于该位置所能接收的样品的电子信息的类型；其次，分析所接收到的电子信息对所呈现的形貌细节有何影响；最后，依据测试目的，做出最恰当的选择。具体方法将在4.2节中结合实例进行更为详细的探讨。下面将通过实例来初步探讨如何确定探头接收样品电子信息的接收角，以及不同的接收角接收的电子信息都包含了怎样的形貌信息。

（1）表面形貌像、形貌衬度与探头接收角

各电镜厂家对探头位置的设计存在差异，因此探头接收到的样品信息特性也略有不同。本书主要以日立冷发射场发射扫描电镜（S-4800/Regulus8230）为例进行探讨。

如图2.18所示，镜筒处于样品正上方，位于镜筒内的上探头通过镜筒接收样品信息。因此，该探头可看成与电子束在一条直线上，接收角主要是电子信息的溢出角。工作距离越大，该接收角越小，形貌衬度也就越小，形貌像的空间信息越单薄，图像立体感越差。但是该探头接收的样品信息以二次电子为主，能量较低，对小于10 nm的样品细节影响极小，因此该探头是获取这类细节信息的首选，要充分利用该探头，应选较小的工作距离。

如图2.19所示，位于样品仓的下探头（L）处于样品的侧上方，探头、样品与电子束三者之间成一定角度，因此探头的接收角相对较大，可以获得较大的形貌衬度。形貌像的空间立体感强烈，有利于呈现起伏较大的形貌特征。不足之处在于探头接收的电子信息以背散射电子为主，电子的能量较高，在样品中的扩散程度较大，对 20 ～ 200 nm 的细节的清晰度影响较明显，细节越小形貌像的清晰度就越差。该探头获得的形貌像很难分辨 10 nm 以下的样品细节，若要观察的细节在 10 nm 以下，必须屏蔽下探头。15 mm 工作距离是下探头的最佳工作距离。

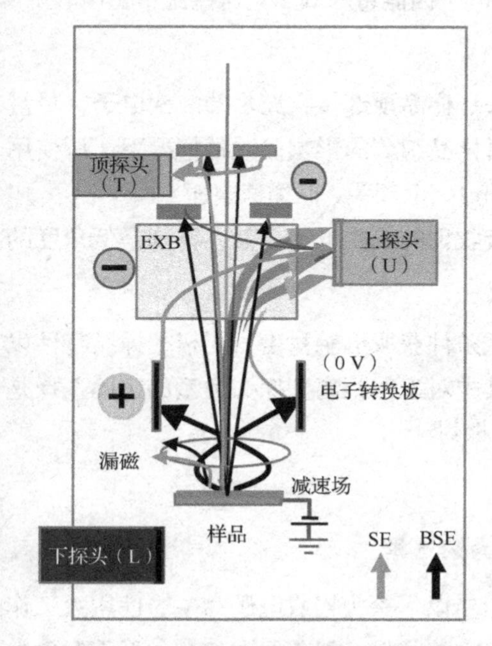

图 2.18　小工作距离探头对信号的接收

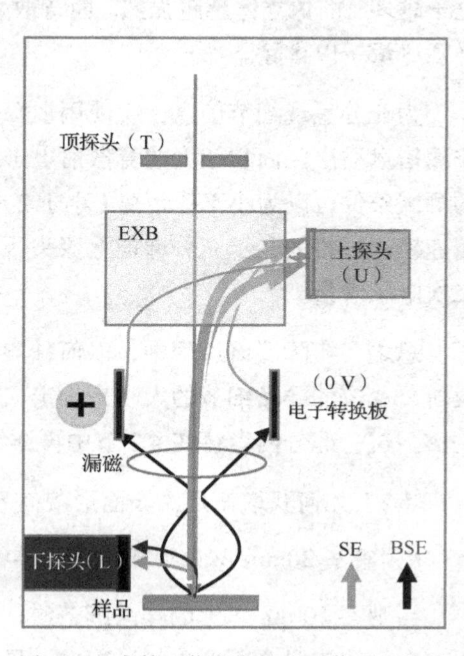

图 2.19　中等工作距离探头对信号的接收

基于以上对探头位置的分析，为获得足够的形貌衬度，获取更充分的样品表面形貌信息，可按以下方案设置探头接收角。

- 低倍率（低于 10 万倍），呈现的形貌细节大于 20 nm

背散射电子很难完全掩盖这些细节信息，且随着所需呈现的样品表面细节尺寸的增大，背散射电子对图像清晰度的影响也会减小，图像也将越清晰。此时形貌衬度是否充足是首要考量因素，而利用电子的溢出角所形成的形貌衬度，往往无法满足呈现这类细节的需求。上探头接收角较小，不利于呈现这些细节。下探头接收角较大，有利于充分呈现这些细节。

基于以上原因，当放大倍率低于 10 万倍，观察样品的主要形貌细节大于

20 nm 时，应当选择较大的工作距离，以便充分利用下探头获取形貌信息，从而使形貌像的空间形态及细节呈现更优异。

- 高倍率（高于 20 万倍），观察的形貌细节小于 20 nm

表面形貌的高低差异小，所需要的形貌衬度也小，电子的溢出角即可满足获得充足形貌衬度的需求。此时，低角度电子将是构成形貌像的主导因素，低角度电子越多，图像立体感越强烈。而背散射电子因能量较高，对这些细节影响较大，必须尽量予以排除。

为充分呈现细节信息，应使用上探头从样品顶部接收充足的二次电子，尽量排除信息溢出区面积较大的背散射电子对样品细节的影响。这种情况下，所使用的测试条件可以为小工作距离（小于 2 mm）、上探头、低加速电压（1 kV 以下）、减速模式，目的在于充分增加上探头所接收到的二次电子含量，特别是低角度的二次电子含量。

总之，实际测试过程中，以何种测试条件获取形貌衬度，要根据样品特性以及所需获取的样品细节的大小来确定，其中对工作距离和探头类型的正确选择是关键。这一部分内容将在 4.2 节中再详细探讨。

（2）如何获取充足的表面形貌信息

- 观察 20 nm 以上细节的探头接收角的选择

当观察 20 nm 以上的样品细节时，应当以下探头接收电子为主。使用大工作距离、下探头组合所形成的形貌像，具有立体感强、细节层次充分、形貌假象少等优点，应将其作为主导性的测试条件。但是当放大倍率提高到 5 万倍以上，样品的表面形貌起伏变小，对形貌衬度要求降低时，可适当加入上探头来成像，将有利于提高图像整体的清晰度，此时需要操作人员把握的是，不能削弱形貌信息的呈现。图 2.20 展示了不同样品在不同探头模式下的形貌对比。图 2.20（a）和（b）为磁粉样品，对比两图可以发现，（a）图使用下探头，获得的图像清楚地显示出白圈位置所示的孔洞形貌，（b）图使用上探头，同一位置的孔洞呈现出了平面的假象。（c）、（d）、（e）、（f）图为 FeCrW 合金样品，在 5000 倍下，使用下探头获得的图像立体感强烈，形貌细节充分，而使用混合模式获得的图像立体感和形貌细节都略显不足；在 10 万倍下继续观察，可以发现使用下探头获得的图像立体感强烈，清晰度略显不足，而使用混合模式获得的图像立体感尚可，清晰度比单独使用下探头有所提升。

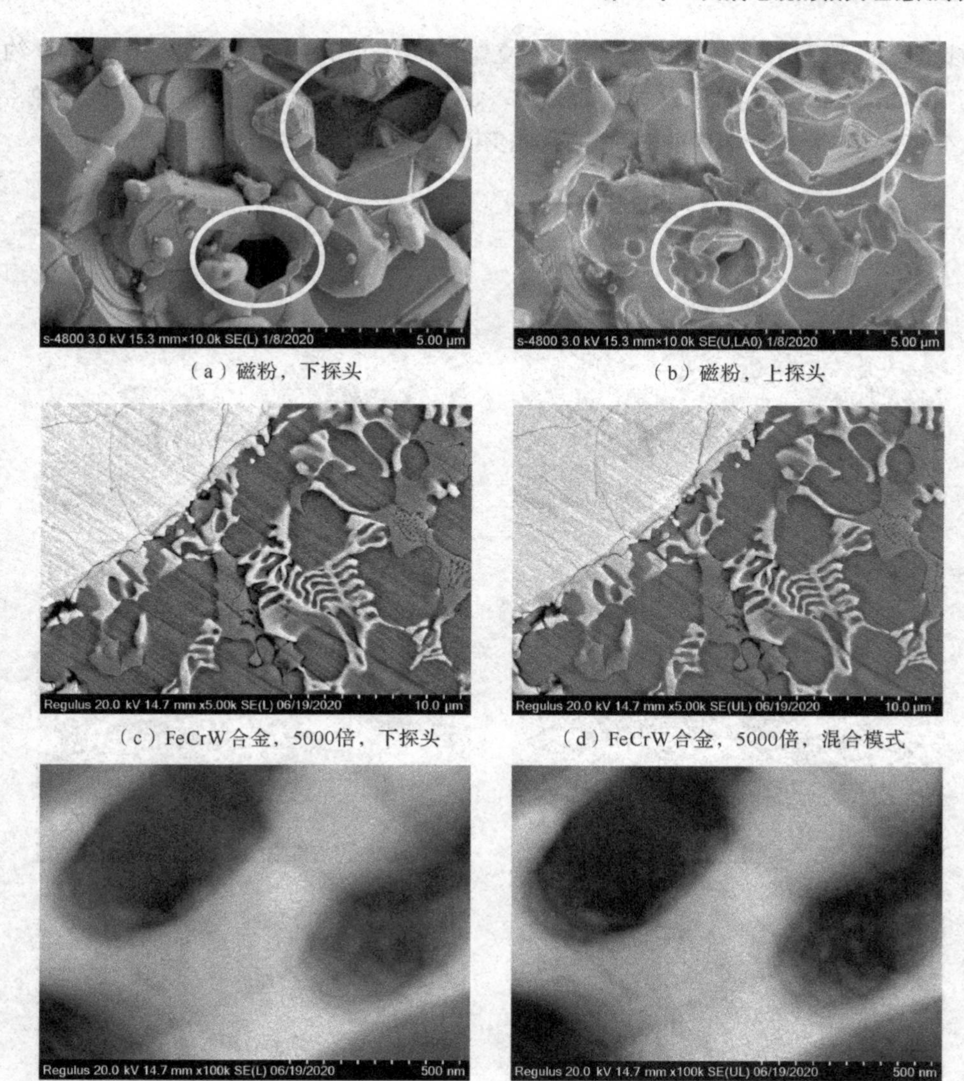

（a）磁粉，下探头　（b）磁粉，上探头

（c）FeCrW 合金，5000倍，下探头　（d）FeCrW 合金，5000倍，混合模式

（e）FeCrW 合金，10万倍，下探头　（f）FeCrW 合金，10万倍，混合模式

图 2.20　不同样品在不同探头模式下的形貌对比

- 改变工作距离对探头接收角的影响

下探头的接收角对工作距离的变化十分敏感，获得的表面形貌像的形态，随工作距离变化的改变也十分明显。上探头位于样品的正上方，与电子束处于一条平行线上，工作距离的改变对其接收角的改变影响不大，形貌像的空间形态变化不大。图 2.21 充分呈现出这一特性，其中，（a）、（c）、（e）图为使用下探头获得的图像，

对比来看，改变工作距离后，形貌像的立体感（空间信息）有明显的变化，WD 约为 15 mm 时，图像的效果最佳。（b）、（d）、（f）图为使用上探头获得的图像，改变工作距离后，形貌像的空间形态变化不明显。

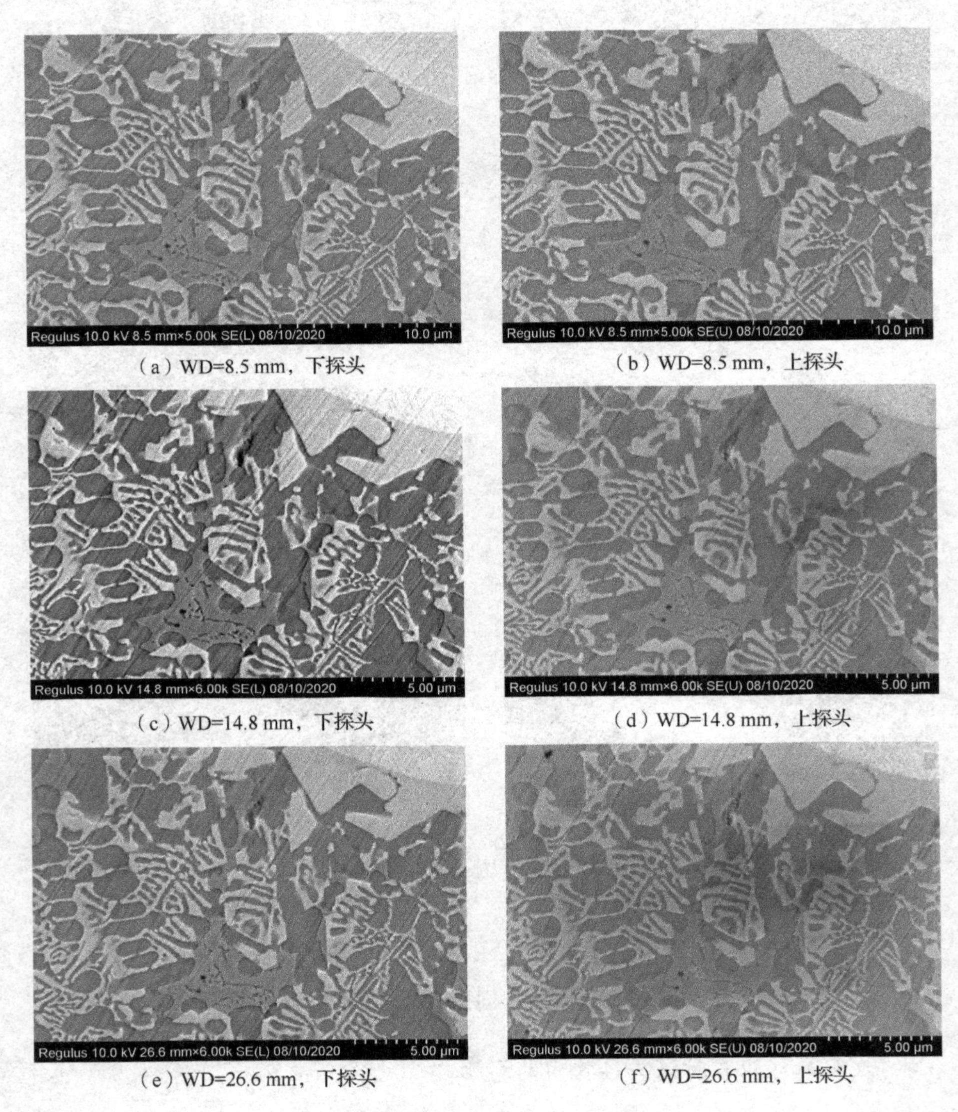

（a）WD=8.5 mm，下探头　（b）WD=8.5 mm，上探头

（c）WD=14.8 mm，下探头　（d）WD=14.8 mm，上探头

（e）WD=26.6 mm，下探头　（f）WD=26.6 mm，上探头

图 2.21　改变工作距离对上、下探头获取的形貌像的影响

- 改变样品倾斜角度对探头接收角的影响

下探头接收角对样品倾斜角度的变化十分敏感，表面形貌像的形态随样品台

倾斜角度变化的改变也十分明显。如图 2.22 所示，（a）、（c）图为使用下探头获得的图像，样品倾斜 45° 后，形貌变化明显；（b）、（d）图为使用上探头获得的图像，可以看出样品倾斜角度的变化对位于样品正上方的上探头影响微弱，形貌像的立体感变化不大。

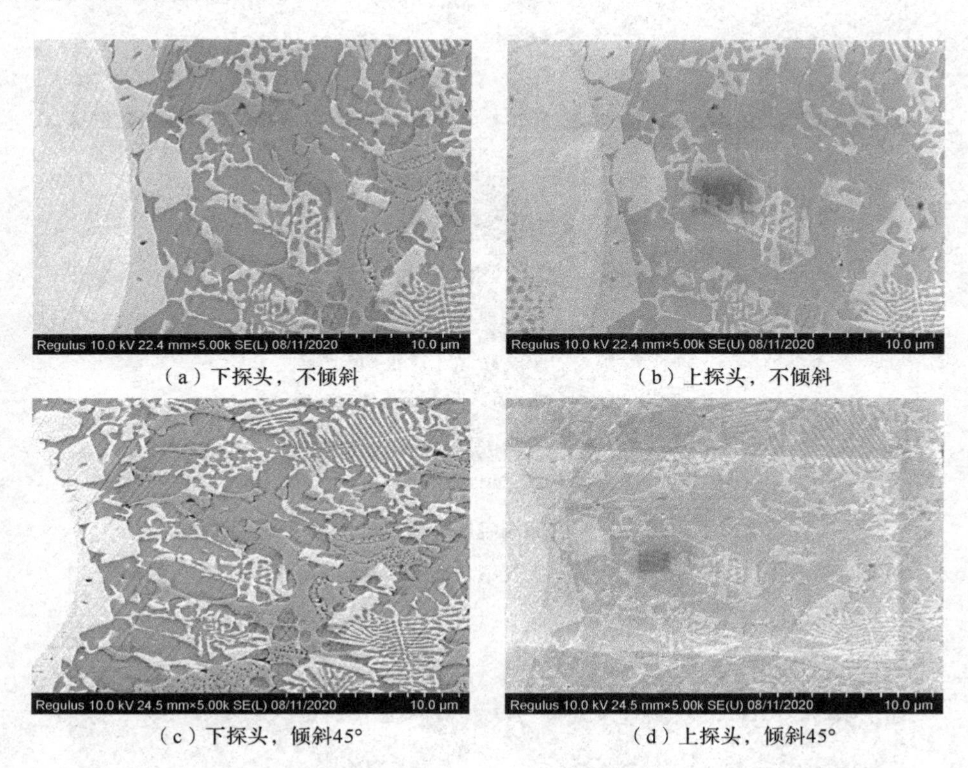

（a）下探头，不倾斜　（b）上探头，不倾斜

（c）下探头，倾斜45°　（d）上探头，倾斜45°

图 2.22　样品倾斜角度对上、下探头接收的形貌像的影响

- 改变加速电压对探头接收角的影响

加速电压的改变会改变信息溢出角，下探头对加速电压的变化更敏感。

图 2.23 展示了下探头在不同加速电压下获得的表面形貌像对比。3 kV 加速电压下，形貌像表层信息充分，空间的立体感略弱；10 kV 加速电压下，形貌像对表层信息和立体感的呈现均适中；20 kV 加速电压下，形貌像呈现出极强的立体感，凹凸明显，但对表层信息的呈现不足。图 2.24 展示了上探头在不同加速电压下获得的表面形貌像对比。改变加速电压，形貌像的空间立体感变化不大，空间信息并没有明显的改变。

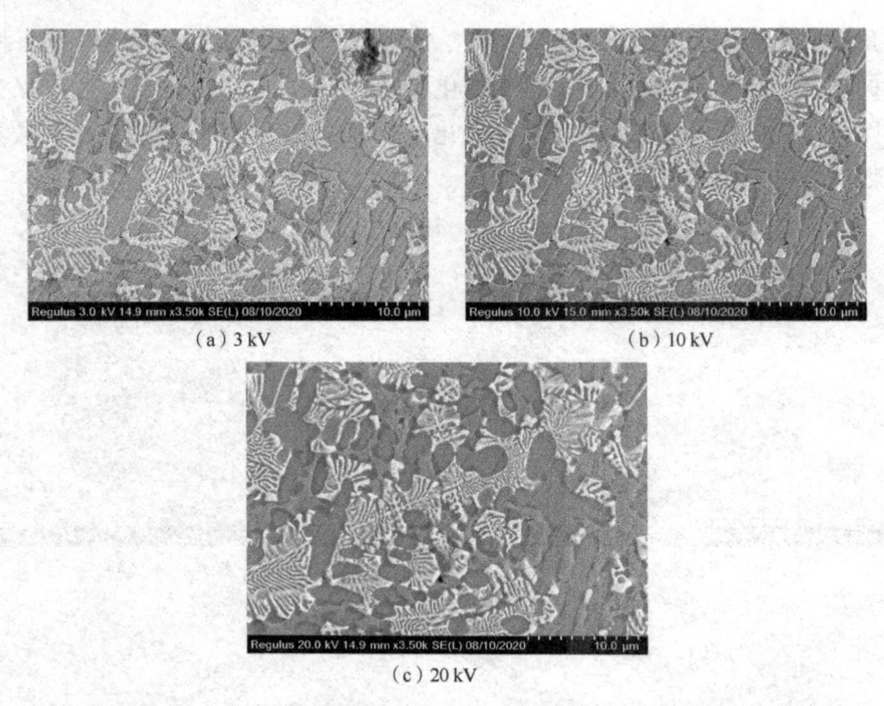

（a）3 kV （b）10 kV

（c）20 kV

图 2.23 下探头在不同加速电压下获得的表面形貌像对比

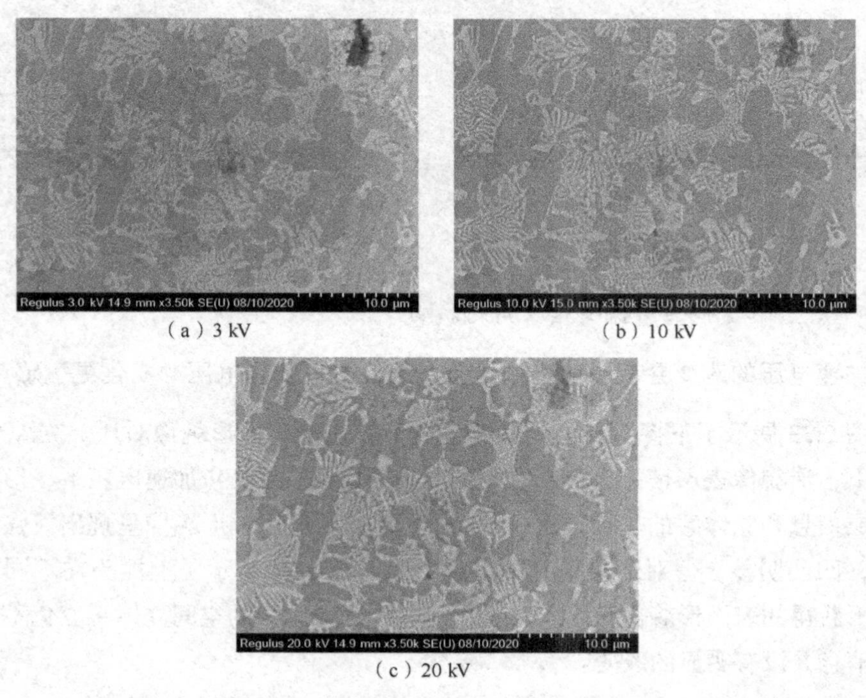

（a）3 kV （b）10 kV

（c）20 kV

图 2.24 上探头在不同加速电压下获得的表面形貌像对比

- 观察 10 nm 以下细节的探头接收角的选择

小于 10 nm 的细节对形貌衬度要求小，样品的低角度电子信息就足以充分地呈现这类表面细节。因此，在测试过程中首先要考虑的是避免样品中电子信息的扩散对形貌细节的影响。充分接收低能量的二次电子，排除高能量的背散射电子的干扰就显得极为关键。上探头接收的电子信息以二次电子为主，因此是测试这类细节时的首选。

图 2.25 展示了不同探头模式下的测试结果对比，测试样品为介孔 SBA-15，工作距离为 8 mm，放大倍率为 15 万倍。（a）图使用上探头，接收的电子信息以二次电子为主，探头接收的高角度电子占比大，孔道清晰，但空间形态扁平，立体感不足。（b）图使用混合模式，会增加对低角度电子的接收，形貌衬度更充分，虽然清晰度略低，孔道及 SiO_2 整体空间形态的呈现效果适中。（c）图使用下探头，二次电子含量少，以背散射电子为主，孔道信息被严重掩盖，但 SiO_2 整体的空间形态及高低位置的呈现最为清晰。

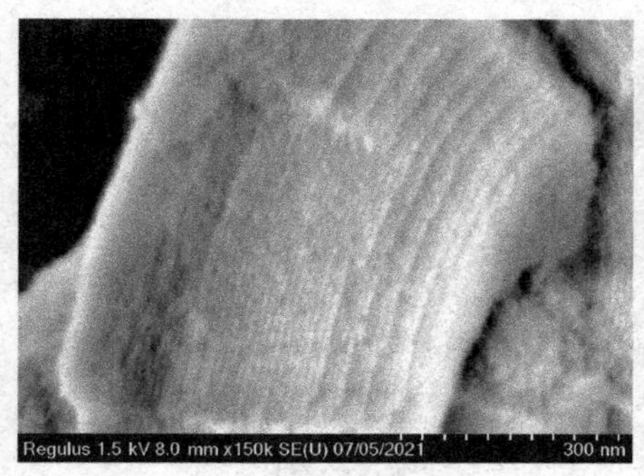

（a）上探头

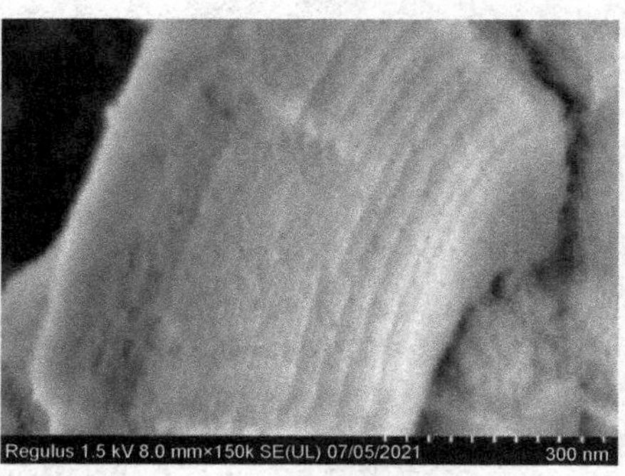

（b）混合模式

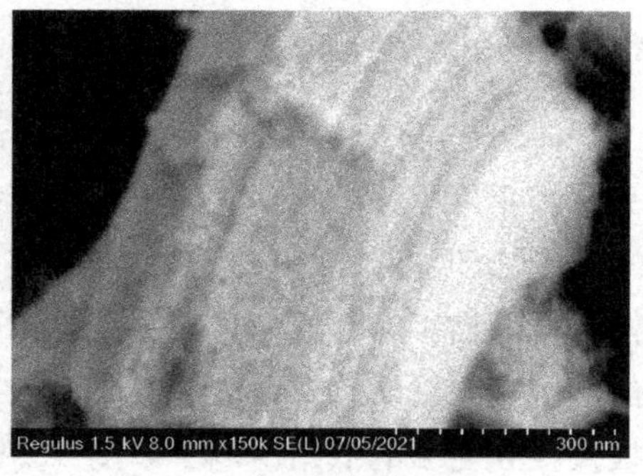

（c）下探头

图 2.25　不同探头模式下的测试结果的对比

如图 2.26 所示，随着工作距离的减小，镜筒内探头将接收到更多的低角度二次电子，这有利于空间信息的呈现，使图像立体感增强，10 nm 以下细节更清晰，当 WD=2 mm 时，形貌像高位和低位的清晰度差异较大。图像的景深和细节分辨又是一对矛盾体，细节分辨得越清晰，图像的景深就越差。

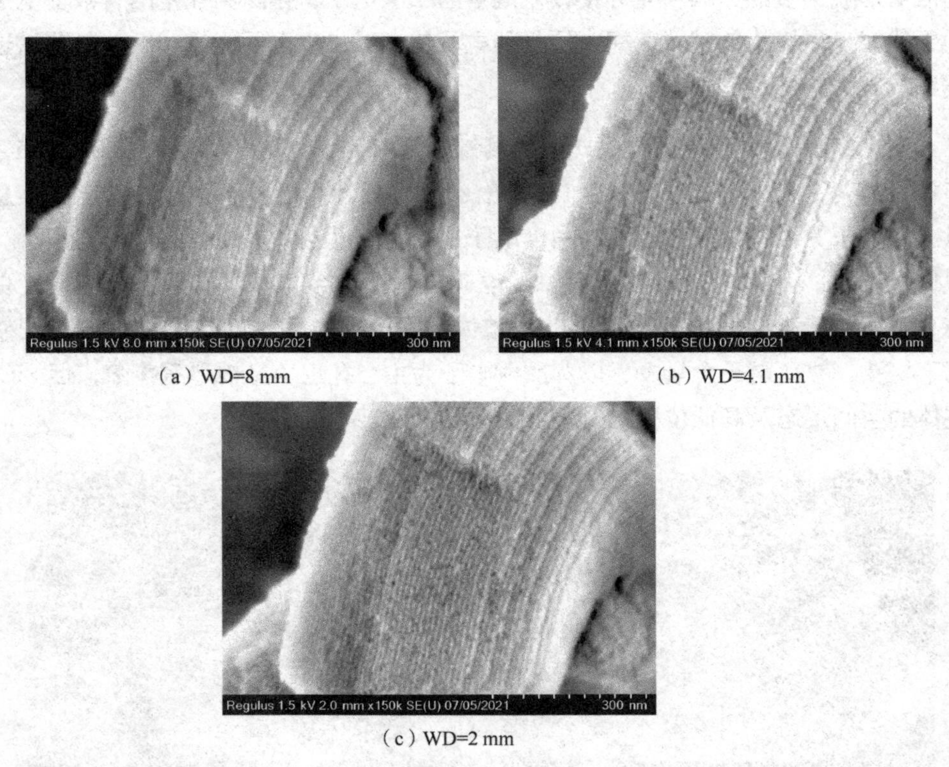

（a）WD=8 mm （b）WD=4.1 mm

（c）WD=2 mm

图 2.26　上探头模式不同工作距离下的测试结果的对比

- 镜筒内探头位置对形貌像的影响

处于镜筒内不同位置的探头，获取的形貌衬度也不相同。由图 2.19 可见，位于物镜侧上方的上探头相较于位于顶部的顶探头可获取更多的低角度信息，这会使表面形貌像的立体感更强，但清晰度略有降低。图 2.27 展示了 KIT-6 样品在顶探头模式和上探头模式下的形貌像对比。顶探头接收到更多的高角度二次电子，图像清晰度略好，但形貌空间层次感差，边缘效应强，易受荷电影响。上探头从侧面通过电子转换板接收到更多的低角度电子，图像清晰度略差，但形貌像空间层次信息充足，优势明显。

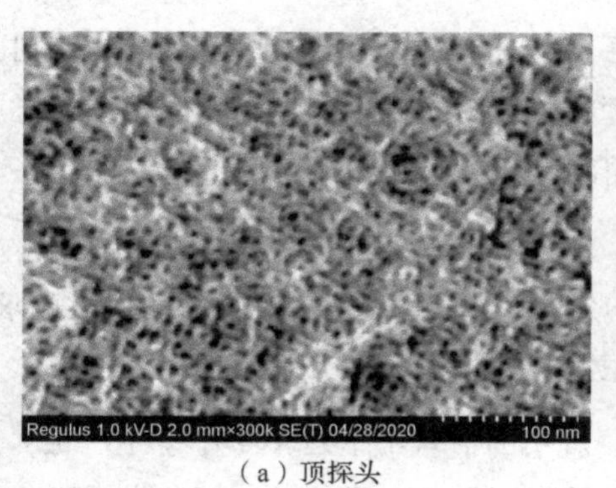

（a）顶探头

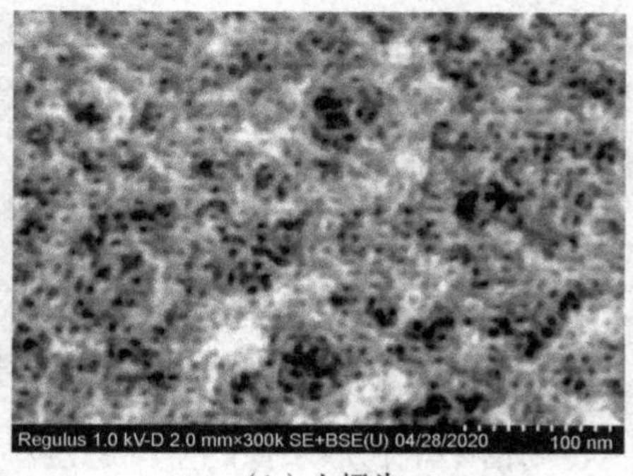

（b）上探头

图 2.27　顶探头与上探头的 KIT-6 形貌像对比

- 样品台减速场对形貌像的影响

当在样品台下方施加减速场（负电场）后，有助于将更多低角度电子送入镜筒，这样可以使镜筒内探头形成更充足的信息接收角，获得的形貌像空间信息更充分。虽然这些电子中的低角度背散射电子会影响图像的清晰度，但镜筒内探头接收的低角度背散射电子数量远低于样品仓探头接收的低角度背散射电子数量，因此不影响对 10 nm 以下细节的分辨。图 2.28 展示了介孔 SBA-15 样品在样品台施加和不施加减速场的情况下的形貌像的对比。施加减速场时，形貌像的清晰度虽然下降了，但图像立体感强烈，空间信息层次分明，细节充足，可看出（a）图中 A 位置的介孔信息叠加在一个沟槽中。不施加减速场时，形貌像清晰度虽好，但立体感弱，空间信息层次不够分明，缺乏细节，（b）图中 A 位置的沟槽信息不明，呈现出机械损伤的假象。

（a）施加减速场

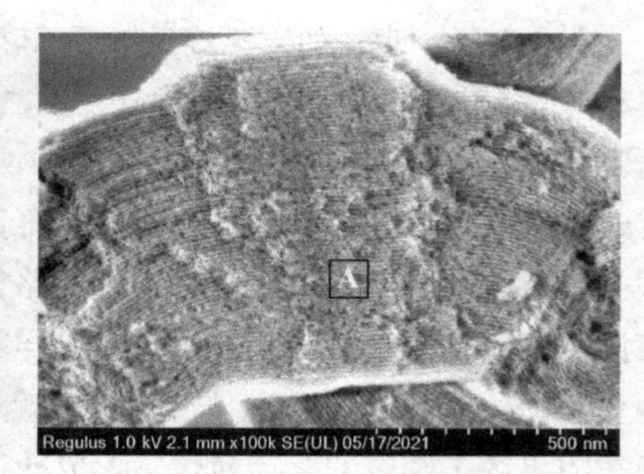

（b）不施加减速场

图 2.28　样品台减速场对形貌像的影响

综上所述，可以对形貌衬度进行如下总结：形貌衬度是形成形貌像的基础，探头接收电子信息的角度是形成形貌衬度的关键因素。不同大小的形貌细节对形貌衬度的要求不同，形成电子信息接收角的方式也不同。

在低倍率下，形貌像的空间跨度大，观察的形貌细节较粗，要求的形貌衬度较大，只有在探头、样品和电子束之间形成一定角度时才能满足衬度的形成需求。探头位置不同，这个值也不同，形成形貌像的空间感也存在差异。

在高倍率下，形貌像的空间跨度小，观察的形貌细节较小（小于 10 nm），低角度电子信息即可满足形貌衬度的形成需求。避免电子信息的扩散影响形貌细节极为关键，此时排除背散射电子的影响，充分获取二次电子，特别是低角度二次电子将成为测试时的首选。

形貌衬度虽然是形成表面形貌像的基础，但不是唯一的因素，要获取充足的表面形貌信息，其他类型衬度的影响也不可忽视。下面将对形成表面形貌像的其他类型的衬度加以探讨。

2.4.2 二次电子衬度和边缘效应

一直以来，业界普遍认为二次电子衬度和边缘效应是形成扫描电镜表面形貌像的主导因素。各电镜厂家都把关注的重点放在了二次电子的获取上，以充分获取二次电子为目的对探头位置进行设计。“用二次电子来获取形貌像，用背散射电子来观察成分像”的观点在扫描电镜的理论体系中，已经成为被普遍认可的公理。

业界对这一观点的广泛接受似乎无可置喙。二次电子的溢出量与样品表面斜率相对应，表面斜率越大，溢出样品的二次电子就越多，在边缘处溢出得最多，这就形成了所谓的二次电子衬度和边缘效应。二次电子从样品表面溢出为什么会有这一特性？主要的原因就是随着平面斜率的增大，入射电子在样品表面的二次电子溢出区（约 10 nm 厚）中经过的路径变长，从而与溢出区的能量交换增多，使溢出区产生更多的二次电子并溢出样品表面，结果是斜面就会显得比平面亮度更大，从而形成形貌像上的衬度，这就是二次电子衬度。当电子束从边缘射入，则在溢出区中经过的路径最长，形成的信号量最充分，此处的样品细节就显得最亮。这就是所谓的边缘效应。

形成二次电子衬度与边缘效应的示意图，如图 2.29 所示。

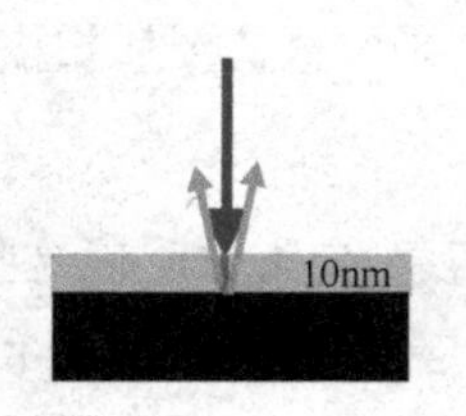

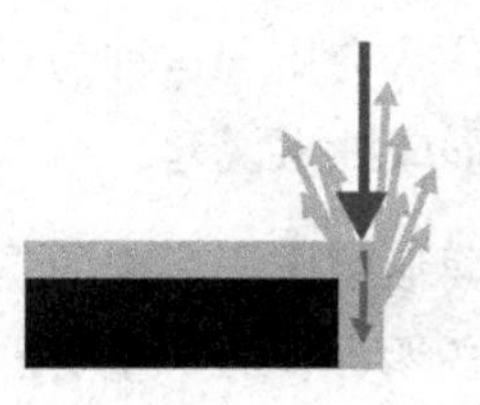

图 2.29　形成二次电子衬度与边缘效应的示意图

背散射电子能量较大，在样品中扩散范围更广，这导致平面与斜面的背散射电子的溢出量差距不大，形成的衬度差异也不大。这也是将随样品表面平面斜率改变而形成的衬度称为二次电子衬度而不是背散射电子衬度的缘由。

表面形貌像往往被看成是由不同斜率的平面所组成的，因此二次电子衬度和边缘效应就理所当然地能够提供充足的样品表面形貌信息。二次电子的能量很低（低于 50 eV），在样品中扩散小，对样品表面那些极细小的细节影响小。因此由二次电子信息形成的形貌像，图像清晰度和对 10 nm 以下细节的呈现效果都很强。

而在实际测试过程中，却发现会经常出现与此相反的情况。例如图 2.30 所示的这组图像：（b）图中二次电子衬度及边缘效应极其充足，但形貌信息相较（a）图却十分贫乏，并在形貌像上带有极为明显的假象。（a）图使用下探头，接收的信息中背散射电子多、二次电子少，斜面和平面的衬度（二次电子衬度）较小，边缘处也没有明显的电子信息增多现象（边缘效应弱），但图像空间感强烈，形貌细节更充分。箭头所指为孔洞中的斜面。（b）图使用上探头，接收信息以二次电子为主，斜面和平面的亮度差异大，二次电子衬度强，边缘效应强烈，但图像空间感弱，因此不仅看不到斜面信息，还容易将其误认为是杂质颗粒（Z 衬度）。

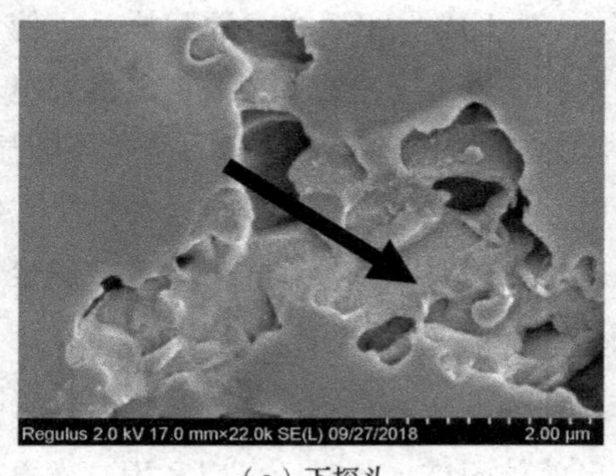

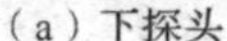

（a）下探头

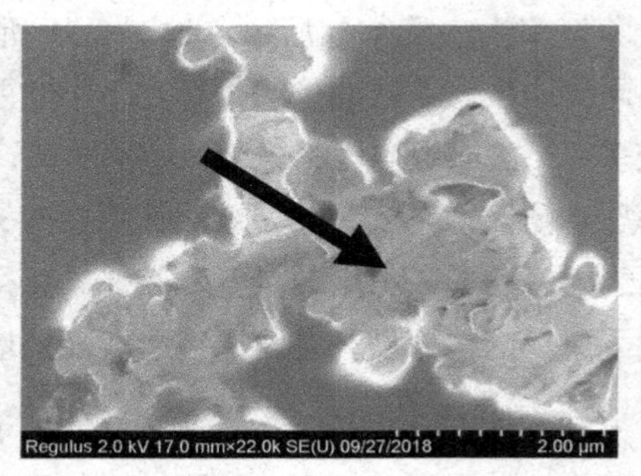

（b）上探头

图 2.30　壳聚糖薄膜样品在下探头和上探头模式下获得的图像对比

为什么会出现这种与目前普遍认知完全不一样的结果？这还要从扫描电镜形貌像的形成因素说起。

表面形貌像所呈现的是表面形貌高低起伏的三维信息。要充分呈现这些信息，图像中必须含有两个重要的参数：方向与大小。因此，在图像中呈现一个斜面，需提供与该斜面相关的两个重要参数：斜面指向和斜率大小。二次电子衬度对斜率大小的呈现极为清楚，明暗差异大，但无法表现斜面指向。对形貌像来说，斜面指向所形成的衬度差异往往更为重要。正是由于对斜面指向呈现上的欠缺，由二次电子衬度和边缘效应所形成的形貌像只具备二维特征，无法呈现出形貌像的空间三维特征，从而难免失去大量的空间形貌细节。

在对形貌衬度的探讨中，我们充分论证并明确提出了一个观点：以一定角度去接收溢出样品的电子信息，能够获得呈现样品三维空间形态的形貌衬度。不同的接收角所呈现的三维空间形态也不一样。因此，形貌衬度必须带有能呈现样品表面形貌三维空间所需的方向信息，同时也必须带有充分的大小信息。获得合适形貌衬度的关键就在于依据样品特性及所需呈现形貌细节的大小，调整探头的接收角。下探头与样品和电子束形成一定夹角，即便获取背散射电子较多，对斜率大小的表现较弱，但接收角合适，对形貌的呈现却更充分。

任何电子信息都有其适用范围，在其适用的范围内总扮演着关键角色。二次电子衬度和边缘效应虽然对斜面指向不敏感，但对斜率大小却极度敏感，该特性能强化平面和斜面区域的整体区分度。特别是当该区域在形貌像中占比小，无法借助形态区分时，通过该衬度来区分这些区域将十分有效。需要注意的是，在这种情况下，区域之间的衬度并非区域成分和密度的不同所致，而是区域中斜面数量和斜率大小的差异所致。如图 2.31 所示，对于成分相近的多层膜样品，使用不同探头模式获得的形貌像存在不小的差别。使用下探头时，接收的背散射电子较多，二次电子衬度和边缘效应不明显，膜层之间的成分接近，Z 衬度也不明显，膜层越薄，形态区分越困难。使用上探头时，接收的信息以二次电子为主，二次电子衬度明显，斜面数量及斜率差异使得膜层之间明暗差异较大，边缘效应也加大了边界的区分度，各膜层都能被轻松地区分。

在低倍率下观察时，观察区域的细节在图像中的面积占比越小，形态就越难被分辨，使用形貌衬度对该区域进行区分也就越困难。此时，可以利用二次电子衬度和边缘效应对区域进行区分。

（a）采用下探头

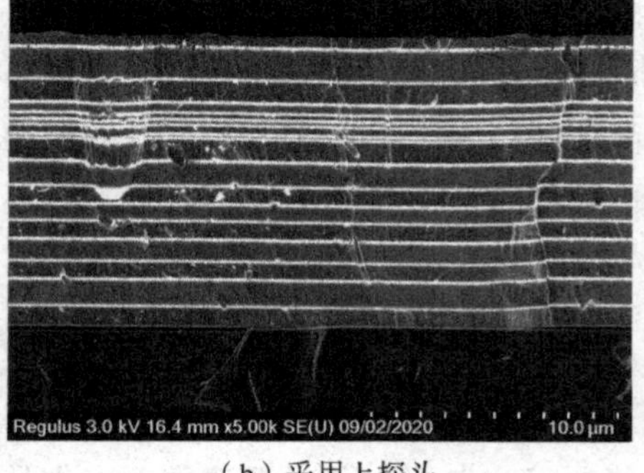

（b）采用上探头

图 2.31　成分相近的多层膜使用上探头和下探头获得的形貌像的对比

图 2.32 展示了钢铁表面缺陷的形貌，在 500 倍的放大倍率下使用下探头（接收电子信息以背散射电子为主）无法区分 A、B 两个区域有哪些不同，很容易被误认为是两块完全相同的平面。但使用上探头（二次电子衬度优异）发现这两个区域存在非常明显的不同。放大到 2 万倍，可见区域 A 和 B 在形态上差别较大，区域 A 明显比区域 B 斜面多、起伏大。

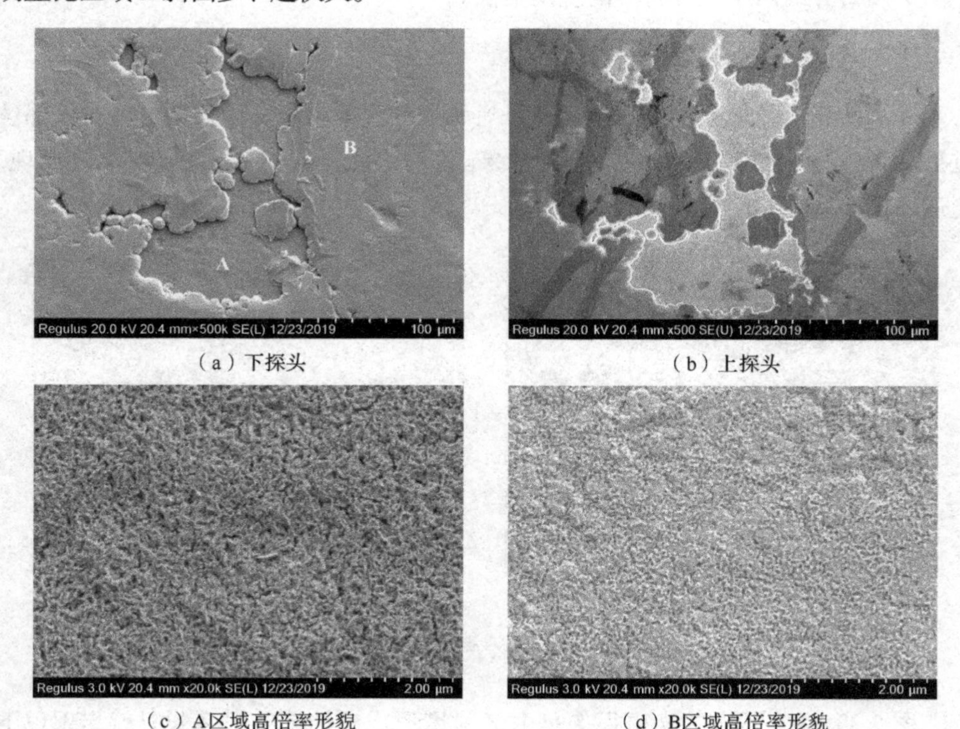

（a）下探头　　（b）上探头

（c）A区域高倍率形貌　　（d）B区域高倍率形貌

图 2.32　钢铁表面缺陷的形貌

二次电子衬度和边缘效应的强弱可通过探头和工作距离的选择加以调整。正确认识并合理利用该衬度，可拓展对样品形貌特征进行分析的手段，获取更为充分的形貌信息。对二次电子信息的运用，除了上述的二次电子衬度和边缘效应，下面将介绍的电位衬度也是一个十分重要的方面。

2.4.3 电位衬度

当样品存在荷电场时，将影响该部位电子的溢出量，图像出现明暗异常，由于荷电场强度弱，此时图像的形态保持不变，就会形成电位衬度。电位衬度影响的主要是能量较弱的二次电子，背散射电子的溢出量受到的影响极小或不受影响。

电位衬度适用于样品表面存在有机物污染、局部发生氧化或晶体结构发生改变的情况。若这些变化极其轻微，很难形成能清晰观察到的 Z 衬度等，而形成荷电场所产生的电位衬度却可能较为明显。在进行样品失效分析时，电位衬度往往能清楚地显示出性质改变的区域，是对这些区域进行观察与分析的有效方式。

下面将介绍两个电位衬度的应用案例。

（1）智能玻璃表面的有机污染物

表面镀膜的智能玻璃，通电后总是有明显的光晕出现。用扫描电镜对该部位进行微观检测，出现了图 2.33 所示的结果。通过上探头观察到的形貌有光斑出现，通过下探头观察到的形貌画面干净。

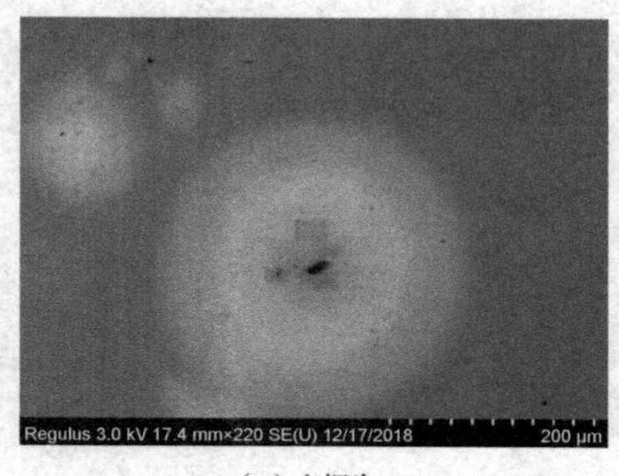

（a）上探头

（b）下探头

图 2.33　智能玻璃表面形貌

图 2.33（a）所示的光斑很像是由 Z 衬度形成的结果，那么此时就出现以下矛盾：上探头接收的电子以二次电子为主，Z 衬度较差，与下探头（接收的电子

以背散射电子为主）相比，更难以出现类似 Z 衬度形成的光斑图案。但是图 2.33 所呈现的结果却恰恰相反，原因何在？

从改变探头对结果的影响判断，该图案应该不是由 Z 衬度形成，否则下探头图案将更为明显。从图案的形态看起来，如同液体滴在平面上所形成的环状扩散。因此，怀疑为有机液滴落在薄膜表面，造成该处漏电能力减弱，形成局部的弱荷电场，影响二次电子的溢出而形成的电位衬度。背散射电子不受该荷电场的影响，薄薄的液滴层形成的 Z 衬度又小，故下探头无法接收到反映液滴污染的任何电子信息。使用能谱对该处进行分析发现碳含量略高一些。客户在清洗样品、排除有机污染的因素后，该现象消失。

（2）FeCoNi 合金表面的氧化斑

图 2.34 展示了 FeCoNi 合金表面的氧化斑的形貌像。使用下探头观察时，图像中间的颗粒物，无论从低倍率还是高倍率下看，和周边的衬度差异不大，很难判定颗粒物与基体有成分上的差异。使用上探头观察，颗粒物和基体存在明显的衬度差异，似乎在成分上也存在差异。

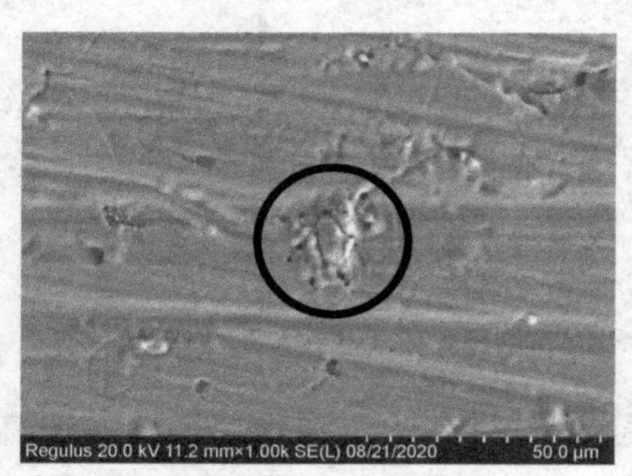

（a）下探头，1000倍

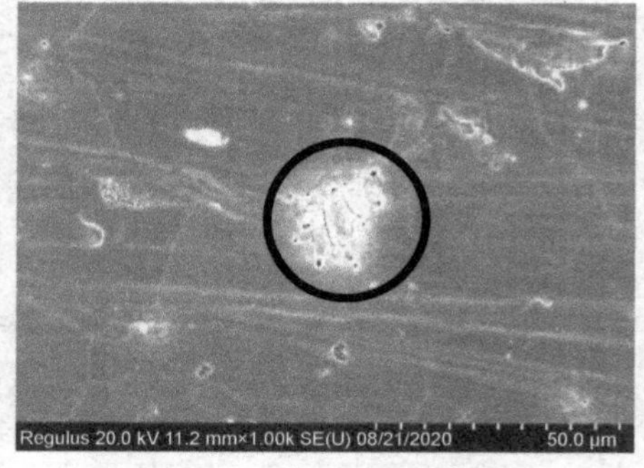

（b）上探头，1000倍

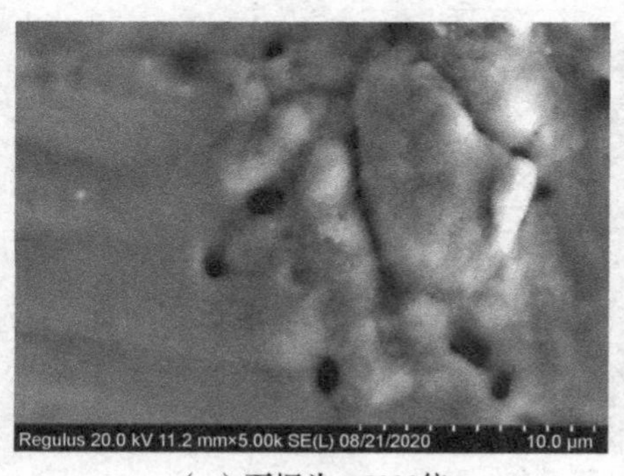

（c）下探头，5000倍

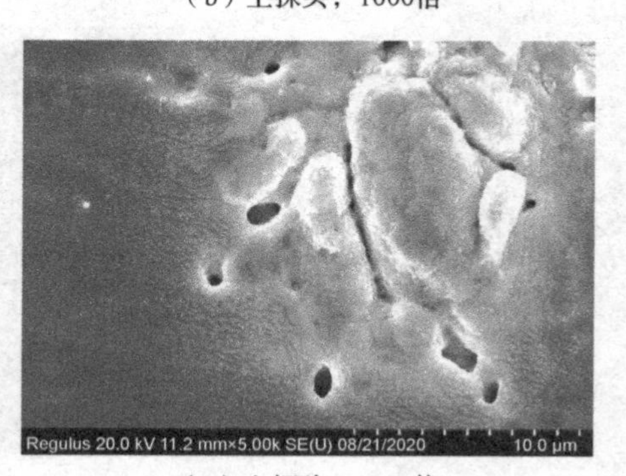

（d）上探头，5000倍

图 2.34　FeCoNi 合金表面氧化斑形貌

使用能谱分析颗粒物部位，Si 和 O 的成分含量要高于其他区域，如图 2.35 所示，说明这里可能存在夹杂物，但含量极少，用 Z 衬度很难区别。而 Si、O 在其存在区域造成了样品的漏电能力下降，所形成的电位衬度却极为明显。因此对于该样品，可依据电位衬度来轻松找到材料的缺陷点。

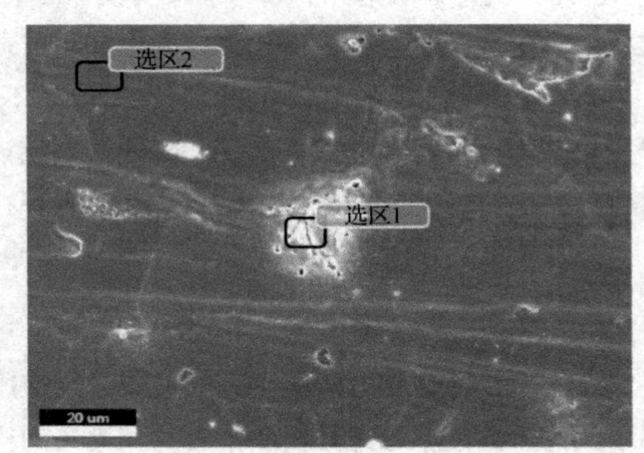

（a）测试区域

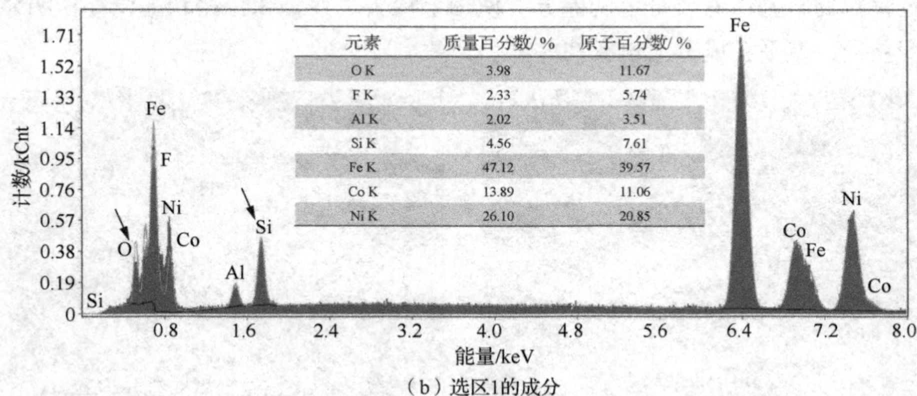

元素	质量百分数/ %	原子百分数/ %
O K	3.98	11.67
F K	2.33	5.74
Al K	2.02	3.51
Si K	4.56	7.61
Fe K	47.12	39.57
Co K	13.89	11.06
Ni K	26.10	20.85

（b）选区1的成分

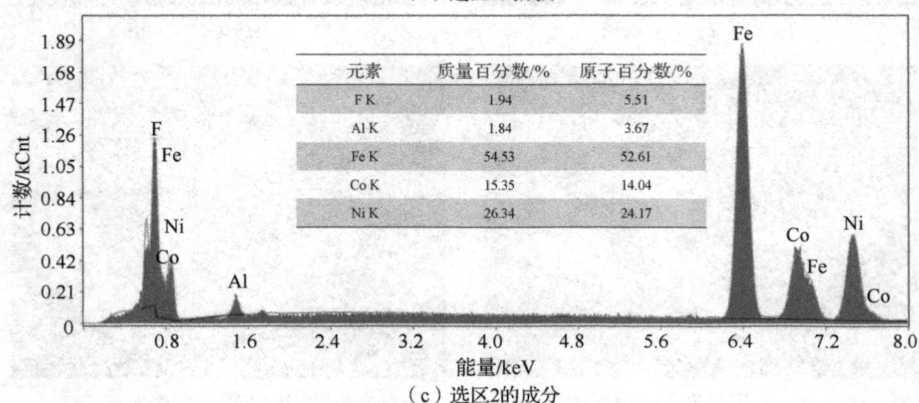

元素	质量百分数/%	原子百分数/%
F K	1.94	5.51
Al K	1.84	3.67
Fe K	54.53	52.61
Co K	15.35	14.04
Ni K	26.34	24.17

（c）选区2的成分

图 2.35　FeCoNi 合金能谱分析

通过以上实例可见，材料的缺陷往往源于工艺问题使某些部位局部被氧化或被污染。这类缺陷用 Z 衬度往往很难观察到，而使用样品微弱的荷电现象所形成的电位衬度就会很容易找到缺陷点。由于该现象容易与 Z 衬度相混淆，操作人员能否选择合适的衬度信息，以对样品进行正确的微区观察与分析，就显得极为重要。只有在大工作距离下，才可轻松地实现下探头和上探头的来回切换，分别对某个区域进行观察，针对形貌像所表现出的电位衬度差异，大工作距离能帮助操作人员轻松找到样品的失效点并分析原因。

二次电子和背散射电子都有其适合呈现的衬度信息。二次电子在二次电子衬度和边缘效应、电位衬度的呈现上优势明显，前文已充分地探讨。背散射电子在 Z 衬度和晶粒取向衬度的呈现上更加优异，下面分别加以介绍。

2.4.4　Z 衬度

Z 衬度是由样品各组成相的平均原子序数（Z）及密度的差异所形成的图像衬度。该衬度只能表现出二维特性，却是电子显微镜形成各类图像（特别是 STEM 像）的重要衬度。

相同条件下，二次电子和背散射电子的溢出量和散射角会随组成样品原子的原子序数和密度的不同而变化，探头对这些电子的接收量存在差异而形成 Z 衬度。不同组成相的背散射电子溢出量的变化比二次电子更强烈，形成的 Z 衬度更大，灰度差异更明显。

下面通过两个实例来呈现不同探头组合对形貌像 Z 衬度的影响。

（1）碳球复合 Co 颗粒

高分辨扫描电镜的下探头比上探头接收到的背散射电子更多，因此形成的图像中 Z 衬度更明显。图 2.36 展示了碳球复合 Co 颗粒使用不同探头模式的 Z 衬度对比。使用上探头时，接收的电子信息以二次电子为主，Z 衬度较小，但表面细节丰富，图像更清晰；使用下探头时，接收的电子信息以背散射电子为主，Z 衬度大，但图像清晰度较差，小细节有损失；使用混合模式时，兼具了两种探头的优点，图像呈现效果最佳。

Regulus 4.0 kV 19.0 mm x40.0k SE(U) 06/15/2020
1.00 μm

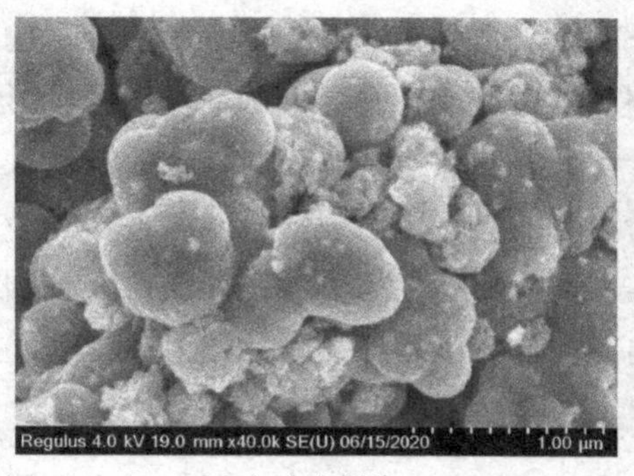

（a）上探头

Regulus 4.0 kV 19.0 mm x40.0k SE(L) 06/15/2020
1.00 μm

（b）下探头

Regulus 4.0 kV 19.0 mm x40.0k SE(UL) 06/15/2020
1.00 μm

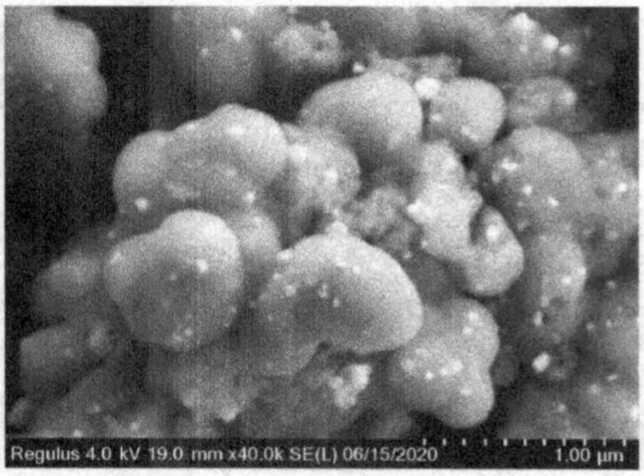

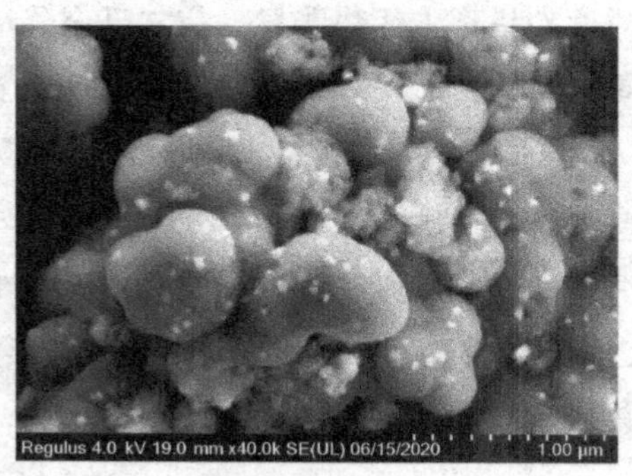

（c）混合模式

图 2.36　碳球复合 Co 颗粒使用不同探头的 Z 衬度对比

（2）合金钢能谱分析

样品仓探头、镜筒探头、背散射电子探头的 Z 衬度结果对比如图 2.37 所示。样品为合金钢，图 2.37（a）中选区 1、2、3 的能谱结果如（b）、（c）、（d）图所示。选区 1 的主要成分为 W，选区 2、3 的 W 含量递减，Fe 含量升高，Cr 含量基本不变。

图 2.38 是蔡司电镜使用 3 个不同探头，在 10 kV 加速电压下获取的形貌像。获取的电子信息中背散射电子含量按照 BSE 探头、SE2 探头、inlens 探头的顺序逐步减少。样品主要由 3 种物相组成，3 种物相所形成的 Z 衬度都清晰可见。用 BSE 探头获得的图像的衬度更大，图像更干净，表面细节最少。

加速电压降至 3 kV，3 种探头获得的 Z 衬度差异减弱，表面形貌信息更多，如图 2.39 所示。相对来说，inlens 探头接收的信息更充分，其图像更混乱。

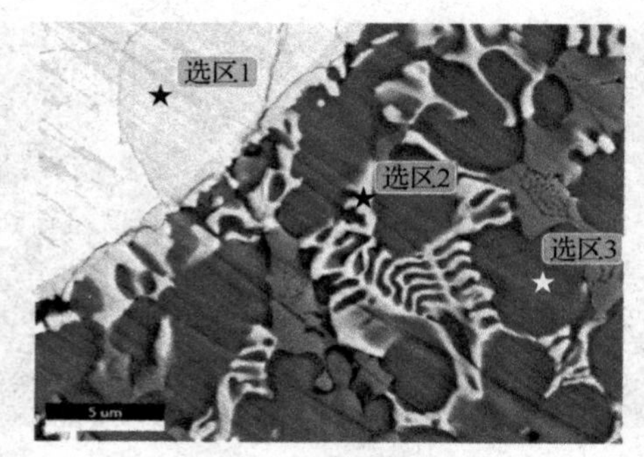

（a）测试区域

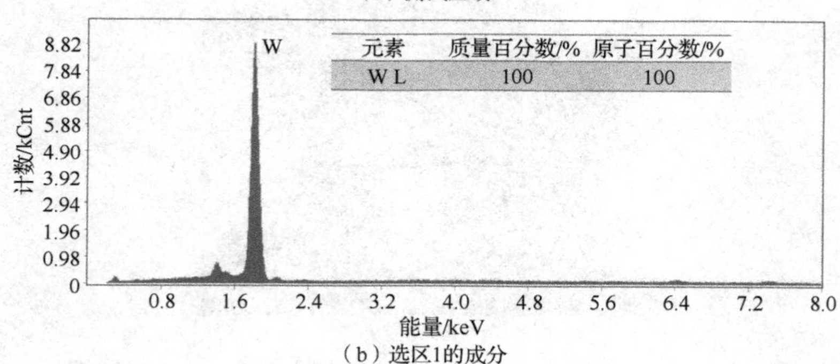

元素	质量百分数/%	原子百分数/%
W L	100	100

（b）选区1的成分

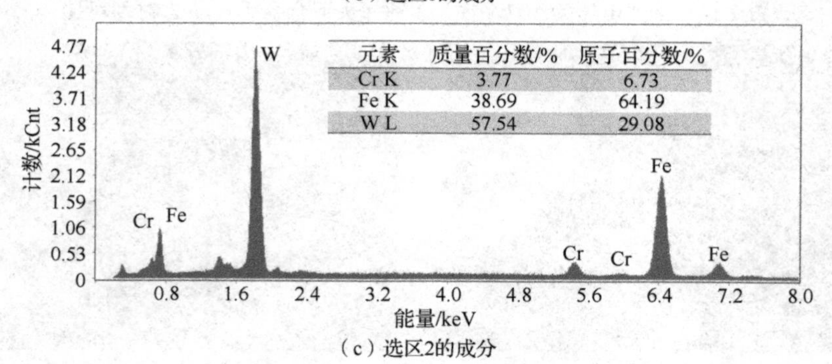

元素	质量百分数/%	原子百分数/%
Cr K	3.77	6.73
Fe K	38.69	64.19
W L	57.54	29.08

（c）选区2的成分

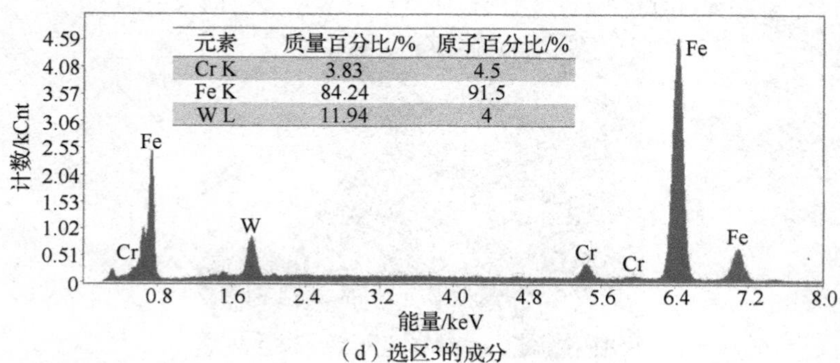

元素	质量百分比/%	原子百分比/%
Cr K	3.83	4.5
Fe K	84.24	91.5
W L	11.94	4

（d）选区3的成分

图 2.37　合金钢能谱分析

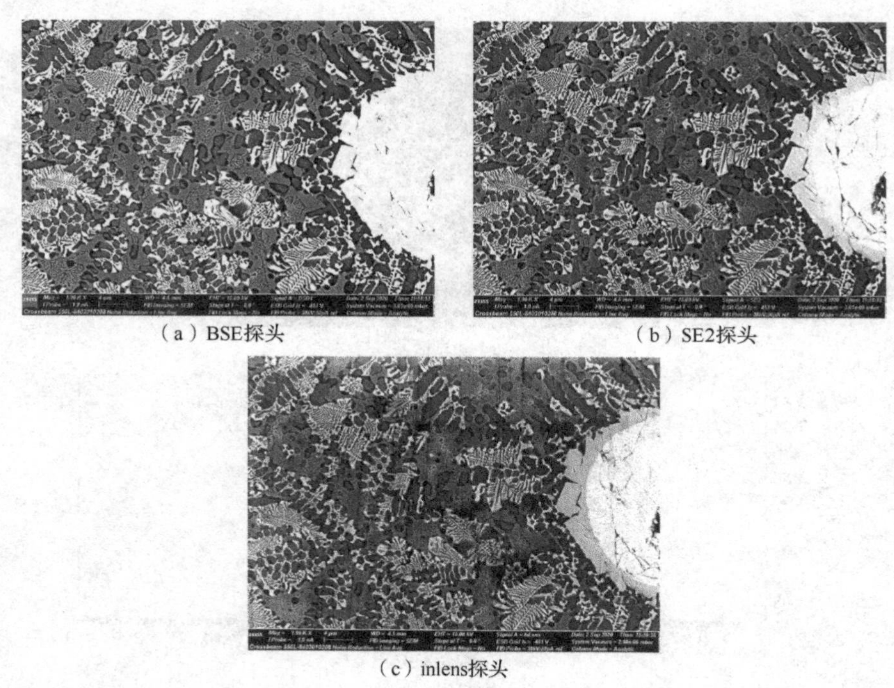

（a）BSE探头　　（b）SE2探头

（c）inlens探头

图 2.38　加速电压为 10 kV 时，3 种探头下合金钢样品 Z 衬度对比

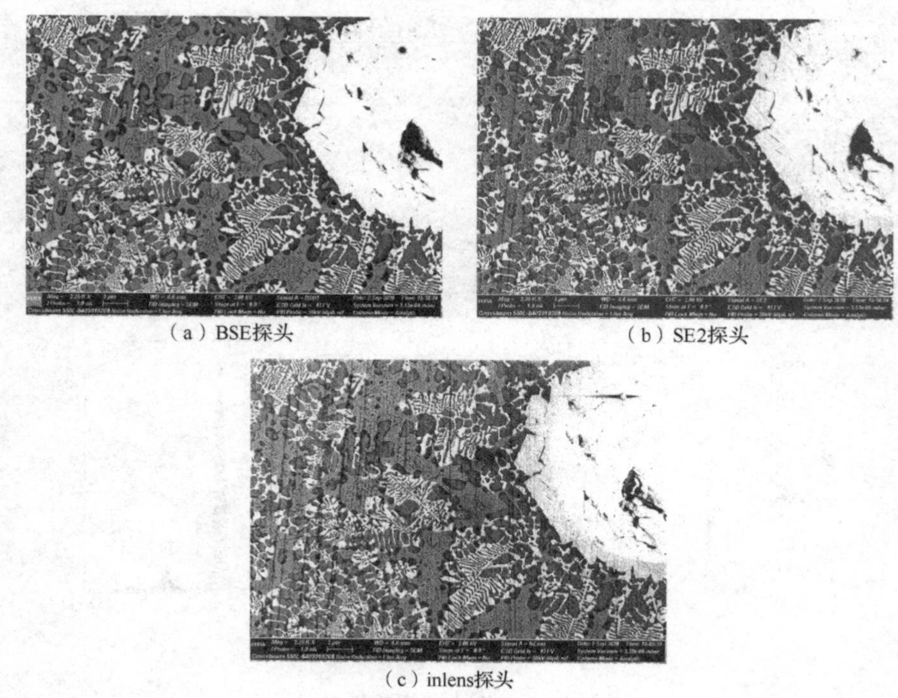

（a）BSE探头　　（b）SE2探头

（c）inlens探头

图 2.39　加速电压为 3 kV 时，3 种探头下合金钢样品 Z 衬度对比

2.4.5　晶粒取向衬度

晶体材料的晶粒取向差异会造成探头获取的电子信息出现信号量上的差别，形成晶粒取向衬度。该衬度与 EBSD 的结果存在一定的对应性，但对晶粒取向变化的敏感度要远低于 EBSD。该衬度也被称为 ECCI（Electron Channeling Contrast Imaging，电子通道衬度成像）。

从晶体表面溢出的电子会随晶粒取向的差异而不同。表现为电子在溢出量及溢出角上出现差别，使处于固定位置的探头所接收到的电子在数量上出现区别，形成表示晶粒取向的衬度。与 Z 衬度相似，背散射电子随晶粒取向不同而出现的衬度差异比二次电子更为强烈。

下面通过两个实例介绍晶粒取向衬度与探头选择之间的关系。

（1）蔡司电镜 3 种探头模式下观察钢的表面

从图 2.40 可见，背散射电子探头（BSE 探头）接收的是背散射电子，由于接收角较大，所以形貌信息较充分，（a）图中 1、2 两个区域的衬度差异最大。样品为钢材料，Z 衬度不强，因而只能是晶粒取向衬度。（b）图所示的样品仓探头（SE2 探头）和（c）图所示的镜筒内探头（inlens 探头）接收的背散射电子含量依次减少，电子信息的接收角也依次减小，图像呈现的形貌衬度和晶粒取向衬度依次减弱。

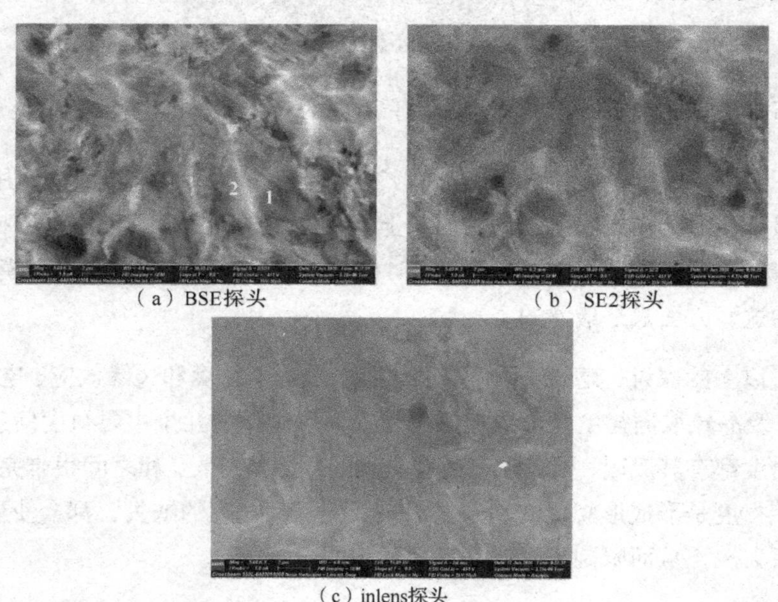

（a）BSE探头　（b）SE2探头

（c）inlens探头

图 2.40　蔡司电镜 3 种探头模式下对钢表面晶粒取向衬度的呈现

（2）日立 Regulus8230 上、下探头的组合结果

日立电镜的下探头接收的背散射电子以及接收角都最为充分，因此对下探头、混合模式、上探头的结果进行对比，如图 2.41 所示，其结果反映的趋势与图 2.40 所示的趋势基本相同。

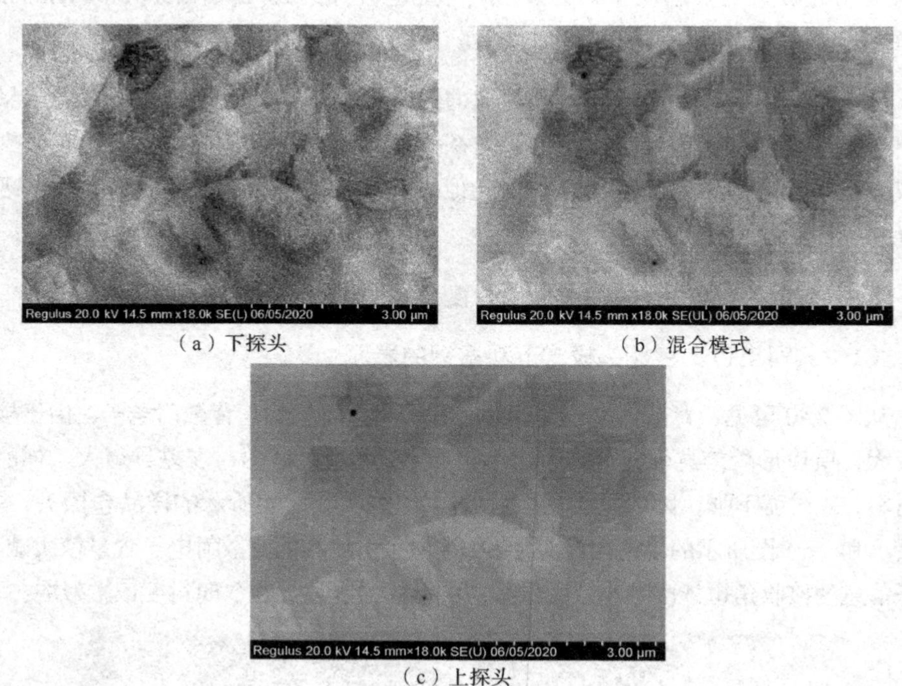

（a）下探头　（b）混合模式

（c）上探头

图 2.41　日立 Regulus8230 电镜在不同探头模式下对晶粒取向衬度的呈现差异

图 2.41 呈现的结果表明，从空间形貌信息到晶粒取向差异都是使用下探头的结果最佳，混合模式次之，单独使用上探头的效果最差。这是因为下探头的接收角最有利于形成充分的形貌衬度，同时接收的背散射电子最多，混合模式次之，上探头在这两方面都是最差的。

通过以上的探讨，充分表明形貌衬度、二次电子衬度和边缘效应、电位衬度、Z 衬度以及晶粒取向衬度是形成扫描电镜表面形貌像的几个主要衬度信息。各种类型的衬度都有其成因，同时也有适合呈现的样品信息，互相之间很难完全替代。虽然形貌衬度是形成形貌像的基础，但是其他任何衬度的缺失，都会使形貌像的信息有所欠缺，从而限制了对样品表面形貌的分析。

可以这么认为，对这些衬度信息的认识程度将决定操作员对扫描电镜的运

用程度。对它们理解得越充分，使用扫描电镜进行分析的领域就越宽广，对图像所呈现信息的阅读也越精确，得到的正确信息就越多而假象也越少。要想成为一个合格的扫描电镜操作员，对衬度信息的正确理解是前提，必须予以足够的重视。

后面的章节还会通过实例说明，扫描电镜获取衬度信息的能力越强，所能获取的形貌像就越充分；获取的衬度信息越完整，结果就会越完美，对样品进行分析的方法也会越丰富。

2.5　扫描电镜图像的清晰度和辨析度

清晰度和辨析度是评判扫描电镜图像质量好坏的两个最重要的指标。通常评价一张图片的质量，清晰度往往被排在第一位，大部分的图片如果图像不清晰，就会被归为废片。这一评判标准也被许多期刊当作评定论文图片的第一要求。科研论文被编辑退回的原因有很多，图片不清晰正是常常被提及的重要原因之一。

但是随着对扫描电镜成像原理理解的深入，在进行了大量分析的基础上，笔者认为以是否清晰作为扫描电镜图像最重要的，且可以一票否决的评判标准，还是显得有些偏颇。以图像清晰度不足为理由，不加分析地否定图片中所反映出的形貌信息，这就充满了无理的偏见。

在进行扫描电镜测试时常常能够发现，图像的清晰度会随着放大倍率的提升而逐渐变差。如果使用场发射扫描电镜，大部分样品的图像在放大到 10 万倍时还能保持较好的清晰度；超过 10 万倍，随着倍率提高，图像清晰度将会逐渐变差；放大倍率超过 30 万倍，大部分图像细节的清晰度都会大幅下降，很难获取所谓绝对清晰的结果。电子枪本征亮度和样品密度越低，清晰度下降的速度就越快。

图 2.42 展示了介孔 KIT-6 样品的形貌像。放大倍率为 10 万倍时，图像清晰度最好，但孔洞几乎看不清楚。放大倍率为 20 万倍时，图像清晰度较好，细节的辨析度较差，直径 5 nm 的孔洞形貌较难被识别。放大倍率为 30 万倍时，图像清晰度开始下降，孔洞形貌的呈现开始变好。放大倍率为 70 万倍时，图像清晰度更差，但孔洞空间位置以及层次等细节的辨析度却最高。

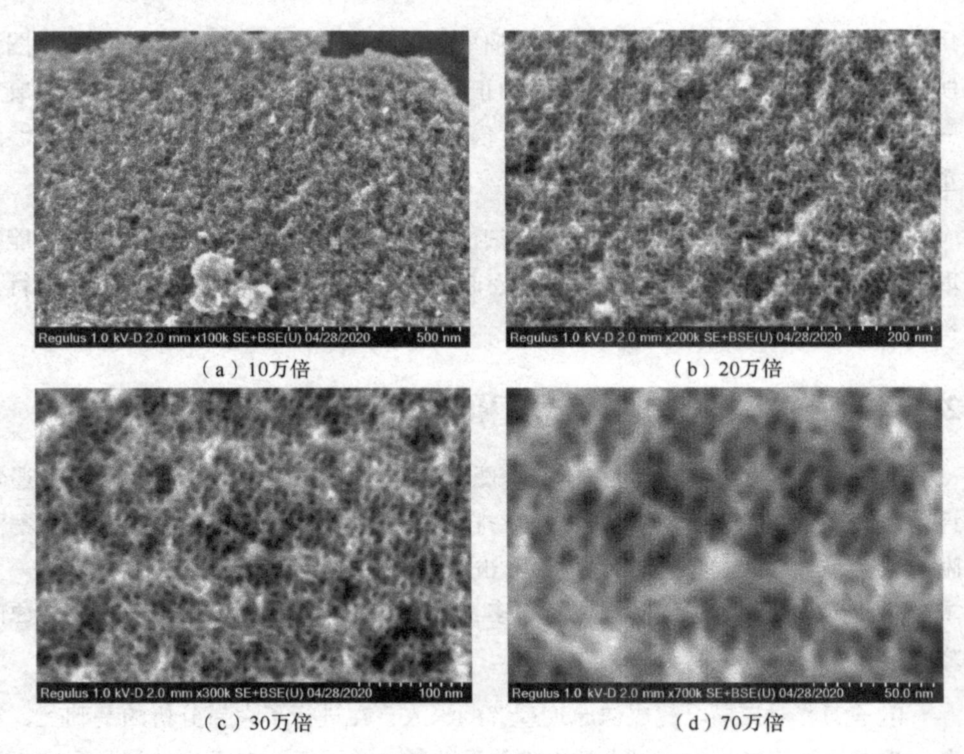

（a）10万倍　（b）20万倍

（c）30万倍　（d）70万倍

图 2.42　不同倍率下的 KIT-6 样品的形貌像

对于电子枪本征亮度较低的钨灯丝扫描电镜，清晰度变化的放大倍率范围要比场发射扫描电镜低一个数量级。1 万倍以下图像的清晰度较好，1 ～ 5 万倍图像的清晰度尚可，5 万倍以上图像的清晰度下降明显，10 万倍以上难以获得清晰图片且信噪比极差。图 2.43 展示了钨灯丝扫描电镜在不同放大倍率下观察的硅球阵列图像。

从图 2.43 中可以看出，硅球阵列在 2 万倍时还有较好的清晰度，5 万倍时清晰度开始急速下降，10 万倍时图像的清晰度和信噪比都明显变差。为什么会出现倍率越高，图像清晰度越差，但图像细节更为丰富、辨析度更强的现象呢？这就要从图像的清晰度和辨析度的定义谈起。

图像清晰度是指图像上各细部纹理及其边界的清晰程度。要保证图像的清晰度，就要使图像上的细部纹理边界的明暗差异，也就是细部纹理边界的衬度，必须达到一定值。纹理边界的衬度差异越大，边界就越容易被区分出来，图像的清晰度也就越高。

（a）5000倍　（b）2万倍

（c）5万倍　（d）10万倍

图 2.43　钨灯丝扫描电镜在不同放大倍率下观察硅球阵列

图像辨析度是指图像上各细部纹理及其边界的可分辨程度。图像辨析度是对图像纹理细节的分辨力的概括性表述。图像辨析度越高，所能分辨的纹理细节就越细小、越丰富。对于相邻两点能被分辨的极限值，即所谓扫描电镜的分辨力，应依据瑞利判据来定义，此时细节的分辨对图像清晰度的要求是足够清晰而不是绝对清晰，这在 2.3 节中有详细的描述。

2.5.1　图像衬度与清晰度的关系

图像衬度是指图像细节上的明暗或色彩差异。正是存在这些差异，才能形成图像，否则图像显示的就是一个单纯的灰度或色度平面。前文提到，图像上细节边界衬度差异越大，边界越容易被分辨出来，图像清晰度也就越高。影响细节边界衬度的因素有两个层次，一个是图像整体的对比度，另一个是细部纹理边界本身的衬度差异。

衬度和对比度都用来描述图像上的明暗差异。衬度大多是针对细节上的灰度和色彩差异，对比度则用来描述图像整体上最白和最黑处的亮度差异。也就是说，衬度针对的是细节；对比度针对的是整体。改变图像对比度和细节的衬度都会对图像的清晰度产生一定的影响，对比度和衬度差值越小图像的清晰度也就越差。图 2.44 给出了钢铁表面的形貌实例，分别对比（a）、（b）图和（c）、（d）图可知，提升对比度和衬度后，图像的清晰度有很大的提升。

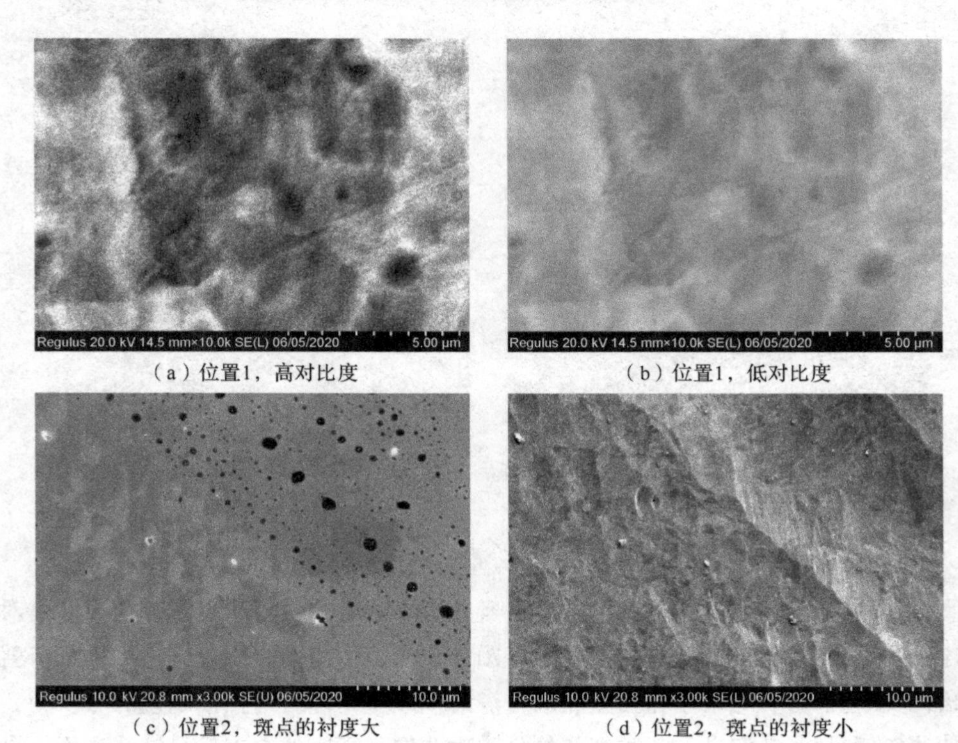

（a）位置1，高对比度　（b）位置1，低对比度

（c）位置2，斑点的衬度大　（d）位置2，斑点的衬度小

图 2.44　钢铁表面的形貌

要提升图像清晰度，增加细节的衬度是关键。在实际操作过程中往往可以发现，清晰度和辨析度经常以一种矛盾的形式呈现在我们面前。过度提升清晰度往往导致辨析度的损失。清晰度高而辨析度低或辨析度高但清晰度低，这种矛盾的现象在扫面电镜的测试过程中经常出现。图像的倍率越高，清晰度与辨析度相背离的现象就越常见。为什么扫面电镜高倍率图像清晰度往往较差，而且倍率越高清晰度越差？下面将从 SEM 的成像方式说起。

扫描电镜的成像方式类似于电视成像，使用高能电子束在样品表面扫描，就如同用电子束将样品分割成一个个小单元。各单元的面积影响着扫描电镜图像像素单元的面积大小。图像像素单元的面积被认为是扫描电镜分辨力的决定因素之一。理论上，像素单元的面积越小，扫描电镜的分辨力越强；扫描电镜的分辨力越强，样品细节的辨析度也越高。

要提高扫描电镜的分辨力，就要尽可能缩小划分出来的像素单元面积。扫描电镜放大倍率越高，电子束所分割的样品单元面积也就越小。但是当该单元面积降到一定程度时，必然会受到样品中电子溢出范围的影响，由此形成了扫描电镜表面形貌像的清晰度与辨析度之间的矛盾关系。该如何认识这一矛盾的关系？为什么图像放大到 30 万倍以后，清晰度开始下降且倍率越高下降得越厉害？

2.5.2　图像的放大倍率与辨析度的关系

扫描电镜的最大功能就是将样品上两点的最小间距至少放大到人眼所能分辨的最小距离。假如人眼能分辨的最小间距为 0.1 mm，那么要分辨 1 nm 的细节，就需要将该细节放大到 0.1 mm。对应的扫描电镜放大倍率是 10 万倍，该倍率也被称为 1 nm 细节的有效放大倍率。现实中，人眼能轻松分辨 1 mm 左右的细节，对应于在 30 万倍下观察 3 nm 的细节，1 nm 细节很难在 10 万倍下被看到。

图 2.45 展示了 ZIF-8 样品的表面形貌，从图中可以看出 1.5 nm 的细节无法在 12 万倍的照片中被分辨出来。

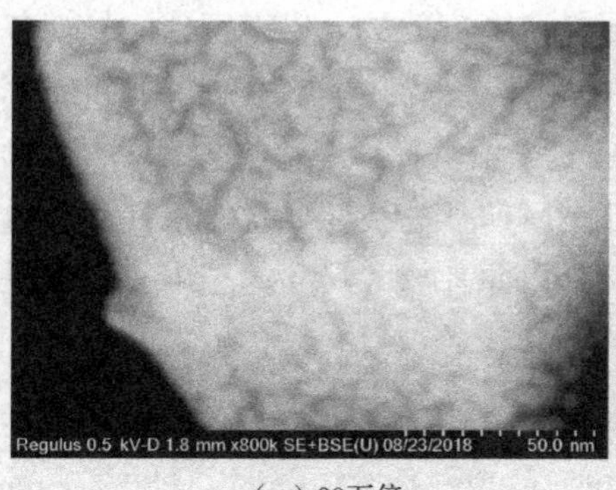

（a）80万倍

（b）12万倍

图 2.45　ZIF-8 样品的表面形貌

2.5.3　图像的放大倍率与清晰度的关系

图像清晰度与人眼所能轻松分辨的细部纹理的边缘衬度有关。细部纹理边缘衬度越大，细节越容易被分辨出来，图像也就越清晰。扫描电镜图像的细节衬度主要取决于两个面积之间的对比：样品上所需区分细节的面积和样品表面电子溢出单元面积的对比。

当样品上所需区分的细节面积远大于电子的溢出单元面积时，电子的溢出单元可以看成一个均匀的斑点，溢出单元电子的不均匀分布，将不会对细部纹理的边缘衬度产生影响，边缘衬度较大，图像也显得较为清晰。但当这两个面积之间比值接近 1∶1，甚至细节面积小于信息溢出单元的面积时，电子溢出时的均匀程度就会对细部纹理的衬度产生影响，并决定图像的整体清晰度。

任何一台电镜的分辨力与其放大倍率有很大的关联，放大倍率越大所能分辨细节的面积也就越小，也就越接近电子溢出的单元面积，电子的溢出对图像清晰度产生的影响也就越大。那么不考虑其他因素的影响，图像清晰度开始明显受到电子溢出影响的放大倍率，即倍率阈值能达到多少？

扫描电镜通过电子束在样品表面做点阵扫描以采集图像，点阵通常有 640 × 480、1280 × 960、2560 × 1920、5120 × 3840 这几种模式，其中 1280 × 960 被各电镜厂家广泛使用，因此接下来的探讨也将以该模式为例。1280 × 960 的信息采集模式表示电子束将样品的扫描区域的长度分为 1280 份，宽度分为 960 份。

在 2.3 节的探讨中提到，理想情况下的分辨力是仅考虑束斑尺寸的影响。那么同样也可以在该理想情况下探讨保持图像清晰度的放大倍率阈值。早期各厂家在规定扫描电镜图像的尺寸时，对宽度的定义不一定相同，但是将长度都固定为 5 in 照片的底边长度，即 127 mm。因此这个值被称为照片放大尺寸，放大倍率也被称为照片放大倍率。照片放大尺寸是目前唯一被各电镜厂家在计算放大倍率时所认可并使用的图像尺寸。故下文都以照片放大尺寸的长度，也就是以 127 mm 为标准展开探讨。

如果图像采集为 1280 × 960 的扫描模式，放大倍率为 10 万倍，电子束在样品上切割总面积的边长是 1270 nm，切割单元的边长是 1270 nm ÷ 1280 ≈ 1 nm。因此当放大倍率达到 10 万倍时，电子束切割出来的单元面积已经满足分辨 1 nm 细节的需求了。但扫描电镜分辨力并非完全由电子束在样品上切割的单元面积来决定，人眼的视力、样品电子溢出区的单元面积，将与该因素共同作用来影响图像的分辨力。最终结果取决于这 3 个方面中的最短板（也就是面积最大）的那个因素。

在现实中，人眼在图像上能轻松分辨的距离是 1 mm，也就是在 10 万倍下可分辨 10 nm 的细节或 30 万倍下分辨 3 nm 的细节。电子束切割的单元面积与这些尺寸相比，对最终结果的影响，在超过 10 万倍的放大倍率下即可忽略。也就是说超过 10 万倍，对辨析度和清晰度的探讨，只需考虑人眼所能轻松区分的样品细节与束斑面积的大小，并在这两者之间进行对比。

对扫描电镜来说要想清晰分辨半径为 R_1 和 R_2 的两点，这两点的中心至少应当间隔 R_1+R_2 的距离。否则两点之间将部分重合而使得清晰度下降，图像趋于模糊。如果两个斑点大小一致，这个距离就是斑点的直径。斑点的均匀性越好，边界衬度就越大，图像的清晰度也越高。

通过前面对分辨力的探讨可知，分辨小于 10 nm 的细节，加速电压不大于 1 kV，才能获得最佳结果。1 kV 加速电压，电子束斑直径最小为 2.6 nm，与轻松分辨 3 nm 细节，至少需要放大 30 万倍相吻合。因此，30 万倍往往就成为理想状态下扫描电镜图像清晰度与辨析度的分水岭。超过 30 万倍，图像辨析度越来越高，清晰度越来越差，直到细节分辨的极限。

以上是在理想状态下的探讨，如将其他因素考虑进来，引发扫描电镜图像的清晰度和辨析度相背离的放大倍率阈值又会如何变化呢?

2.5.4　图像辨析度与清晰度的辩证关系

自然辩证法告诉我们，任何事和物之间以及事物内部都存在既对立又统一、既相互依存又相互矛盾的辩证关系。事物内部的个体，各自量变的竞争性积累，最后将导致事物的质变。这一自然辩证法的规律当然也存在于放大倍率与图像清晰度、辨析度的关系之中。

图像清晰度和辨析度之间既有相互统一的一面，清晰度好辨析度也优异；也存在相互对立的一面，辨析度越好清晰度却越差。对立与统一的转换点与放大倍率的改变有关。引发清晰度和辨析度相互对立的放大倍率，被称为倍率阈值。该值与样品电子溢出单元的大小有关。电子溢出单元越大，溢出单元的电子分布就越不均匀，倍率阈值就越低，也就是说获取清晰图像的放大倍率越低。

电子溢出单元的大小受以下因素影响：样品结构、电子枪本征亮度、束斑大小及弥散性、加速电压、信号种类（二次电子、背散射电子）。

样品结构松散，电子枪本征亮度低，束斑粗，加速电压过高或过低，信号能量大则电子溢出的扩散范围就越大，均匀性也越差，以上条件均会增大电子溢出单元，降低倍率阈值。

- 样品结构

样品结构越松散，同等条件下，电子束直接激发的表层二次电子减少，内部信息激发的表层二次电子增多，形成的电子扩散对图像的清晰度和辨析度影响将加大，使得倍率阈值降低。

- 电子枪本征亮度

电子枪本征亮度是表述电子枪性能的最重要指标。本征亮度越小，同等条件下束流密度也就越小、立体角越大，导致电子的溢出范围增大，同时溢出样品表面的电子数量却随之减弱，使倍率阈值降低，图像辨析度也变差。场发射和热发射电子枪的本征亮度值相差极大，前者高于后者可达 3 个数量级，两者在形成的形貌像上也存在非常大的质的差别。

- 束斑大小及弥散性

电子束束斑面积增大，样品电子溢出单元面积也随之增大且均匀性随面积的增大将变差，造成的结果是倍率阈值降低。电子枪本征亮度降低、束流强度增大、工作距离增加、加速电压降低都会使电子束束斑面积增大。束流强度及工作距离的大幅增大都将增加电子束的弥散性，同等条件下对图像清晰度也会产生一定影响，使倍率阈值降低。但少量的改变对倍率阈值影响不大。

- 加速电压

降低加速电压，会使电子束发射亮度减弱，束斑面积及弥散度都会增加，过高的加速电压却会使间接二次电子（SE2）增多，导致倍率阈值降低。当这种变化量的积累，使其成为影响形貌像质量的主要因素时，就会对图像的清晰度产生影响。因此要保持较高倍率下的图像清晰度，对加速电压的选择也就极为关键。

- 信号种类

在 2.4 节中探讨过，形成扫描电镜的形貌像是以探头接收样品信息的角度为基础，但也会受到信息溢出范围的影响。一般来说，探头对低角度（与样品表面夹角小）电子的接收，形成的接收角较大，这有利于形成更充分的形貌像。但是低角度电子的扩散范围较大，对图像的清晰度不利。若使用下探头或者使用减速模式，此时，探头接收到的电子中，低角度的背散射电子相对较多，因此，形成的形貌像空间信息充分、辨析度高，但形貌像整体的清晰度都有不同程度的下降。

对下探头来说，接收的信息主体是低角度背散射电子，小于 10 nm 的样品细节将被电子溢出区完全掩盖而无法被分辨。用该探头获取的形貌像呈现的 10 nm 以下细节的清晰度和辨析度都极差。

电子在溢出角度和信息扩散范围上的这种对立统一关系，将造成形貌像清晰度和辨析度出现明显的对立。需要强调的是，任何因素的改变对结果的影响都有一个量变的积累过程，少量的变动对结果的影响并不大。多种因素的叠加或者单个因素的大幅度变化才会给结果带来明显的质变。

2.5.5　实例的展示及探讨

（1）样品结构越松散，倍率阈值越小

图 2.46 展示了不同烧结温度下 ZnO 晶体颗粒的形貌，（a）、（c）图为 500℃烧结的样品，（b）、（d）图为 700℃烧结的样品。不同的烧结温度下，ZnO 的结晶程度不同，样品的结构和密度也会出现差异。500℃煅烧的样品的结构较为松散，700℃煅烧的样品的结构较为紧密。在 5 万倍下，样品形貌在清晰度上的差距不明显，而 20 万倍下样品形貌的清晰度出现了明显的差距。结构松

（a）500℃烧结，5万倍　（b）700℃烧结，5万倍

（c）500℃烧结，20万倍　（d）700℃烧结，20万倍

图 2.46　不同烧结温度下 ZnO 晶体颗粒形貌

散的 ZnO，形貌像的清晰度明显不如结构紧密的 ZnO。这种差异在调焦时会更明显。因此，样品在高倍率下越难被调整清晰，一般来说其结构就越松散。

（2）电子枪本征亮度越低，倍率阈值越小

冷场发射电子枪的本征亮度大于热场发射电子枪，同等测试条件下冷场发射扫描电镜将拥有更高的图像清晰度。图 2.47 是在泡沫镍上生长的 Co_3O_4 的形貌，（a）、（c）、（e）图为热场发射扫描电镜拍摄的结果，（b）、（d）、（f）图是冷场发射扫描电镜（S-4800）拍摄的结果。可见在 5 万倍下两者的清晰度和辨析度差距不大，在 10 万倍左右清晰度和辨析度差距明显。

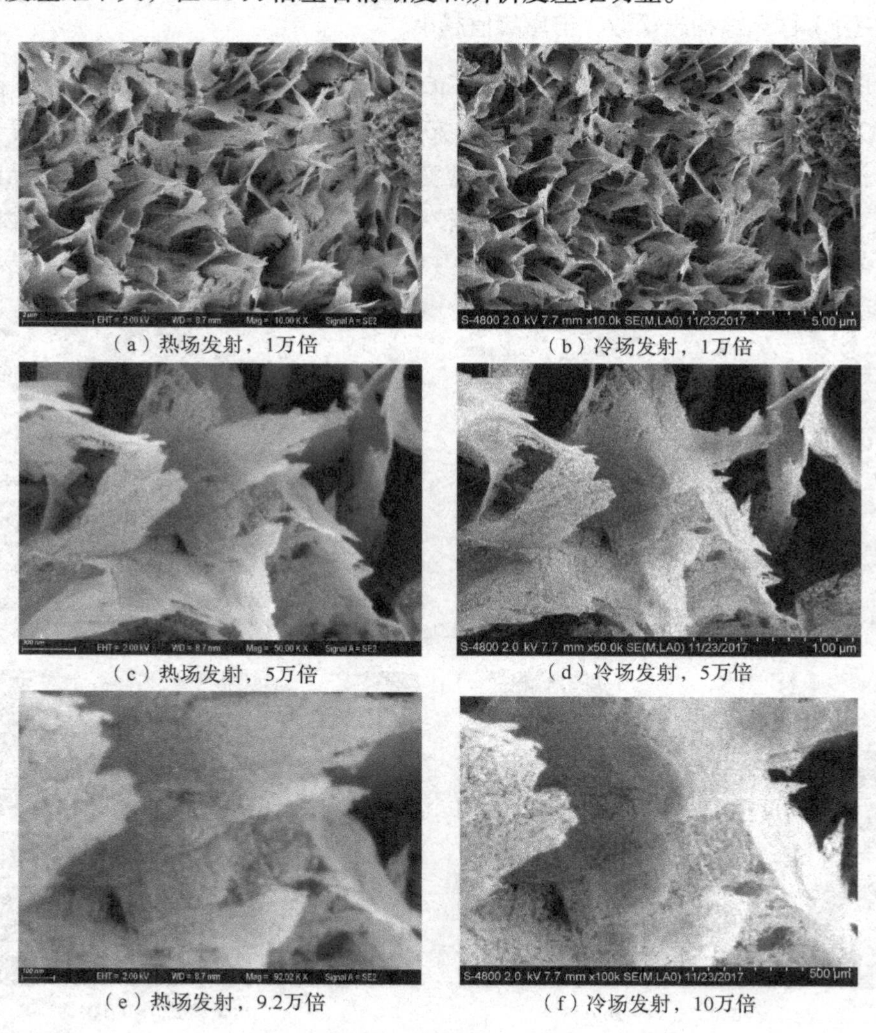

（a）热场发射，1万倍　（b）冷场发射，1万倍

（c）热场发射，5万倍　（d）冷场发射，5万倍

（e）热场发射，9.2万倍　（f）冷场发射，10万倍

图 2.47　泡沫镍上生长的 Co_3O_4 样品的形貌

超过 20 万倍以后，电子束的弥散使热场发射扫描电镜在 8 mm 左右工作距离下已经无法提供清晰的形貌像，而冷场发射扫描电镜因电子束的亮度较大、弥散度相对较小，还能提供不错的图像清晰度和辨析度，如图 2.48 所示。

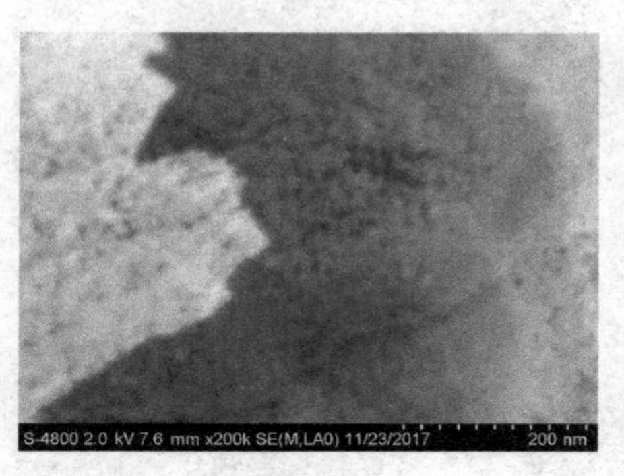

（a）20 万倍

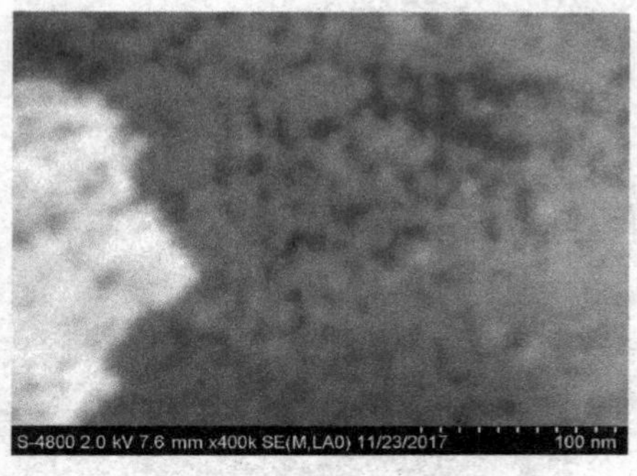

（b）40 万倍

图 2.48　高倍率下冷场发射扫描电镜获得的泡沫镍上生长的 Co_3O_4 样品的形貌

（3）改变工作距离对图像辨析度和清晰度的影响

工作距离的增大会增加电子束的弥散度，图像的清晰度将随之变差，倍率阈值也将降低。但是工作距离的改变会使探头接收样品电子信息的角度发生改变，影响扫描电镜的分辨力。形貌像在不同工作距离下的清晰度和辨析度是对立的，小工作距离拥有更高的清晰度，但是细节辨析度有时会显得不足。关于工作距离对图像清晰度和辨析度的影响还将在 4.2 节中详细地探讨，图 2.49 以不同工作距离下的泡沫镍上生长 Co_3O_4 样品形貌为例，分析工作距离对清晰度和辨析度的影响。从图中可以看出在 1 万倍下工作距离对清晰度和辨析度的影响不大。在 10 万倍以上，工作距离增大，清晰度降低，但细节的空间层次关系的辨析度提高。

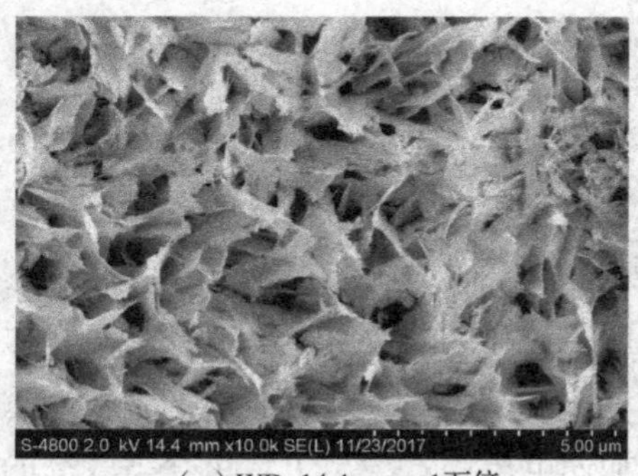

（a）WD=14.4 mm，1万倍

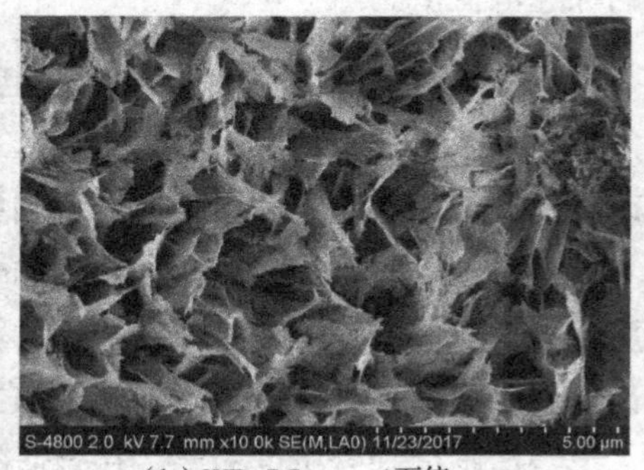

（b）WD=7.7 mm，1万倍

图 2.49　不同工作距离下泡沫镍上生长 Co_3O_4 样品形貌

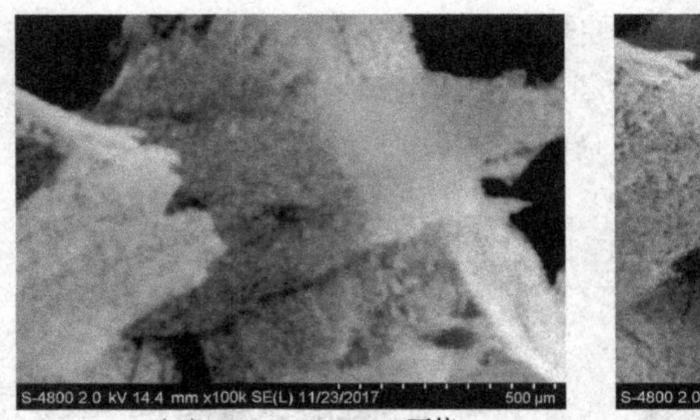

（c）WD=14.4 mm，10万倍

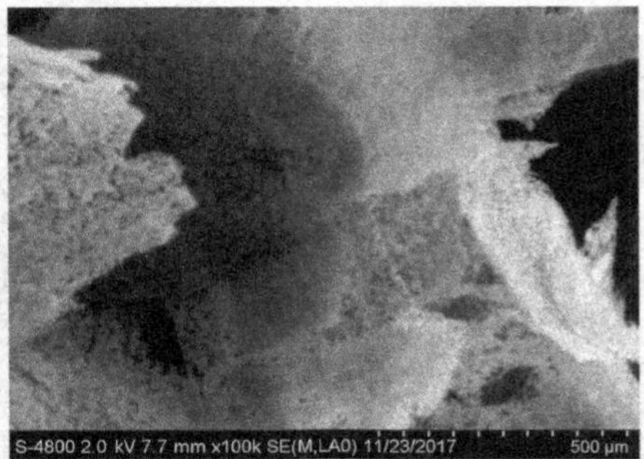

（d）WD=7.7 mm，10万倍

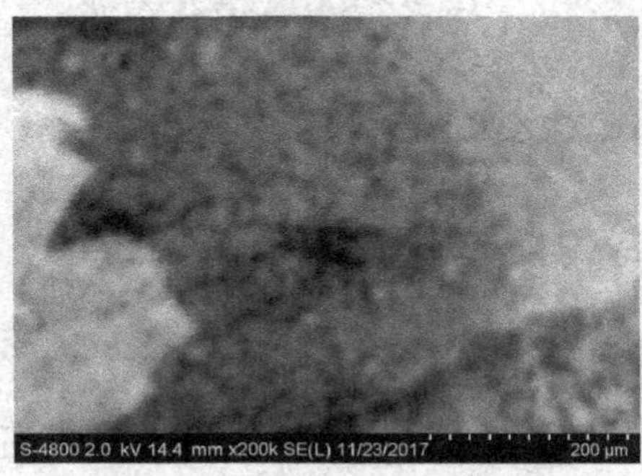

（e）WD=14.4 mm，20万倍

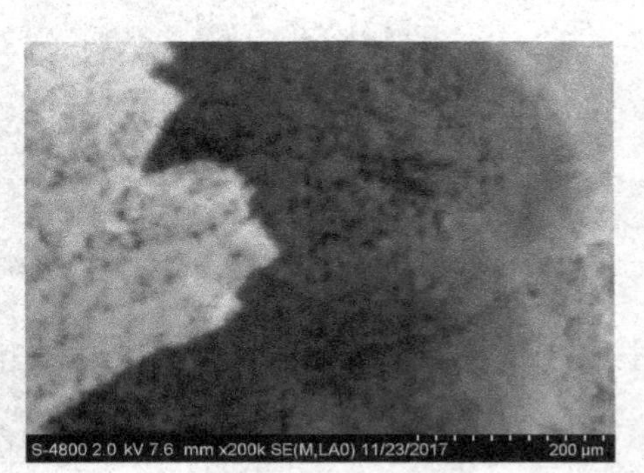

（f）WD=7.6 mm，20万倍

图 2.49　不同工作距离下泡沫镍上生长 Co_3O_4 样品形貌（续图）

（4）改变加速电压对图像清晰度和辨析度倍率阈值的影响

增大加速电压，电子束的发射亮度随之增大，有利于扫描电镜图像的高分辨和高清晰。但从电子的激发深度来看，深层次电子的激发将不利于表层形貌信息的呈现，从而影响图像的高分辨与高清晰。要获取最佳效果，就要找到一个最合适的加速电压值。

下面将通过一个实例来分析加速电压对倍率阈值的影响，图 2.50 展示了不同加速电压下 SBA-15 样品的形貌。大工作距离下电子束弥散度较大，加速电压的改变对结果的影响也就更为明显，因此以下实例使用了 8 mm 的工作距离来观察 SBA-15。从图中可以看出，在较低的加速电压下（1 kV），电子束的束斑弥散度较大，图像清晰度和辨析度都不足。而在过高的加速电压下（5 kV），样品内部电子信息增多，成为形成形貌像的主导信息，图像通透，表面细节被严重掩盖，形貌清晰度和辨析度极差。在合适的加速电压（2 kV）下，可获得较高的图像清晰度和辨析度。

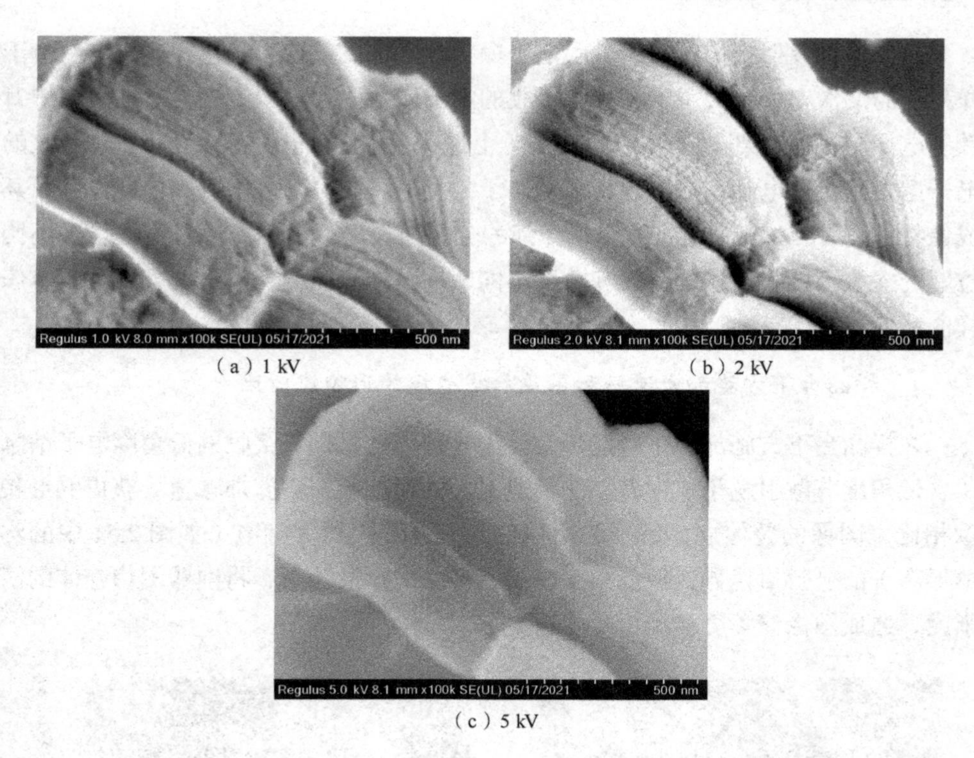

（a）1 kV　（b）2 kV　（c）5 kV

图 2.50　不同加速电压下 SBA-15 样品的形貌

（5）电子能量对倍率阈值的影响

背散射电子能量较大，在样品中扩散范围大，其溢出范围较大、均匀性较差，将削弱图像细节的衬度，使倍率阈值降低，对样品中小于 10 nm 细节的分辨影响极大。对大于 200 nm 的细节，背散射电子的扩散对其清晰度的影响小，而其低角度溢出的特性，可为探头提供很好的信息接收角，获得的形貌像立体感强、空间信息充分，形貌像呈现出的大于 200 nm 的细节拥有极高的清晰度和辨析度。

二次电子的能量较弱，在样品中的扩散小，表面的溢出范围也小，对样品细节衬度的影响小，形成的形貌像清晰度高，有利于对小细节的分辨。但溢出特性是以溢出路径短的高角度方向为主，使得以二次电子为主所形成的形貌像空间信息不足，样品表面较大的细节损失较多。而大细节如同形貌像的骨架，对图像的整体形态影响较大。如果无法呈现清晰的大细节，形貌像就会像抽出骨头的皮囊，坍塌成堆，缺失整体的形态。

日立冷场发射扫描电镜的二次电子探头分别被设置在样品仓和镜筒内。位于样品仓的二次电子探头（下探头）接收的电子以背散射电子为主，所以图像中背散射电子特征较为明显。镜筒内探头（上探头）在EXB系统的帮助下，接收的电子主要是二次电子，故图像特征偏向于二次电子图像。关于探头位置设计及其成像特性，在4.2节中还将给予更详细的分析与探讨。下面将通过实例呈现不同位置的探头因接收信息的组成和角度不同，在图像清晰度与辨析度方面都具有怎样的特性。

- 样品台下方施加减速场和不施加减速场的形貌像对比

在样品台下方施加一个减速场会使进入镜筒被上探头接收的低角度电子信息（含低角度背散射电子）增多。这种情况下的形貌像与不施加减速场获得的形貌像相比，图像的整体立体感强，形貌信息更充分，对大细节（如图2.51中的沟槽形态）的分辨更优异，但低角度电子在样品中扩散较大，将削弱图像整体的清晰度，造成图像清晰度和辨析度的背离。

（a）不施加减速场

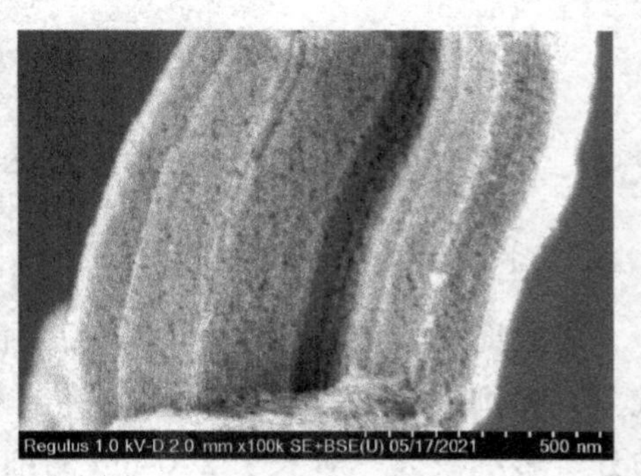

（b）施加减速场

图2.51　介孔SBA-15样品在施加和不施加减速场的条件下的形貌对比

- 不同位置探头获取的形貌像对比

上探头获取的高角度二次电子较多，下探头获取的电子信息是以低角度背散射电子为主。在相同条件下，形成的形貌像对不同细节信息的呈现效果完全不一样。细节小于10 nm时，上探头获得图像的清晰度和辨析度优势明显；细节为20～200 nm，下探头获得的形貌像清晰度不足，但细节辨析度高；细节大于200 nm时，用下探头获取的形貌像，无论清晰度还是辨析度都具优势。不同信息组成对形貌像清晰度和辨析度的影响如图2.52所示。

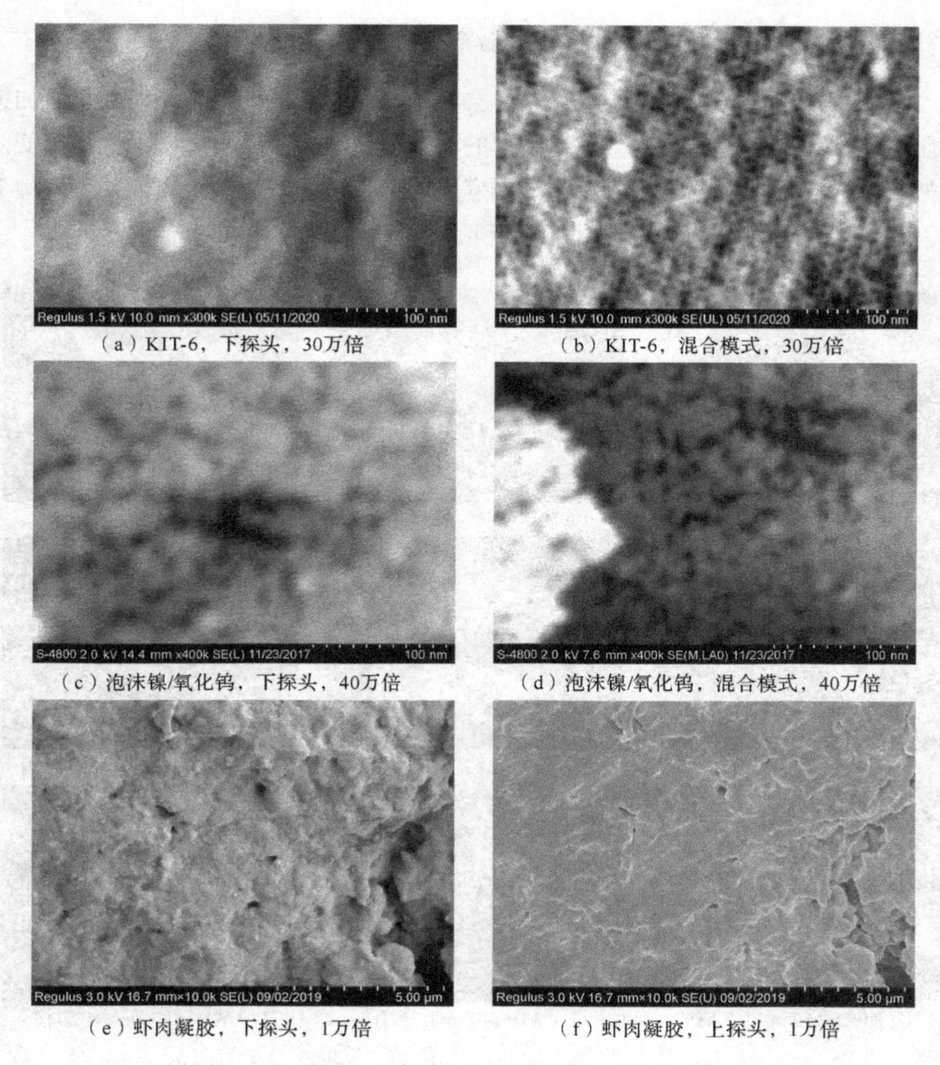

（a）KIT-6，下探头，30万倍　（b）KIT-6，混合模式，30万倍

（c）泡沫镍/氧化钨，下探头，40万倍　（d）泡沫镍/氧化钨，混合模式，40万倍

（e）虾肉凝胶，下探头，1万倍　（f）虾肉凝胶，上探头，1万倍

图 2.52　不同信息组成对形貌像清晰度和辨析度的影响

对于小于 10 nm 的细节，从图 2.52（a）和（b）中可以看出，KIT-6 样品的 5 nm 介孔结构通过下探头获得的图像无法被分辨出来，但是在混合模式下可以分辨出 5 nm 的介孔结构。对于 20 ～ 200 nm 的细节，从图 2.52（c）和（d）中可以看出，泡沫镍 / 氧化钨样品通过下探头获得的图像清晰度略差，但细节层次的辨析度较高，混合模式下，样品形貌的清晰度较好，但辨析度不足。对于大于 200 nm 的细节，从图 2.52（e）和（f）中可以看出，虾肉凝胶通过下探头获得的形貌像清晰度和辨析度均远高于通过上探头获得的形貌像。

（6）负面结果的叠加会大幅拉低倍率阈值

降低加速电压，拉大工作距离，都会使电子束的弥散度提高。因此，低加速电压下使用大工作距离，将会使形貌像的清晰度和辨析度的倍率阈值大幅降低。例如，在 500 V 加速电压下，图像清晰度的倍率阈值将随工作距离的加大大幅下降，辨析度也会大幅下降，如图 2.53 所示。

（a）WD=4.9 mm，2万倍　（b）WD=4.9 mm，5万倍　（c）WD=4.9 mm，10万倍

（d）WD=7.8 mm，2万倍　（e）WD=7.8 mm，5万倍　（f）WD=7.8 mm，10万倍

（g）WD=14.7 mm，2万倍　（h）WD=14.7 mm，5万倍　（i）WD=14.7 mm，10万倍

图 2.53　500 V 加速电压下不同工作距离获得的 Co_3O_4 形貌像

从图 2.53 中可以看出，选择相同的探头组合和加速电压（500 V），当 WD=4.9 mm 时，10 万倍下样品的形貌还有足够的清晰度和细节辨析度，当 WD=7.8 mm 时，样品形貌在 5 万倍以下才能保持较好的清晰度，当 WD=14.7 mm 时，2 万倍下都无法获得清晰的样品形貌。

2.5.6　总结

图像的清晰度，一直以来都被赋予了“至高无上”的地位。没有清晰度哪来图像的细节分辨的概念，已经根植于绝大部分电镜行业从业者和电镜使用者的思维体系之中。

从本节的探讨以及充足的实例中可以发现，形貌像的清晰度与辨析度之间是存在着辩证的关系的。在某个程度上，它们是一个统一体，即形貌像的清晰度高，形貌细节的辨析度也好。但当放大倍率达到一定值之后，形貌像的清晰度往往会与辨析度相背离，即形貌像的辨析度越好，而图像的清晰度却越差。

出现背离的原因在于形貌像的清晰度取决于细节衬度是否充足，而细节衬度是否充足又依赖于溢出样品的电子分布是否均匀、溢出的范围是否小于所需呈现的样品细节。当放大倍率达到 30 万倍以后，以上两个条件都无法满足清晰呈现细节的需求，但在一定程度上却并未影响细节的分辨，这就引起了图像清晰度和辨析度的背离。

此外，溢出样品的高角度电子，收敛度较高，由其形成的形貌像清晰度较高。但是高角度电子信息是不利于获得充足的信息接收角，由其形成的形貌像立体感差，空间信息的层次感不足，使形貌像的大细节丢失严重，而大细节则如同形貌像的骨架，它的缺失往往会造成图像整体形态的坍塌，成为只有小细节的、皱巴巴的“皮囊”，极大地降低了整体细节的辨析度。

当出现清晰度与辨析度相背离的情况时，由于显微镜的主要目的是对样品细节的观察，因此细节的辨析度应该放在首位。我们应当明白一个道理，对于显微镜来说，脱离细节分辨的清晰度毫无意义。

第 3 章

扫描电镜测试面临的几个问题

3.1 样品的荷电现象

扫描电镜测试过程中，样品荷电现象是公认的最常见且最棘手的问题。对于样品荷电现象的成因，目前的解释大都语焉不详，存在诸多疑问。其中最被广泛接受的解释，是围绕着图 3.1 所示的电子产额与加速电压的关系展开的。当样品表面为零电位时，样品无荷电现象，图像正常。当样品表面为负电位时，样品带负电，图像异常亮。当样品表面为正电位时，样品带正电，图像异常暗。

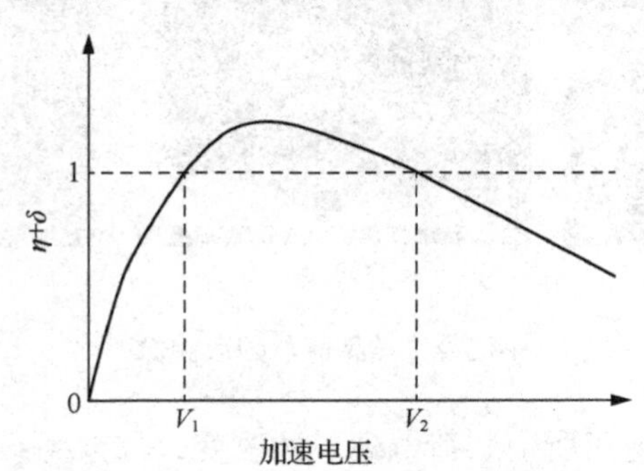

注：η 为背散射电子产额，δ 为二次电子产额（笔者注：这里说的产额应该指溢出电子与入射电子数量的比值）。样品接地电流为零时，样品不导电。加速电压为 V_1 或者 V_2，$\eta+\delta=1$，样品表面为零电位。加速电压小于 V_1 或大于 V_2，$\eta+\delta<1$，样品表面为负电位。加速电压介于 V_1 和 V_2 之间，$\eta+\delta>1$，样品表面为正电位。

图 3.1　电子产额与加速电压的关系

但这个解释面临着以下几个环环相扣的问题的质疑。

第一，该图所标示的电子产额的定义不清晰，没有明确说明该电子是溢出样品表面的电子还是样品内部产生的电子。若从正、负电位的形成原因来看，该电子产额应该是指溢出样品表面的电子与入射电子数量的比值。

第二，如果该电子产额反映的是电子的溢出量，将出现以下问题。若样品表面为正电位，依据该观点，当样品电子的溢出量大于入射量时，样品中将形成正电位。如果确实发生这种情况，形貌像是否会出现上述观点所得出的异常暗的现象？仔细思考，可能得出完全不同的结论。首先，形貌像将由于探头接收到大量二次电子和背散射电子而变得异常明亮；然后，正电场的形成将抑制电子溢出使得图像变暗；最后，随着电子束持续地将大量电子注入样品，电子的溢出又受到正电场的抑制，入射的电子必然会大量留存在样品中，不可避免地会中和样品表面的正电荷，正电位也将随之减弱，样品受激发溢出的电子总量又将逐渐恢复，图像也渐渐变亮，直至下一次样品表面因溢出电子信息的爆发而变成正电位。故样品中出现正电位现象，图像将出现明暗相间的闪烁，而不是一个稳定的异常变暗的状态。

第三，即便依照传统的理论能完美解释异常亮和异常暗现象，但是样品荷电现象还存在表面被磨平的现象，如图 3.2 所示。那么，表面被磨平的现象又是什么电位引发的呢？

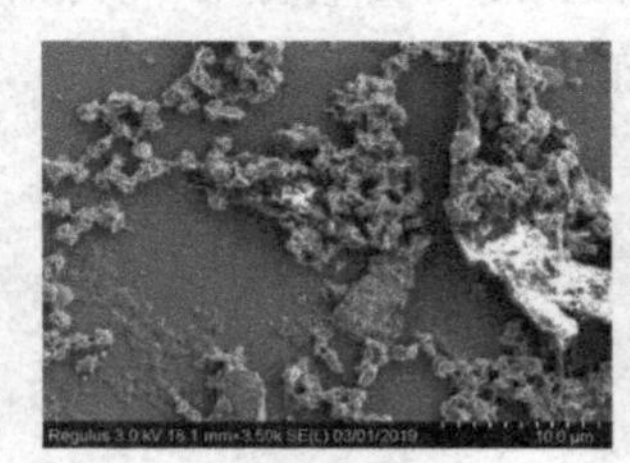
异常亮

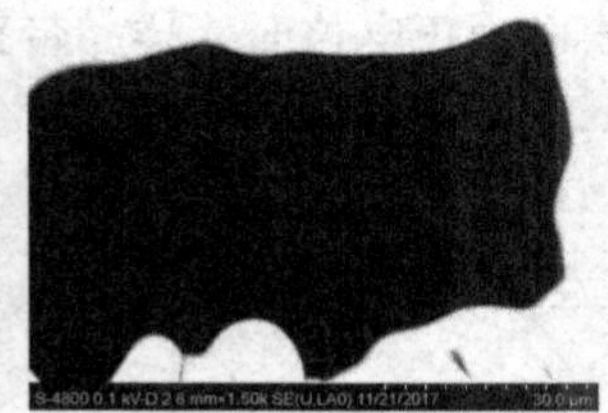
异常暗

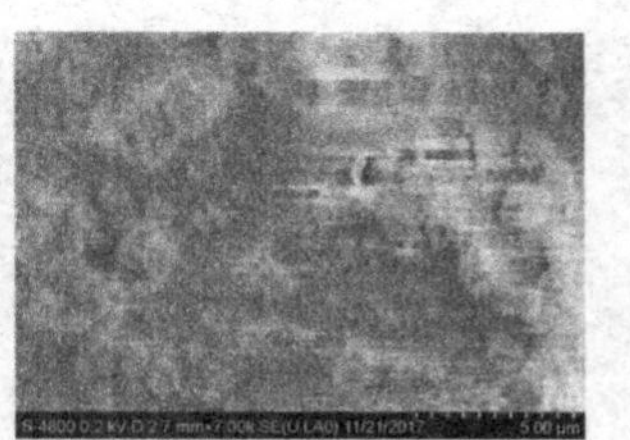
表面被磨平

图 3.2　样品荷电的形貌像

第四，提高加速电压所引起荷电现象的改变，与该关系的推导完全不符。依据该曲线的解释，改变加速电压，样品只会在 V_1 和 V_2 两点出现荷电平衡，不会有荷电现象。若从零开始提高加速电压，荷电现象对图像影响的变化规律应是：异常亮→无荷电（V_1）→异常暗→无荷电（V_2）→异常亮。

实际情况却并非如此。大于 V_1 时，通常出现异常亮，若大于 V_2 将不再出现荷电现象。图 3.3 展示了壳聚糖样品在 1 kV、5 kV、20 kV、25 kV 加速电压下的荷电情况变化，可以看出不同于传统理论的规律。

通过以上分析，充分说明了基于图 3.1 的曲线的解释存在很大的问题。那么样品荷电现象的成因究竟是什么？

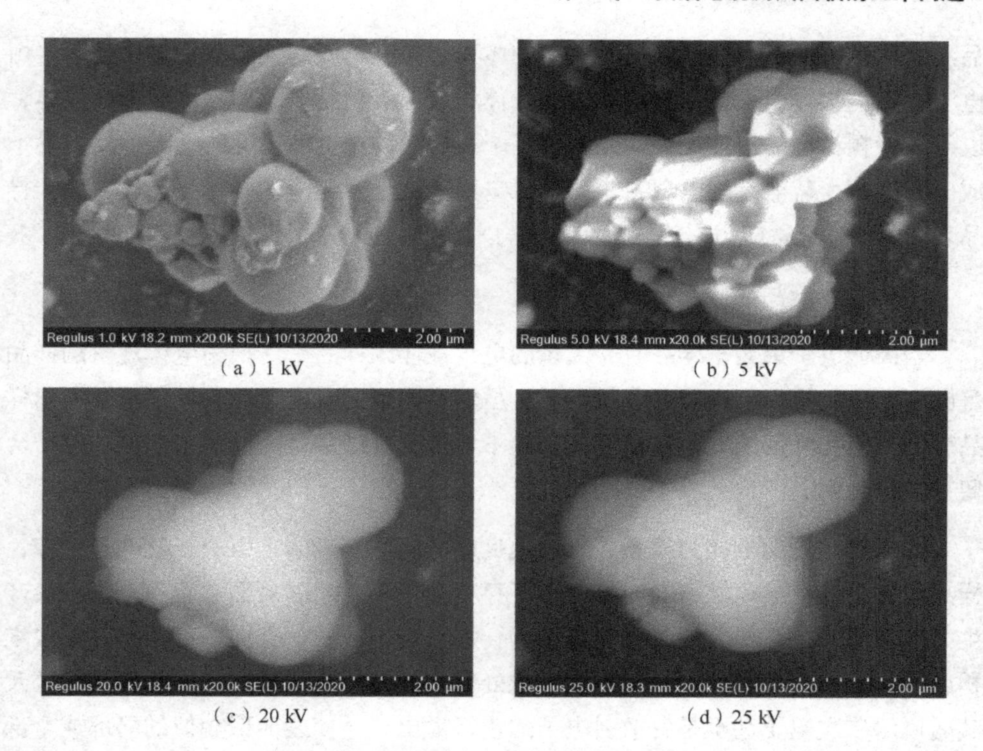

（a）1 kV　（b）5 kV　（c）20 kV　（d）25 kV

图 3.3　壳聚糖样品在不同加速电压下的荷电情况

3.1.1　荷电现象的成因

扫描电镜观察的样品对于高能电子束来说，可被看成无穷厚。在电子束轰击样品时，电子束中的高能电子因无法穿透样品而会留在样品中，同时也会在样品中形成散射电子并激发出样品的二次电子等信息。这其中只有一小部分的二次电子及背散射电子（与入射电子方向相反的散射电子）将溢出样品表面，被探头接收，成为样品表面形貌像的信号源。

当注入样品的电子数与从样品表面溢出的电子数不相等时，就有可能在样品中形成静电场并影响该部位二次电子和背散射电子的正常溢出，样品表面形貌像将出现异常亮、异常暗及表面被磨平这 3 种现象。在形貌像上所呈现的这种异常现象就是样品的荷电现象。

对样品荷电现象的探讨，将牵扯到电子迁移的问题，因此需要引入漏电能力的概念以便解释该现象。漏电能力是指样品中自由电子的迁移能力，样品漏电既可产生于样品的整体，也可产生于样品的局部位置，本书中探讨的漏电能力指样品浅表层自由电子的迁移能力。样品的体积越小、密度越大、结构越紧密，自由电子在这些物体表面的迁移能力就强。体积较大且密度低、结晶度较差的物体，以及各种颗粒物的松散堆积体，自由电子在这类物体上的迁移能力较差，容易形成电荷堆积。荷电是静电现象，消除荷电其实就是静电泄漏的过程，这取决于样品表面的电子迁移能力，故采用漏电能力来命名。

（1）荷电现象的形成过程

当高能电子束轰击样品时，大量的电子被注入样品中。扫描电镜观察的样品足够厚，故在样品中会驻留大量电子。虽然有不少二次电子和背散射电子溢出样品表面，但和驻留的电子数量相比，是不对等的。结果是大量多余的自由电子会留存在样品中。

如果样品的漏电能力很强，且接地良好。这些多余的自由电子就会迁移掉，样品中将不存在电荷堆积的现象，也不存在静电场。此时表面形貌像上将不会产生荷电现象。如果样品的漏电能力较弱，那么自由电子就会在样品的局部形成堆积或平均分布在样品的表面，并在堆积处形成强弱不等的静电场，影响该部位及其周边的二次电子甚至是背散射电子的正常溢出。这使表面形貌像的局部或全部叠加出现异常亮、异常暗、表面被磨平这 3 种异常现象，给形貌像造成程度不等的干扰，形成所谓的样品荷电现象。该静电场是由电荷堆积而成，故只能是负电场，而该静电场通常也被称为荷电场。如果样品中各部位的漏电能力强弱不均，自由电子将会从漏电能力强的部位迁移到漏电能力弱的部位，并在漏电能力弱的部位堆积形成荷电场。此时样品的荷电现象就只在表面形貌像的某些部位出现，如图 3.4 所示。

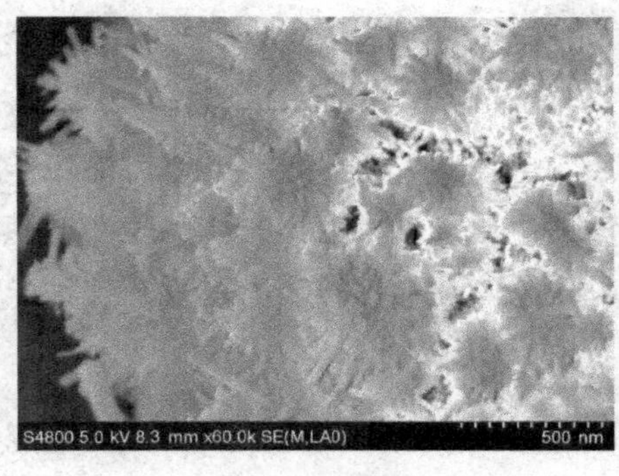

（a）ZnS 样品，整体荷电

（b）$CaCO_3$ 样品，局部荷电

图 3.4　荷电现象

（2）样品的漏电能力和导电性

传统理论认为样品是否会产生荷电现象由样品的导电性决定，认为只要样品的导电性好就不容易产生荷电现象。导电是指传导电流，导电材料在电工领域常指常温下电阻率为 $0.15 \sim 1\times10^{-7}\Omega\cdot m$ 的金属材料，扫描电镜行业对导电材料的定义也与之相同。在实际的测试过程中，若以此观点来预判样品是否会产生荷电现象，将产生许多矛盾的现象。如图 3.5 所示，充分的事例表明，大量导电性差的非金属以及各种化合物样品并不存在荷电现象，例如，许多晶体材料、纳米粉体材料虽然是非金属，导电性也不佳，但是在测试时都不会形成荷电现象。

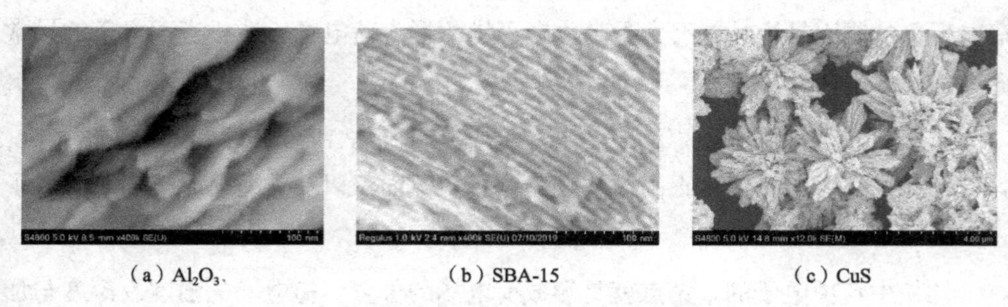

（a）Al_2O_3　　（b）SBA-15　　（c）CuS

图 3.5　导电性差，但荷电现象弱的几个实例

许多被公认为导电性极佳的金属材料，若密度较小、形态松散或形成松散的堆积体也会产生极强的荷电现象，如图 3.6 所示。

（a）Ag 颗粒　　（b）Ag 纳米棒　　（c）Sn 颗粒

图 3.6　导电性好，但荷电现强的几个实例

为什么出现以上这些现象？以样品导电性来解释荷电现象存在怎样的问题？荷电是静电现象，当大量自由电子在样品浅表层的全部或局部区域形成堆积将产生荷电场，引发电子溢出的异常。电阻率为兆欧 · 米级别的绝缘体材料，当其浅表层存在电荷通道，即漏电能力强就不会出现荷电现象，如碳胶带。自由电子只要失去通道就会形成堆积，即便样品导电也会出现荷电现象。样品导电仅是一个

有利于减少荷电影响的因素，但对于避免荷电现象既不充分也不必要。

形成或者失去电子通道的因素众多，除了前面所说与物质本身有关的因素（如体积、密度、结构等），还包括外界因素，如加速电压、样品的堆积程度等。以样品是否导电作为形成荷电场的唯一成因，那是以偏概全、管中窥豹，这种观念对正确应对样品荷电现象的影响，充分获取样品的表面形貌信息极为不利。

3.1.2　荷电现象的 3 种表现形式

如前所述，样品荷电现象表现为 3 种形式：异常亮、异常暗、表面被磨平。荷电现象的成因是样品中有大量自由电子堆积形成荷电场，造成表面电子的异常溢出，而这个荷电场只可能是负电场。

那么，是什么原因造成了荷电现象的 3 种表现形式呢？背散射电子能量较高，其溢出量仅在荷电场强度很高时才受影响。故下面仅以易受荷电影响的二次电子为例来展开探讨。

样品中自由电子的聚集点就是形成荷电场的位置。荷电场的强度及深度与加速电压和束流强度、样品的结构特性和体积大小以及各类颗粒物的堆积状态等因素有关。故测试时很难准确给出荷电场强度及其在样品中所处位置的具体数值，但却明确存在一定的变化趋势。同等条件下，提升加速电压将使荷电场在样品中所处的位置下沉，当这一变化达到一定程度，将会引起荷电现象的表现形式发生改变。如果以荷电场在样品中所处的位置对二次电子溢出量的影响为线索，就比较容易理解荷电现象的这 3 种表现形式了。

异常亮：如果在二次电子溢出区（深度 <10 nm）产生较多的二次电子，同时在贴近溢出区的下方形成荷电场，荷电场将把位于其上方原本无法溢出的二次电子推出样品表面，使溢出样品表面的二次电子异常增多，图像将表现为异常亮。荷电场足够大时，将大量推出荷电场周边的二次电子，使图像形态也受到影响。当使用较高的加速电压观察密度较大但漏电性较差的样品时，出现该现象的概率较大，如图 3.7 所示。

异常暗：使用低加速电压测试时，在一定情况下会在样品二次电子溢出区的上沿形成荷电场。此时，荷电场将抑制二次电子的正常溢出，出现异常暗的现象。加速电压越低，在样品中累积的自由电子越靠近浅表层的上沿，荷电场形成的位置将越高，也越容易形成异常暗的现象。

（a）SiO_2 包覆 MOF

（b）CoFe 氧化物

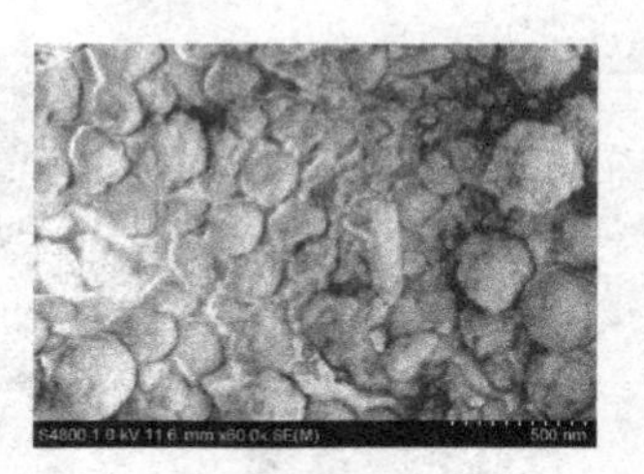

（c）SnS 薄膜

图 3.7　图像异常亮

极低的加速电压（100 V）下，样品表面溢出的二次电子少，形成荷电场的位置也最靠近浅表层的上沿，形成异常暗现象的概率最大。此外，如果观察的样品表面恰好存在较大且深的凹坑，电荷将极易累积在凹坑的上边缘，这样也十分容易形成异常暗这种荷电现象。

形成异常暗的条件较为苛刻，综合以上探讨，低加速电压下，观察样品的凹陷处时，最容易出现异常暗的荷电现象。

图 3.8 是 KIT-6 样品在不同扫描速度下获取的形貌像。图 3.8（a）使用扫描速度较高的积分模式（CSS 模式）获取，图像上无荷电现象，从图中可见样品表面存在许多凹陷。图 3.8（b）使用扫描速度较低的模式（SLOW 模式）获取，形貌像上有荷电现象，可见在部分较深的凹陷处出现了异常变黑的荷电现象。关于扫描速度与样品荷电现象的关系，后文还会详细探讨。

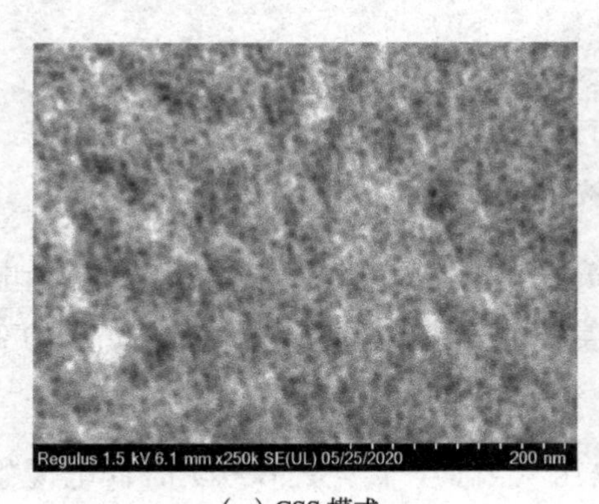

（a）CSS 模式

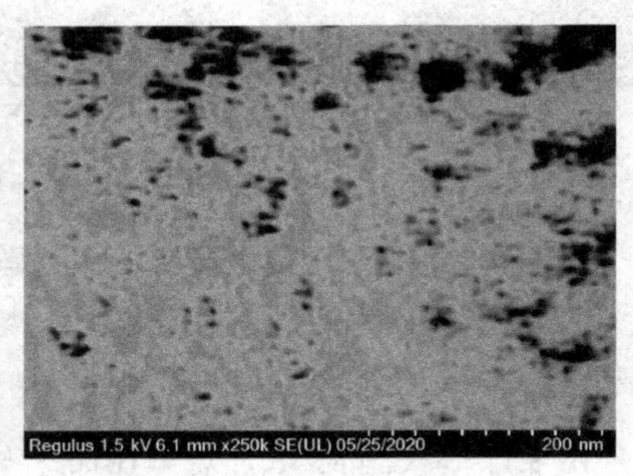

（b）SLOW 模式

图 3.8　扫描速度对荷电现象的影响

随着加速电压的提升，表面二次电子产额会增加，最关键的是荷电场的位置将下沉，有些异常暗的现象也将会转变为异常亮，如图 3.9 所示。

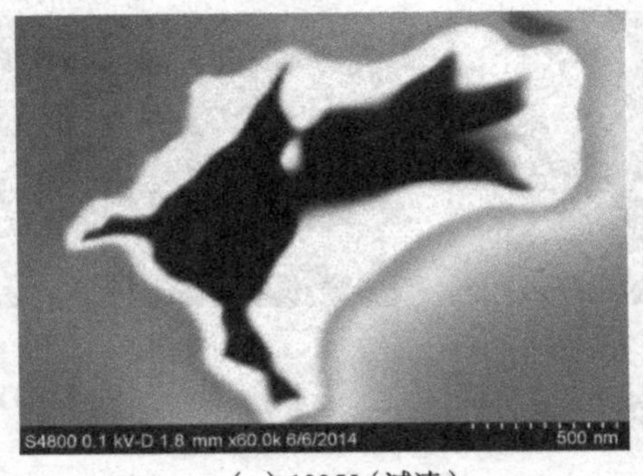

（a）100 V（减速）

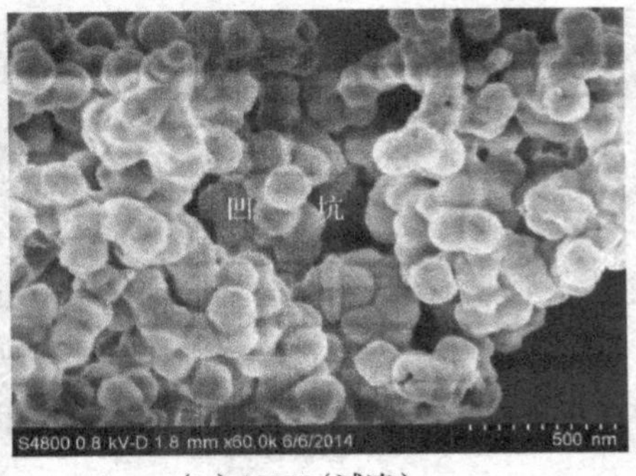

（b）800 V（减速）

图 3.9　加速电压提升导致空心 SiO_2 小球形貌像荷电现象转变

表面被磨平：若样品中形成的荷电场位置较高，与二次电子的溢出区存在重叠。荷电场会对溢出样品表面的二次电子产生遏制作用，表面细节由于溢出电子数量的不足而无法充分表现出来，出现表面被磨平的现象。当以较低的加速电压观察蓬松的样品时比较容易出现该现象。在样品颗粒的边缘或较大斜面处，因表层的二次电子增多，表面被磨平的现象又时常伴随出现异常亮的现象。当样品存在较深的凹陷区时，也会伴随出现异常暗的现象，如图 3.10 所示。

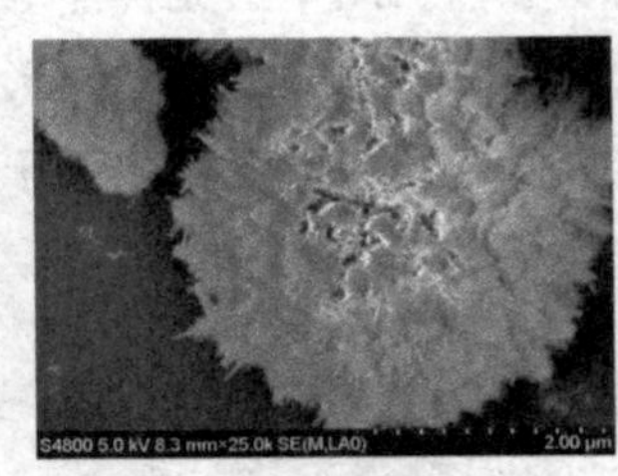

（a）ZnS 纳米棒团聚

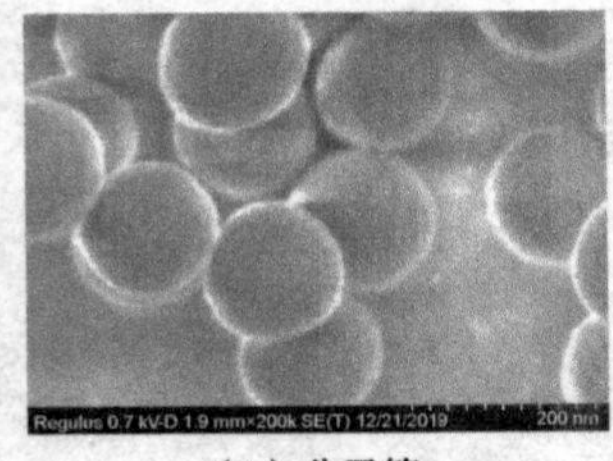

（b）分子筛

（c）介孔 SiO_2

图 3.10　表面被磨平现象

在样品形貌像出现荷电现象之后，提升加速电压，荷电场位置将下沉，荷电现象的形态也会发生变化，且遵循着从异常暗→表面被磨平→异常亮→正常的变化趋势。这个变化趋势会有跳跃式的变动，但不会逆转。

图 3.11 是枝晶 MOF 形貌像在加速电压从 100 V 变化到 600 V 时荷电现象形态的变化。100 V 时形貌像异常暗，200 V 时变为表面被磨平加局部异常亮，300 V 时还存在表面被磨平加局部异常亮的现象，但程度减弱，600 V 时无荷电现象。此时可见在 100 V 时异常变暗和 200 V、300 V 时出现表面被磨平的区域都存在一个凹坑。

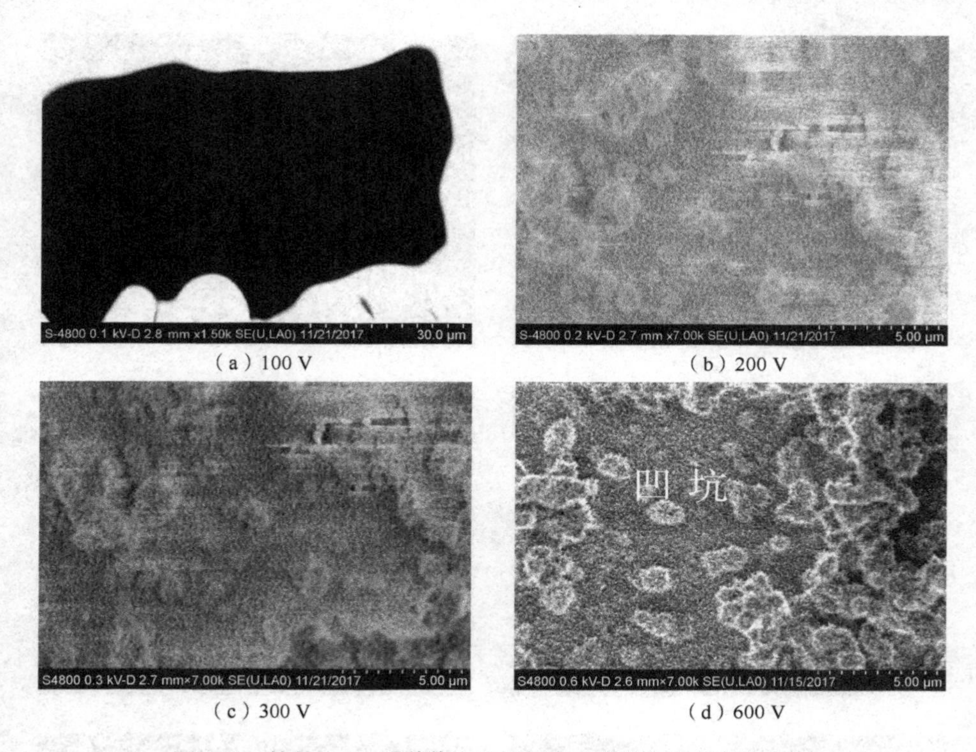

（a）100 V　（b）200 V

（c）300 V　（d）600 V

图 3.11　枝晶 MOF 形貌像在不同加速电压下荷电现象的变化

当样品的表面形貌像从有荷电变为无荷电的状态之后，荷电场所处的位置就无法对信息的溢出产生影响。此时再加大加速电压，荷电场位置将更加深入，更难影响表面电子的溢出，也就无法形成荷电现象。但是，此时表面形貌信息也将由于加速电压过高而被掩盖，图像显得通透，表面细节缺失也很严重。

图 3.12 分别展示了钛白粉团聚体在 600 V、1 kV、1.5 kV、2 kV、3 kV、5 kV 加速电压下观察的结果。600 V 下荷电现象明显，出现了严重的表面被磨平现象，1 kV 下表面被磨平现象减弱，1.5 kV 下荷电现象极其微弱，2 kV、3 kV、5 kV 的加速电压下都见不到样品的荷电现象，但形貌像随着加速电压的提升而逐渐失去细节，在 5 kV 时图像几乎透明，表面细节极差。

综上所述，当高能电子束射入样品中，将会激发样品的各种电子，其中有相当一部分电子会溢出样品表面。溢出样品的电子数总是少于射入样品的电子数，于是在样品中就会存在自由电子。当自由电子在样品的某个部位累积，就会在该部位形成静电场，从而影响该部位电子的溢出量。

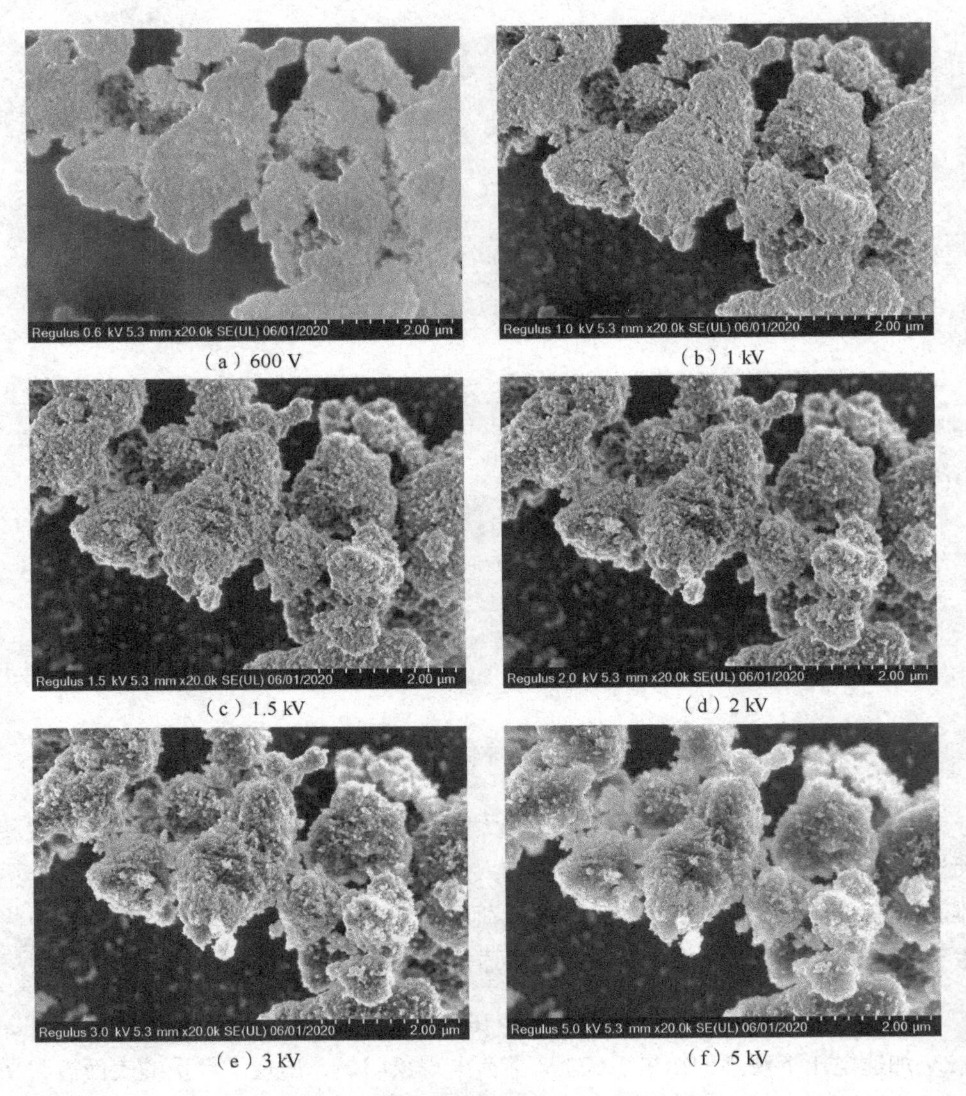

（a）600 V　（b）1 kV

（c）1.5 kV　（d）2 kV

（e）3 kV　（f）5 kV

图 3.12　不同加速电压下钛白粉团聚体形貌

该影响表现为以下 3 种形式：电子的溢出量异常增多，形貌像呈现的是图像的全部或局部异常变亮，并伴随图像形态的改变；电子的溢出量异常减少，形貌像呈现的是图像的全部或局部表面被磨平，并伴随着图像形态的改变；电子的溢出被完全抑制，形貌像呈现的是图像的全部或局部异常变暗，并伴随着图像形态的改变。这些异常现象源自静电场在样品中所处的位置。

当静电场贴近样品表面电子溢出区下方，将把过量的电子推出样品表面，就形成异常亮的现象。较高加速电压下，观察表面略紧实但漏电能力较差的样品或颗粒堆积物，容易出现该现象。

静电场位于样品电子溢出区中间，会抑制部分电子溢出，使其溢出量不足而丢失形貌信息，表现为形貌像表面被磨平。在用较低加速电压观察结构较松散的样品或颗粒堆积物时，容易出现该现象。

静电场如果位于样品表面电子溢出区上方，将抑制电子溢出样品表面，形成异常暗的现象。该现象容易出现在使用极低的加速电压观察漏电能力较差且带有凹陷区的样品。

调整加速电压将使荷电场在样品中移动。一般来说随加速电压的增大，荷电场在样品中的位置将下移，荷电现象将呈现异常暗→表面被磨平→异常亮→没有荷电的变化趋势。经常会看到这种变化趋势有跳跃的情况，但逆向变化则基本看不到。那么，加速电压以及束流强度的改变，究竟是如何影响样品的荷电现象？我们又该如何应对样品的荷电现象？

3.1.3　加速电压和束流强度对样品荷电现象的影响

上一节的探讨使我们认识到，加速电压的改变可以对样品荷电现象产生影响。在实际测试过程中还可以充分体会到，加速电压和束流强度的改变将会对样品荷电现象的表现形式及其强弱都产生重大影响。

加速电压和束流强度对样品荷电现象的影响主要表现在以下两个方面：提升加速电压和束流强度将会增加进入样品的电子总量；提升加速电压可使荷电场在样品中的位置下沉。这些变化是使样品荷电现象的表现形式及其强弱发生改变的原因。其中加速电压的改变对这两方面影响尤为明显。下面将分别探讨加速电压和束流强度的改变究竟会对样品荷电现象产生怎样的影响。

（1）加速电压的改变对样品荷电现象的影响

依据电子显微镜电子枪的亮度公式可知，改变加速电压会改变从电子枪发射出来的电子束的电子能量和发射亮度。增加加速电压将使电子束的发射亮度和电子束中高能电子的能量同步增长。电子束的发射亮度定义为：束流密度 ÷ 立体角。提升发射亮度会增大电子束束流密度，并减小立体角。增大束流密度意味着在相同面积内电子束注入样品的电荷数增加，立体角的减小会使进入样品的电子更为集中。从这点来看，提升加速电压将增加荷电场强度，不利于降低荷电场对测试结果的影响。

但是任何因素的改变对最终结果的影响都遵循着辩证法的规律，存在着与结果相关的正、反两个方面因素的竞争。最终结果如何，取决于各自量变的积累是否使其处于主导地位，即量变到质变。

加速电压的增大从射入样品的电子量这个方面来说，不利于样品荷电场的减弱。但也会带来以下有利于减少荷电场影响的变化：电子能量的提升使电子在样品中的堆积位置下沉，造成样品中荷电场位置下移，达一定深度后会消除对表面电子溢出的影响；荷电场位置下降也有利于形成电荷通道，提高样品表层的漏电能力；提升入射电子能量也会升高背散射电子能量，当探头获取的信息主体为背散射电子时，将利于削弱荷电场对结果的影响。

下面将通过实例来探讨加速电压的改变对荷电现象的正、反两个方面的影响，以及这一改变如何影响最终的测试结果。

- 不同加速电压和样品漏电能力对样品荷电的影响

图 3.13 展示了某特种布料的截面。从照片中可见整块布料分为 3 部分，从上至下依次为薄膜层、油漆层、布纤维。

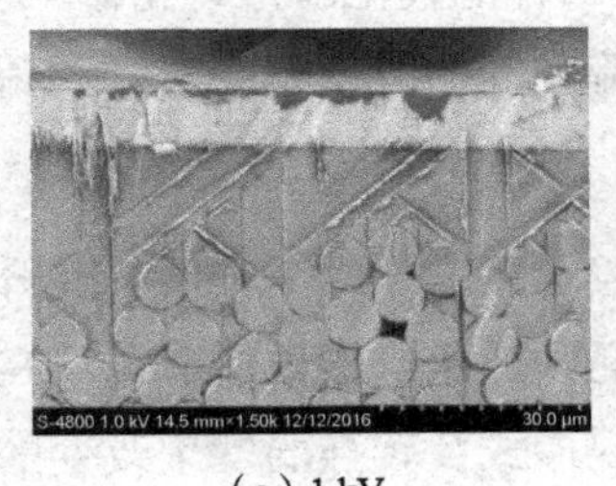

（a）1 kV

（b）2 kV

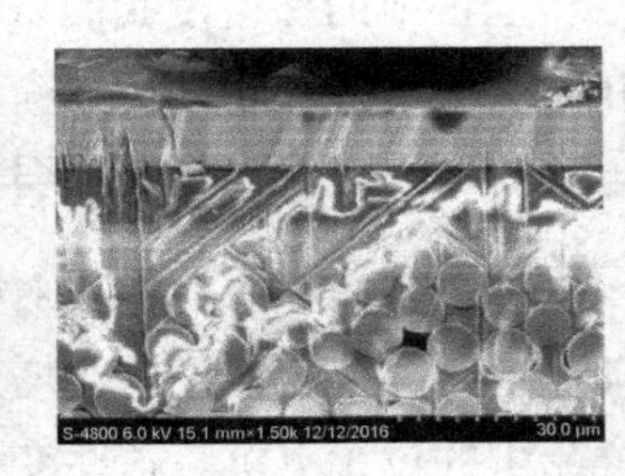

（c）6 kV

图 3.13　不同加速电压下某特种布料截面

使用 1 kV、2 kV、6 kV 加速电压对其进行观察。无论是布纤维、油漆层还是薄膜层相对电子束来说都是无穷厚的，电子束的能量再高也无法击穿。各层材料的漏电能力差别极大。薄膜层是紧密的晶体结构，漏电能力最强，不易形成荷电场。油漆层是密度较大的非晶态固体，其整体漏电能力极差，同时，该材料的特性使荷电场在样品中的位置，难以随加速电压的改变发生移动。布纤维的密度比油漆层略大，漏电能力比油漆层略强，在同等条件下，形成的荷电场强度相对于油漆层来说要小很多。

随着加速电压的提升，布料截面 3 个部分的荷电现象表现为薄膜层始终都不存在荷电现象；油漆层在 1 kV 时无荷电现象，在 2 kV 时荷电现象的强度和范围都明显增加，6 kV 时全部油漆层区域都存在严重的荷电现象；布纤维在 1 kV 时无荷电现象，在 2 kV 时存在轻微的荷电现象，在 6 kV 时荷电现象加重。

从图 3.13 所示的现象可见，荷电现象只出现在漏电能力弱的部位，漏电能力越强荷电现象越轻微。当样品中荷电场位置随加速电压增加而移动不大的时候，荷电现象主要受荷电场强度的控制，加速电压越高，注入样品的电子数就越多，荷电场强度越大，荷电现象越严重。自由电子总会从漏电能力强的部位移动到漏电能力弱的部位，并在漏电能力弱的部位集结形成荷电场。漏电能力的强弱决定着迁移的电子数，影响着荷电场强度，最后表现为漏电能力越弱荷电现象越严重。

- 改变加速电压对样品荷电现象的影响

在进行扫描电镜测试时常常会碰到这样的现象，随着加速电压上升，荷电现象从无荷电到有荷电，再到荷电现象加重，然后荷电现象减轻，最后样品的表面形貌像重新归于无荷电状态。这种变化趋势常常出现在测试样品密度不是太大、样品产生的荷电场的位置容易随加速电压变化而改变的情况下，如图 3.14 所示。

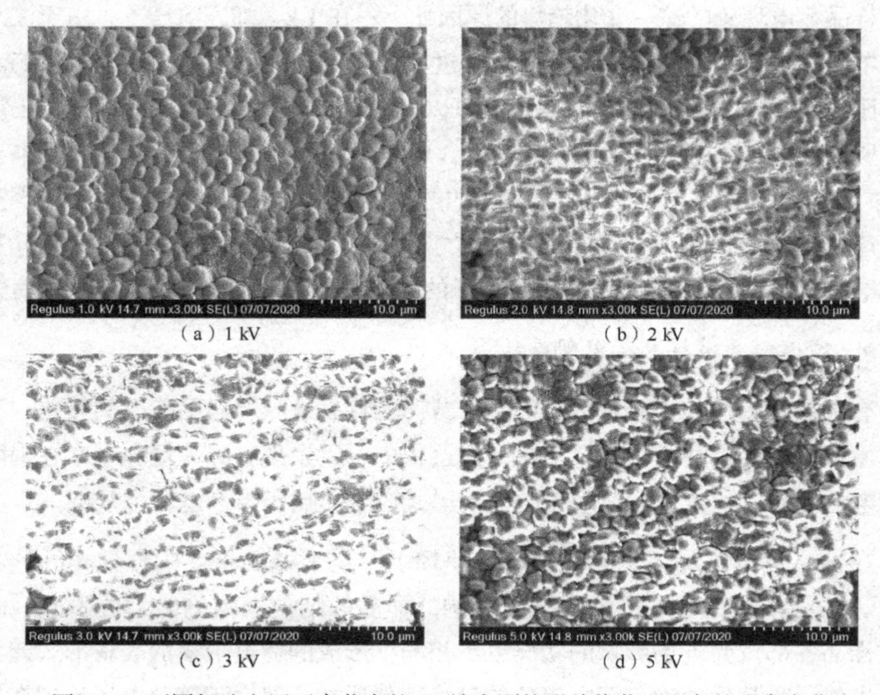

（a）1 kV　（b）2 kV

（c）3 kV　（d）5 kV

图 3.14　不同加速电压下真菌中的 Sb 纳米颗粒形貌像荷电现象的形态变化

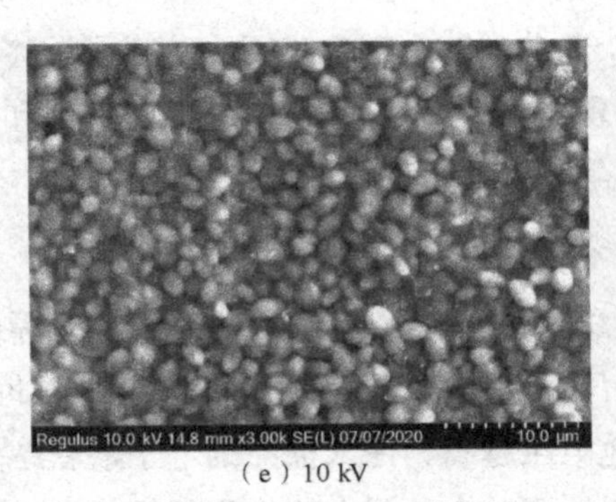

（e）10 kV

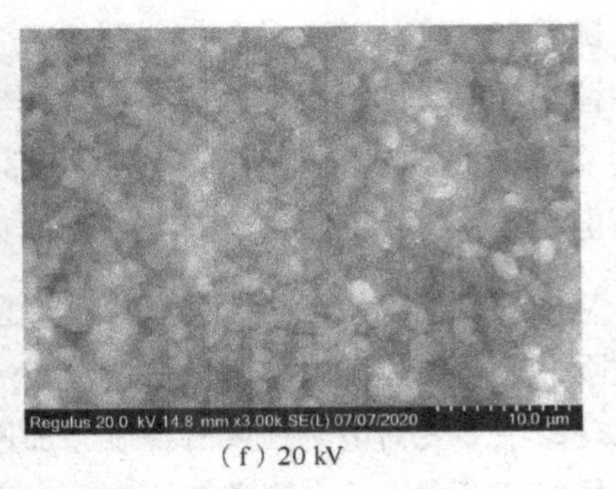

（f）20 kV

图 3.14　不同加速电压下真菌中的 Sb 纳米颗粒形貌像荷电现象的形态变化（续图）

仅考察荷电现象，当加速电压为 1 kV 时，图像无荷电现象；达到 2 kV 时，图像出现异常亮的荷电现象；达到 3 kV 时，图像的荷电现象最严重；达到 5 kV 时，荷电现象开始减弱；达到 10 kV 以后就不再出现荷电现象。

再考察图像的信息呈现，当加速电压为 1 kV 时，真菌表面细节丰富，Sb 颗粒不明显；达到 10 kV 时，真菌表面细节变差，但是图像中明显散布着许多小亮点；达到 20 kV 时，图像整体衬度变差，整体质量也较差。

样品荷电现象的这一变化趋势的原因如下：在 1 kV 加速电压下，由于注入样品的电子数量较少，所形成的荷电场强度不足以对样品电子的溢出产生影响。加速电压达到 2 kV 时，荷电场位置虽然可以影响电子的溢出，但由于荷电场强度不大，所以荷电现象轻微。加速电压达到 3 kV，荷电场的位置严重影响样品电子溢出，同时荷电场强度充足，对溢出样品的电子影响较大，因此荷电现象十分严重。而加速电压达到 5 kV 时，荷电场的位置慢慢脱离影响表面电子溢出的区域，直至加速电压超过 10 kV，荷电场无法对电子的溢出产生影响，荷电现象就再次消失。

- 减速模式对样品荷电现象的影响

有观点认为，在样品台上附加一个减速场将有效减弱样品荷电的影响，至于具体原因则交代得并不明确。实际测试过程中可以发现，减速场并不存在消除样品荷电的效果，但会对荷电现象的表现形式产生影响，结果也较为复杂。

在样品下方施加一个负电场（减速场），这个电场将会耦合到样品的各个部位，并对该部位的电子溢出产生影响。样品的结构及漏电能力的不同，就会导致样品各部位受电场影响的状况也不相同，形成的荷电现象的表现形式差异极大。虽然很难精确地确定荷电现象的最终表现形式，但由于该负电场出现在样品下方，该影响应当是以增加溢出样品表面的电子为主，荷电现象的变化也是以由暗到亮为主。有些原本不存在荷电现象的情况，施加减速场后，荷电场也可能会耦合在样品表面间隙及尖锐区域形成荷电。

图 3.15 展示了介孔材料施加减速场前后形貌像荷电现象表现形式的变化。该样品因晶体结构和块体形态的些微不同，使得不同块体以及块体的不同部位的漏电能力存在差异。在不施加减速场时形貌像表现为异常暗或没有荷电，施加减速场以后形貌像出现了异常亮的荷电现象。当然，不施加减速场存在的异常暗现象，也会因下方的耦合荷电场刚好让电子溢出增多而恢复到正常状态。

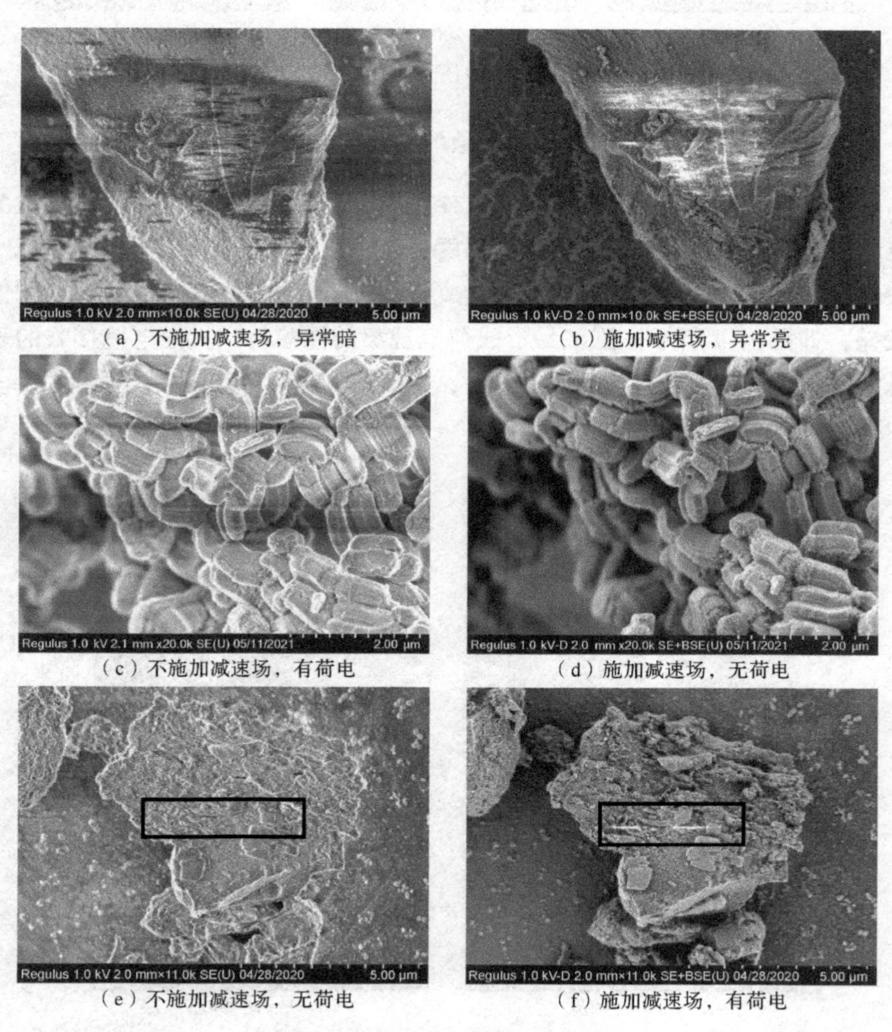

（a）不施加减速场，异常暗　（b）施加减速场，异常亮

（c）不施加减速场，有荷电　（d）施加减速场，无荷电

（e）不施加减速场，无荷电　（f）施加减速场，有荷电

图 3.15　施加减速场前后形貌像荷电现象表现形式的变化

大量扫描电镜测试的实践经验表明，施加减速场以后，加速电压的改变对荷电现象的影响与不施加减速场是基本一致的。图 3.16 使用 100 V、200 V、500 V 加速电压在减速模式（施加减速场）下观察纸张样品，荷电现象从 100 V 时的轻微，到 200 V 时的严重，再到 500 V 时重新变轻微且变为异常亮。

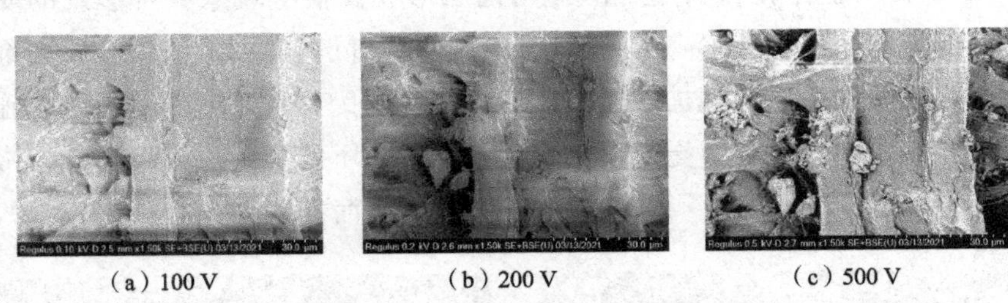

（a）100 V　（b）200 V　（c）500 V

图 3.16　施加减速场后改变加速电压形貌像上荷电现象表现形式的变化

（2）改变束流强度对样品荷电现象的影响

降低束流强度将会减少电子束注入样品的电子数量，其他条件相同的情况下荷电现象必然是减弱的。但降低束流强度也会使溢出样品表面的电子总量减少。探头获取样品的表面信息不足，将会造成样品表面形貌像的信噪比下降，图像质量变差，如图 3.17 所示。测试易形成荷电现象的样品时，扫描电镜接收的表面信息大都不充足。因此，除非万不得已，一般都不会使用降低束流强度的手段来减少荷电现象的影响。

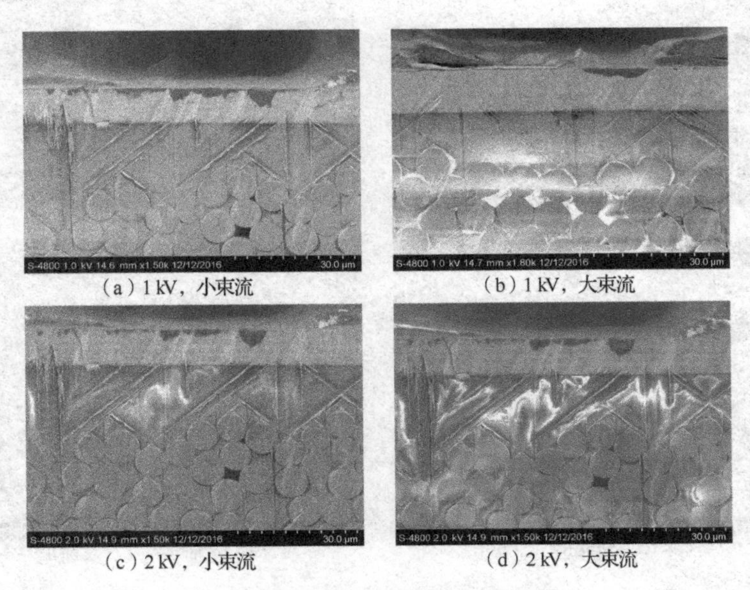

（a）1 kV，小束流　（b）1 kV，大束流

（c）2 kV，小束流　（d）2 kV，大束流

图 3.17　改变束流强度对样品形貌像的影响

3.1.4　如何应对样品的荷电现象

不同形态和特性的样品在不同加速电压下，荷电现象的成因及形成荷电场的位置和强度都不相同。不同能量的电子（SE/BSE），受荷电场影响的程度也不同。在扫描电镜的测试过程中，要克服样品荷电现象对测试结果的影响。正是以这些不同为出发点，来选择合适的测试条件。

减少样品荷电现象的影响，可以按照以下思路逐步尝试。

第一步，在保证样品信息不受影响的情况下，尽量选择样品中漏电能力强的部位进行测试，同时，依据需要观察的形貌信息，选择合适的测试条件，适当提升探头所获取的样品表面形貌信息中背散射电子的含量。

第二步，若使用上述方法无效，应尽量选择形成荷电场强度小的测试条件，并使用削弱样品表面荷电场强度的样品处理方式。例如，调整并找出合适的加速电压和束流强度，将拍照时的扫描速度加快，用漏电能力强的材料来引导电荷。

第三步，若上述方法仍无效，可选择给样品涂覆漏电能力强的物质（蒸镀金属）来降低荷电场的影响。该方法容易形成细节假象，实际操作中要把握住蒸镀的量。

第四步，任何单一的解决方案往往都存在一定问题，大部分情况下要将几种方案组合在一起使用，同时将各自方案中的负面效果控制在对结果影响尽可能小的范围内，才能获得最佳的测试效果。

以上应对样品荷电现象的思路只是一个建议。实际操作可不完全按上述步骤，既可单独运用某一步，也可以组合起来运用。因时而变、因势而取，只要适合，那就是好的方法。消除样品荷电现象影响的最高目标是充分克服样品的荷电影响，充分削弱样品表面形貌假象的形成，充分获得样品的高质量表面形貌像。

（1）选择受荷电影响小的样品结构和部位

小颗粒以及具备连续、紧密结构的样品，其漏电能力一般都很强。在连续、紧密的结构中很难形成荷电场，或形成的荷电场强度一般都不大，无须进行特殊处理即可直接观察。样品结构或观察部位的选择可分以下几种情况讨论。

① 纳米颗粒

直径为几百纳米的小颗粒表面能很高、吸附力大，且颗粒越小吸附力越大，不用过多考虑样品固定的问题，在这种情况下，样品的充分分散是关键。任何本身漏电能力强的样品，其松散的堆积体都容易形成荷电现象，如图 3.18 所示。建议通过超声处理将样品分散在溶剂中，滴在硅片上烘干。使用硅片的原因如下：第一，硅是半导体，导电性虽不好，但本身是结构紧密的晶体，浅表层电子迁移效果好，漏电能力强，不易形成荷电现象；第二，硅片本身激发的电子信息极弱，抛光好的硅片表面平整，不会形成背底信息；第三，硅片硬度大，有利于样品以直立的形态附着在其表面，获取的样品表面形貌像立体感强。

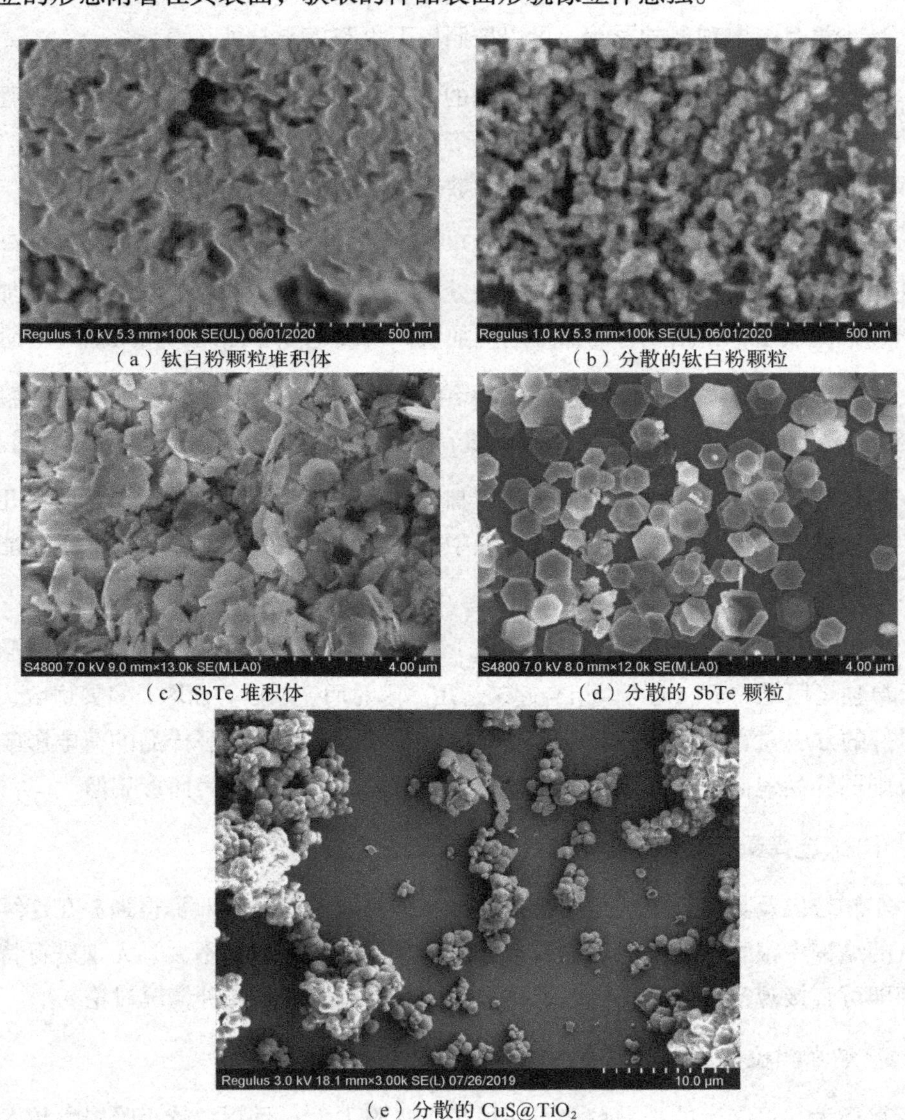

（a）钛白粉颗粒堆积体 （b）分散的钛白粉颗粒

（c）SbTe 堆积体 （d）分散的 SbTe 颗粒

（e）分散的 $CuS@TiO_2$

图 3.18 纳米颗粒样品分散性对荷电现象的影响

② 连续、紧密的晶体结构

具有连续、紧密的晶体结构的样品，其浅表层的漏电能力较强，自由电子在样品上的迁移也十分容易，这类样品只要做到充分接地，样品浅表层累积的电荷就很少，不存在荷电现象或荷电现象极其轻微，如图 3.19 所示。

（a）ZnO　（b）SiO_2+CuSO_4　（c）Fe_3O_4

（d）KIT-6　（e）普鲁士蓝　（f）介孔SiO_2

图 3.19　导电性差异较大的各种晶体材料的高倍率形貌像

③ 高倍率下避开漏电能力差的部位进行观察

如图 3.20 所示，在低倍率下观察的区域含凹陷，这降低了样品表面整体的漏电能力，出现荷电现象。在高倍率下观察的区域避开凹陷，只观察图 3.20（a）中黑框里漏电能力强的部位，荷电现象消失。

（a）15 万倍

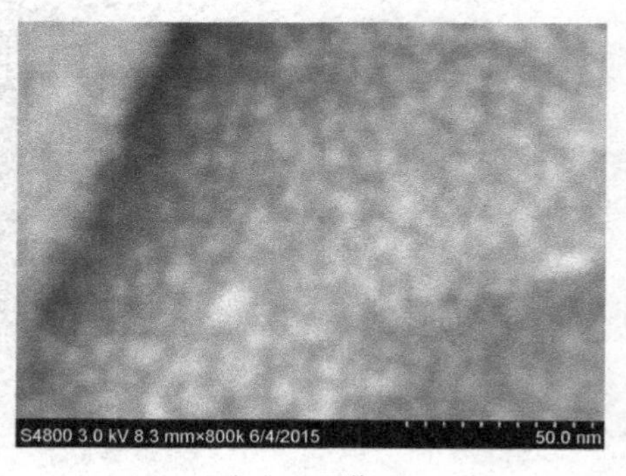

（b）80 万倍

图 3.20　附着在 $CuSO_4$ 晶体上的 Ag 量子点

④ 低倍率下观察整体形貌

如图 3.21 所示，低倍率下，电子束扫描范围大，单位面积上的电子注入量少。电子束扫描步径大，会越过易形成荷电场的区域，因此低倍率下无荷电现象。高倍率下，电子束聚集在易形成荷电场的区域扫描，当荷电场强度和位置满足条件时，荷电现象就会十分严重。

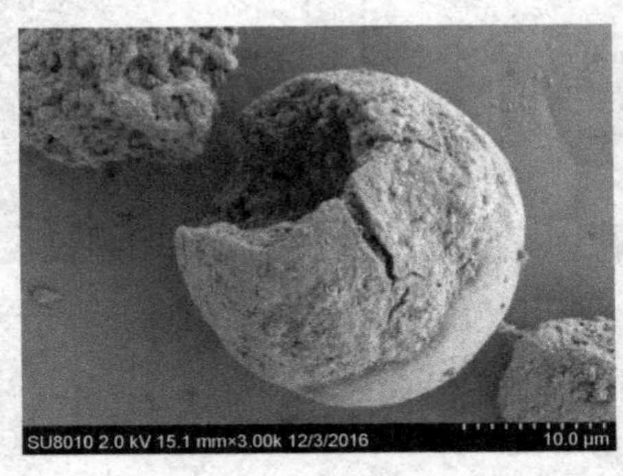

（a）3000 倍

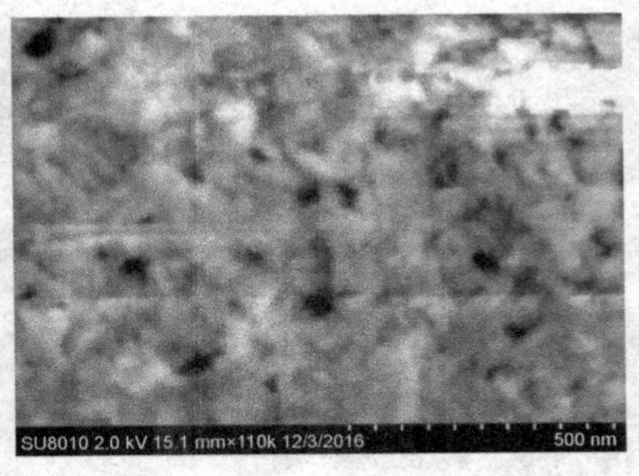

（b）11 万倍

图 3.21　$CaCO_3$+ 有机混合物形貌

⑤ 选择样品漏电能力强的部位

样品不同部位的漏电能力有很大差异时，荷电将只出现在漏电能力差的部位。测试时只需避开这些部位，结果就不会受到荷电影响，如图 3.22 所示。

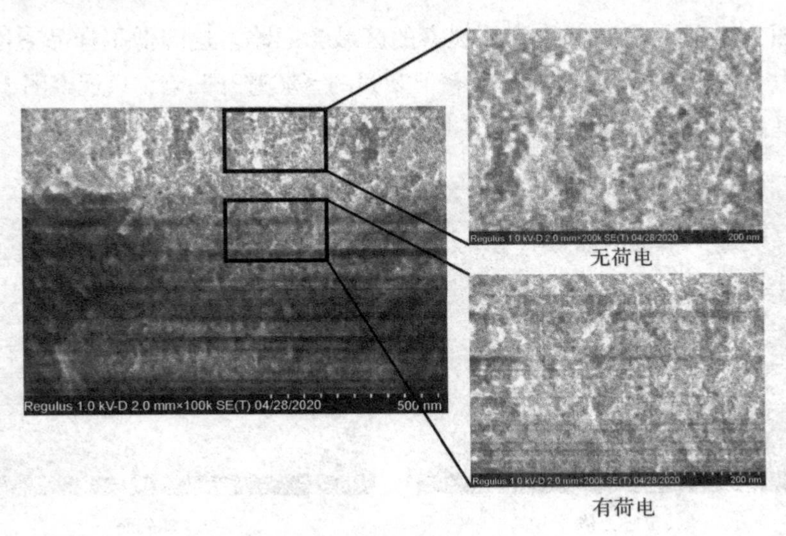

图 3.22　KIT-6 样品形貌

样品不同部位漏电能力的差异来自两个方面原因：材料本身性能上的差异或颗粒堆积体堆积形态的差异。堆积体样品的凹陷部位容易积累电子，该区域的漏电能力差，故该处极易形成荷电现象，如图 3.23 所示。易形成荷电现象的部位，在测试时需要加以规避。

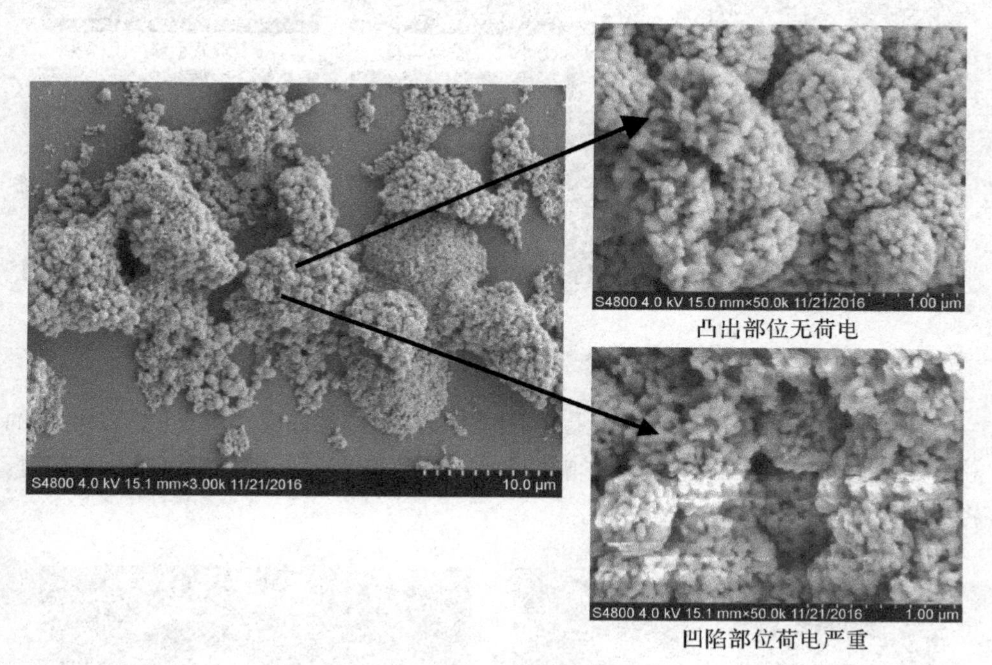

图 3.23　$Cr_2(MoO_4)_3$ 纳米颗粒形貌

（2）选择受荷电影响小的电子信息

背散射电子能量比较大，溢出量不容易受到样品荷电场的影响。遇到样品有荷电时，选择用较多的背散射电子作为成像的电子信息，往往可以解决大部分荷电现象的影响。样品仓探头（下探头）接收的电子信息中背散射电子含量较多，使用该探头成像，可应对大部分的样品荷电现象。适当提升加速电压，增加背散射电子的能量，也是进一步减少荷电现象影响的有力方式。

图 3.24 通过实例分别加以展示及探讨。图 3.24（a）、（b）、（c）分别对应了下探头、混合模式和上探头，从形貌像中可以看出，随着获取二次电子含量的增多，形貌像的荷电现象加重。图 3.24（d）、（e）、（f）为使用下探头获得的形貌像，接收的信息以背散射电子为主，随着加速电压的增加，形貌像上的荷电现象减弱。

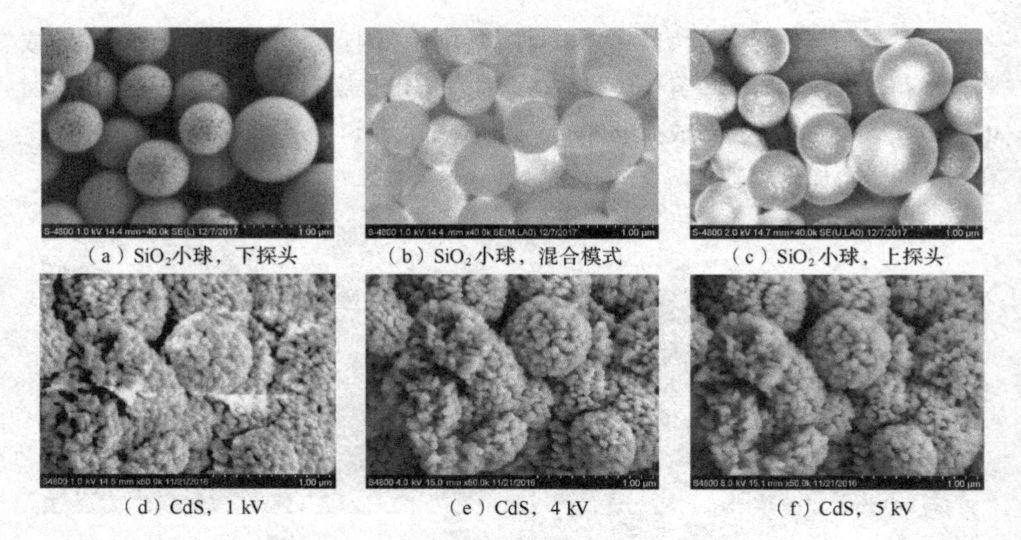

（a）SiO_2小球，下探头　（b）SiO_2小球，混合模式　（c）SiO_2小球，上探头

（d）CdS，1 kV　（e）CdS，4 kV　（f）CdS，5 kV

图 3.24　探头和加速电压对荷电现象的影响

适当改变工作距离，可调整上、下探头接收到的样品电子信息中二次电子的总含量，起到削弱样品荷电现象影响的效果，如图 3.25 所示，使用混合模式观察时，将工作距离增大，荷电现象消失。

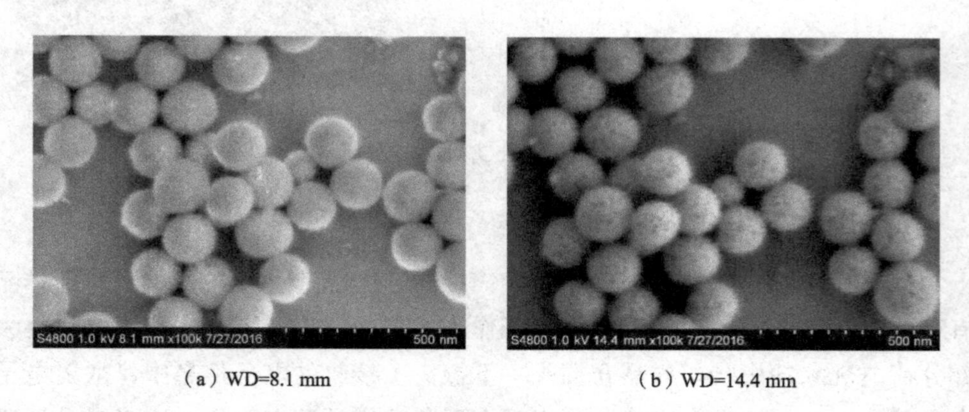

（a）WD=8.1 mm　（b）WD=14.4 mm

图 3.25　混合模式下工作距离对荷电现象的影响

单纯选择下探头进行观察，在工作距离由大到小变化时，因探头的接收角变差，会使下探头接收到的电子信息减少，其中二次电子减少得更多，荷电现象将会随着工作距离的减小而减弱。但是图像质量却因下探头接收到的电子总量的减少而下降得极为明显，如图 3.26 所示。

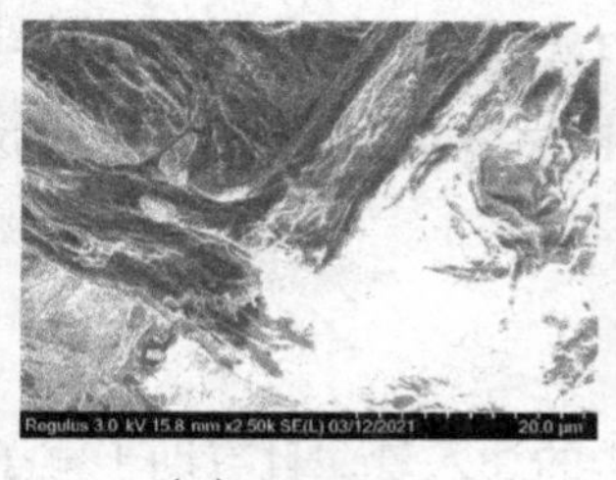

（a）WD=15.8 mm

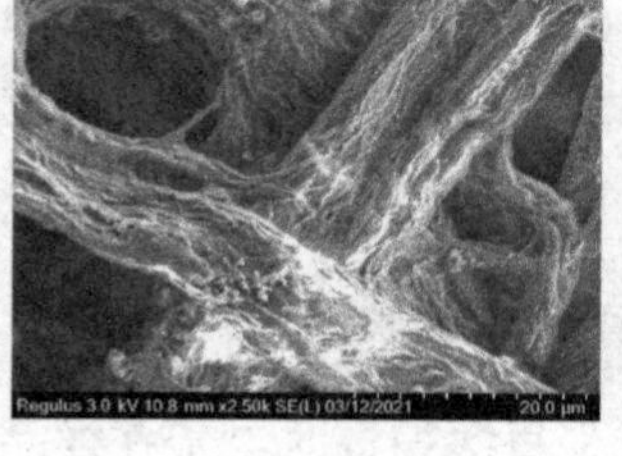

（b）WD=10.8 mm

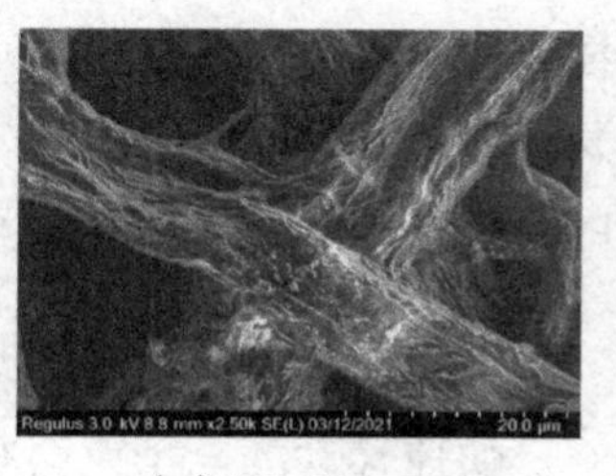

（c）WD=8.8 mm

图 3.26　下探头模式下工作距离对荷电现象的影响

不同角度接收的二次电子对图像荷电现象有不同的影响。样品表面二次电子的溢出分布并不均匀（参见 2.1 节），与表面夹角大的高角度二次电子，溢出方向与荷电场法线方向基本重合，比低角度二次电子更容易受荷电场的影响。因此探头接收的高角度二次电子越多，荷电现象对形貌像的影响就越大。图 3.27 展示了 KIT-6 样品使用不同探头获得的形貌像的对比。使用上探头时，接收的低角度电子信息较多，图像不受荷电影响；使用顶探头时，接收的高角度二次电子多，图像受荷电影响大。

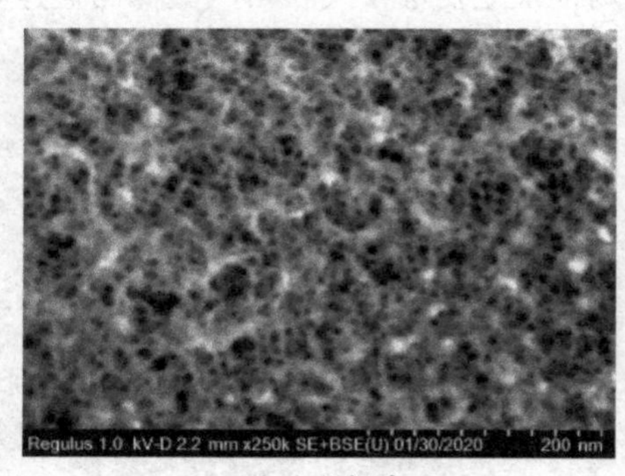

（a）上探头

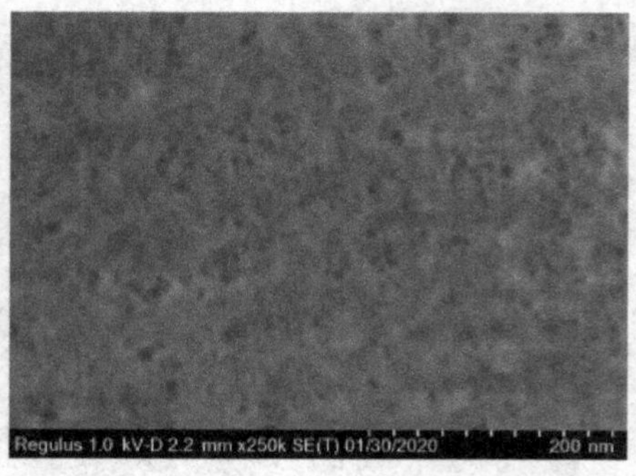

（b）顶探头

图 3.27　KIT-6 样品形貌像对比

以上事例说明，充分利用样品本身的漏电能力以及选用受荷电影响小的电子（背散射电子、低角度电子）都对减小样品荷电现象对测试结果的影响有一定效果。但如果使用以上方式都无法消除荷电现象对测试结果的影响，那又该如何处理?

（3）选择抑制荷电场强度的测试条件和方案

除了加速电压与束流强度对样品荷电场的形成有直接影响之外，电子束的扫描速度对样品中荷电场的形成也会产生较大影响。用快速扫描模式成像，对削弱样品荷电现象的影响也同样效果显著，只是成像质量较差。各电镜厂家对快速扫描模式叫法不一，日立公司的电镜提供了 CSS 模式和 TV 模式。此外，还可利用漏电能力强的材料将样品表面电荷引导到地面，或在样品表面蒸镀金属（Au 或 Pt）来减弱甚至消除荷电场的存在。

- 使用电子束快速扫描模式获取图像

快速移动的电子束会减少每次扫描时电子在样品中的注入量，且有助于电子在样品浅表层迁移，这将使样品中的荷电场强度大大减弱。以快速扫描模式来获取样品表面形貌像，对降低荷电现象的影响十分有效。日立冷场发射扫描电镜的快速扫描模式有两种：CSS 模式和 TV 模式。

CSS 模式是进行快速、多次的线扫，然后取几次线扫的平均值作为图像每条线上的衬度信息。整幅形貌像是由以线扫方式所获取的样品表面形貌的各种衬度信息所组成的。

TV 模式是以更快速的面扫描方式获取样品的表面形貌像，将十几或几十幅图片叠加在一起形成最终的表面形貌像。两种快速扫描模式获得的图像与慢速扫描模式获得的图像的对比如图 3.28 所示。

（a）KIT-6，SLOW模式　（b）KIT-6，CSS模式

（c）$CaCO_3$晶体，SLOW模式　（d）$CaCO_3$晶体，TV模式

图 3.28　快速扫描模式与慢速扫描模式成像效果的对比

以电子束快速扫描模式获取样品信息，在减弱样品中荷电场强度的同时也大大削弱了样品电子的溢出量，造成图像质量下降。电子束移动速度越快，图像质量越差，TV 模式获得图像的质量最差。图像漂移是使用快速扫描模式所需面对的最大问题。漂移越严重，清晰度就越差，严重的漂移会引起图像变形。虽然有些厂家提供了图像漂移校正软件，但其处理能力都有限，校正后图像的质量与慢速扫描模式所获取图像的质量有差距。要解决图像漂移问题，首先要固定好样品，涂抹导电胶时要覆盖样品的部分表面。在样品可承受的温度下进行干燥，或测试前用低剂量电子束照射都是有效的。

- *用漏电能力强的材料去引导样品表面的电荷*

无论是哪种表现形式的样品荷电现象，其荷电场的位置都是处于浅表层。即便是异常亮，荷电场的位置最多也只有几十纳米深，否则将因位置过深而无法对电子溢出产生影响。此时如果样品的连续性较好，那么，在样品表面贴上漏电能力强的材料（碳胶带或银胶），如图 3.29 所示，则碳胶带周边样品的表面电荷将会通过碳胶带迁移走，使样品表面的荷电场强度降低。

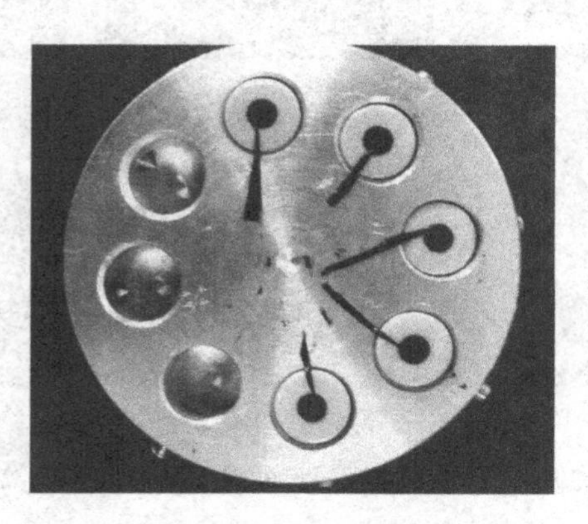

图 3.29　电极样品处理方法（使用碳胶带）

- *在样品表面蒸镀漏电能力强的物质*

给样品表面蒸镀金属，常使用 Au 或 Pt，让漏电能力强的金属膜与电子束接触，既可提高样品表面的漏电能力，减少荷电场对测试结果的影响，还能提升样品表面电子的溢出量，改善表面形貌像的质量。不过，这种方式也会带来负面影响，就是金属膜一定程度上会掩盖和改变表面形貌细节。

既要保证获取优质的表面形貌像，又不能对表面形态造成结构性的改变，把握好蒸镀金属的量就极为关键。多次、多角度地微量蒸镀，是获取最佳蒸镀效果的有效方法。使用这种方法，既可以减少蒸镀的死角，同时也容易掌控蒸镀的量。

图 3.30 是 $FePO_4$ 粉体经过 10 ～ 120 s 的蒸镀后获得形貌像的对比，从图中可以看出，不经过蒸镀，图像质量较差，信号弱且清晰度差，有比较弱的荷电现象。经过 10 s 蒸镀，形貌像无荷电现象，图像质量略有提高，样品表面隐约出现了额外的小颗粒物。经过 20 s 蒸镀，图像质量和清晰度更佳，但颗粒物的形貌也更加明显。经过 40 ～ 60 s 蒸镀，图像清晰度更好，但样品表面颗粒物随蒸镀时间的增加变粗变大，经过 120 s 蒸镀的样品，整体变形严重，已经看不出原始形态。

（a）0 s （b）10 s （c）20 s

（d）40 s （e）60 s （f）120 s

图 3.30 $FePO_4$ 粉体经过不同时间蒸镀的形貌像对比

3.1.5 总结

样品的荷电现象源于电子束轰击样品时，注入样品的电子数和溢出样品表面的电子数之间存在差异。溢出样品表面的各种电子总数只是电子束激发的样品电子中极少的一部分，故注入的电子数一定会多于溢出样品表面的电子数，多出来的电子就在样品中形成自由电子。

如果样品的形态是直径较小的颗粒（粒径在几百纳米或更小）或者是连续、紧密的结构，样品本身浅表层的漏电能力较强，自由电子在这些区域中的迁移十分容易。样品接地良好，则多余的电子就会从样品浅表层迁移走。

如果样品的形态是很大的颗粒（微米级）且结构断续、松散或是小颗粒的松散堆积体，则样品的漏电能力较差，自由电子会在样品中积累。这些积累的电子将在样品中形成静电场，从而影响样品中各种电子的正常溢出，使样品表面形貌像出现异常暗、异常亮或者表面被磨平这 3 种形式的荷电现象。静电场是由电子积累而形成，故形成的只可能是负电场，被称为荷电场。

二次电子能量较弱，形成的形貌像最容易受荷电场影响而出现荷电现象。背散射电子能量较大，溢出量不易受荷电场影响，形成的图像很少出现荷电现象，且加速电压越大，图像出现荷电现象的概率越低。当荷电场在样品电子溢出区的下部形成时，荷电场会将位于其上方的电子大量推出，使荷电场及周边电子的溢出得到大幅加强，形貌像出现异常亮的现象。该现象往往在使用较高加速电压观察密度较大但漏电能力较差的样品及颗粒堆积体时出现。荷电场位于样品电子溢出区的上沿，将使样品电子的溢出受到荷电场的抑制，无法从样品表面正常溢出，形成异常暗的现象。该现象容易在使用低加速电压观察结构松散的样品及颗粒堆积物的情况中出现。如果观察的样品表面存在凹陷，则更容易出现该现象。荷电场位于信号溢出区中，会使溢出样品的电子异常减少而影响细节的分辨，出现样品表面被磨平的现象。该现象容易在使用较低加速电压观察松散的样品及颗粒堆积物时出现。增加加速电压会使样品中的荷电场位置下降。在样品出现荷电现象之后，随着加速电压的提升，荷电现象的表现形式也会发生改变，其变化趋势为异常暗→表面被磨平→异常亮→无荷电现象。实际测试过程中，某些过程可能会被跳过，但总的趋势不会逆转。

应对样品荷电影响的方式有很多，各种应对方式所适合的样品类型也各不相同。但充分分散样品，并使样品充分接地极其关键。它能消除很多因样品堆积而产生的附加荷电场。在保证图像清晰的基础上，选择受荷电影响小的电子（背散射电子、低角度二次电子等），以及形成荷电场小的加速电压和束流强度作为测试条件，使用快速扫描模式（CSS/TV 模式）来获取表面形貌像，利用漏电能力强的材料将电荷引导走，这些都是削弱样品荷电现象的有效方法。

如果以上方法都不奏效，在样品表面形成漏电层（蒸镀金属）将成为很关键的方法。蒸镀金属应当遵循多次、多角度、微量蒸镀的原则，保证金属薄膜均匀、适量。最佳的效果是既消除荷电影响，又提升图像质量，还对原有的图像细节影响微小。

在实际操作过程中往往会发现，单一的应对样品荷电的方法并不能带来完美的结果，表现为荷电不能被完全消除，图像质量受到影响。复合使用几种消除荷电的方法，将使用单一方法所带来的负面效应降到最低，常常能带来更好的效果，是应对样品荷电最有效的手段。

3.2 样品热损伤的成因及应对方法

在进行扫描电镜测试时，最让测试者感到头痛的还有电子束对样品的热损伤。因为一旦产生热损伤，那么样品的表面形貌将被彻底破坏。热损伤和荷电现象都会带来形貌像的变形，因此很多人（包括不少专业人士）都将样品的荷电作为形成样品热损伤的原因之一。其实这是个误解，样品荷电现象虽然会改变形貌像，但是它不会破坏样品，在改变测试条件消除荷电影响之后，还是可以得到完整的形貌像。但是热损伤就大相径庭了，一旦发生热损伤，则该样品表面的细节将不复存在，此后无论采取何种方式都无法恢复这些细节。

典型的热损伤形态如图 3.31（a）所示，当发现图像中某处的形态与周边不一致，该部位的细节有明显收缩变粗的迹象，说明样品发生了热损伤。

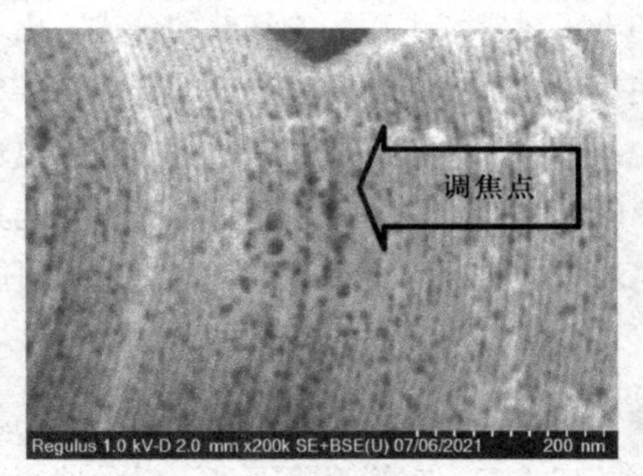

（a）发生热损伤

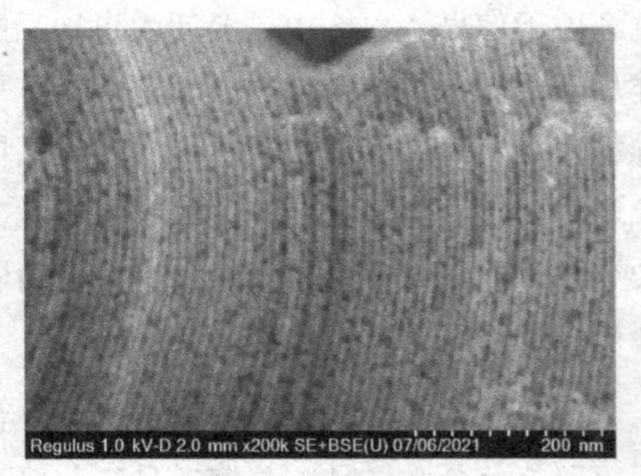

（b）未发生热损伤

图 3.31　未发生热损伤与发生热损伤样品形貌对比

样品热损伤是如何形成的？哪些样品容易形成热损伤？又有哪些因素是造成样品热损伤的关键因素？该采取何种方法来减轻或消除电子束对样品的热损伤，获得相对完整的样品信息？

3.2.1 样品热损伤的成因

当高能电子束轰击样品时，将与样品原子之间进行能量交换，产生非弹性散射。但是在交换的能量中只有很少的一部分用于激发样品的电子信息，如二次电子、光电子等，大部分能量都将转换成热能而驻留在样品中，从而促使样品局部温度上升。当样品的局部温度超越样品的耐受度，就会破坏该处细节，也就是形成了热损伤。

高能电子束轰击样品形成的局部温度上升究竟能达到多高的温度呢？目前，业界多以赖默尔（Reimer）提出的计算公式[1]来计算升温。

$$\Delta T=\frac{1.5\times V_0 I}{\pi\lambda R}$$

式中，升温 ΔT 的单位为 K，V_0 为加速电压（kV），I 为探针电流（mA），λ 为热导率（$W\cdot m^{-1}\cdot K^{-1}$），$R$ 为电子在固体中的扩散半径（m）。

公式中的加速电压、束流强度是造成样品升温的主要外部因素。而样品本身的热导率是造成温度上升的主要内部因素。一般观点都认为，容易形成荷电的样品，其漏电性（普遍被称为导电性，但笔者认为导电性的定义不准确）都较差。漏电性较差的部位，其导热性也较差，因此该部位更容易形成热损伤。但是温度的升高与形成热损伤并不完全成正相关性，还与该处的耐热性有关。如果该处的导热性差，但其耐热性好，也一样很难形成热损伤，所以容易产生荷电的样品，即便其导热性较差，也不一定会比不易产生荷电的样品形成热损伤的概率大。

形成样品局部升温的外部因素，如加速电压、束流强度，被认为是在测试时调节样品受热损伤影响程度的主要着力点。依据赖默尔提出的升温公式，加速电压及束流强度越大，其他条件相同的情况下区域升温也就越高，对样品的热损伤就越严重，但会受到电子扩散范围增大等因素的制约，最终结果取决于正、负因素竞争后引起质变的主导者。这也是选择扫描电镜测试条件的关键因素，在 4.2 节还会进行详细探讨。

不同类型的电子枪，由于结构设计的差异，在同样加速电压下对电子束加速的最终电场偏压值存在一定的差异，造成电子束的电子能量出现些微不同，使其在同等条件下对样品造成的热损伤也存在差别。冷场发射电子枪在电子加速的路径上没有附加电场，因此最终形成电子束的电子能量相对于其他类型的电子枪会

[1]　REIMER L. Scanning Electron Microscopy: Physics of Image Formation and Microanalysis[M]. Second Edition. Berlin: Springer, 1998: 117-119.

略低一些，所以对样品的热损伤在同等条件下也会更轻微一些。

随着时间的推移，热发射电子枪市场占有率在逐步减小，且其常规的测试条件和目前占据主流地位的场发射电子枪不在一个水平线上，所以不具备对比的意义。下面将只针对热场发射电子枪和冷场发射电子枪结构进行探讨。

从图 1.10 给出的热场发射和冷场发射电子枪的结构简图可见，加速电压都以开路电压的形式作为基准的负偏压加载在阴极（灯丝）上，保证阳极为零电位，这一点热场发射和冷场发射电子枪都是一致的。但是热场发射电子枪在第一阳极和阴极之间加了一个栅极保护极，以屏蔽热电子，该电极上加载的负偏压是叠加在阴极偏压之上的，故栅极偏压比阴极偏压更低。因此第一阳极在拔出电子时给电子的加速就应该以更大的负偏压来计算，也就是整个电场的偏压值会有所增加，从而使电子束中电子能量会略大一些。

电场的叠加作用并不是简单的一加一，所以电子束中电子能量的差别也不能使用简单的加减法来进行计算。热场发射和冷场发射电子枪发出的电子束中电子的能量差值在加速电压较高时，相对较小。但随加速电压值的降低，该差值在电子整体能量中的占比就会增大。加速电压为 100 V 时，就不得不考虑该差值的影响。冷、热场发射扫描电镜获取的照片也会呈现出信息深度上的差异。从采用原子力显微镜观察电池湿法隔膜的图 3.32 可见，使用非接触模式，可看到湿法隔膜结构为骨节状骨架，表面有一层非常薄的薄膜，估计只有几纳米厚；使用接触模式，隔膜内部信息增多，内部的骨架信息更清晰。

（a）非接触模式

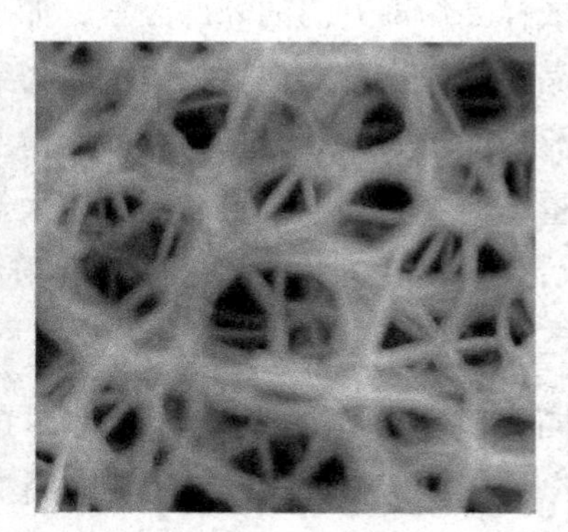

（b）接触模式

图 3.32　湿法隔膜的原子力显微镜形貌

采用扫描电镜在极低的加速电压（100 V）下来观察湿法隔膜可见如下结果。

如图 3.33 所示，使用冷场发射扫描电镜观察，图像骨节状形貌不清晰，明显感觉有膜状物的包裹。使用热场发射扫描电镜观察，骨节状的结构清晰可见，表层薄膜信息被抑制，图像中几乎看不见膜层的任何信息。

（a）冷场发射扫描电镜

（b）热场发射扫描电镜

图 3.33　不同扫描电镜观察湿法隔膜形貌的对比（100 V）

上述两图的对比充分呈现出，在加速电压相同时，热场发射扫描电镜观察到的信息会更深一些，这说明在同样的加速电压下，热场发射扫描电镜电子束的能量大于冷场发射扫描电镜。但是这个能量差值在加速电压较高时，相对较小，图像差异也就不明显了。当加速电压升到 500 V 的时候，电子束中电子能量差值的比例相比 100 V 时要低很多，冷、热场发射扫描电镜呈现的图像信息几乎一致，如图 3.34 所示。

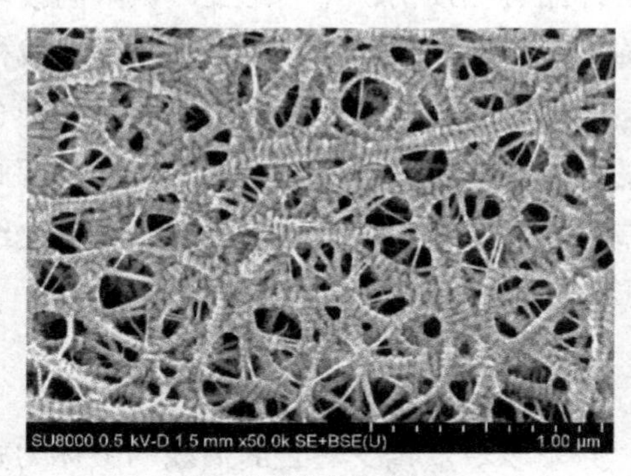

（a）冷场发射扫描电镜

（b）热场发射扫描电镜

图 3.34　不同扫描电镜观察湿法隔膜形貌的对比（500 V）

正是电子束能量存在些微的差距，使冷场发射扫描电镜在相同条件下，对样品的热损伤会更轻微一些，参见图 1.11 和图 1.12。增大束流对样品的热损伤会加大，但是该影响会受到束斑尺寸的制约。依据升温公式，可将束流强度的影响等效为束流密度对升温的影响。束流密度即单位面积的束流强度，依据亮度公式，同等条件下，冷场发射扫描电镜的束流密度要高于热场发射扫描电镜的束流密度，但是以上的事例反映的结果却与此相反。因此笔者认为电子能量的大小，对热损伤的影响更为关键。这也正是目前电镜都在提升低加速电压下的测试能力的缘由之一。电子束在样品上扫描区域的面积越小，电子束的能量转换也就越集中，形成的热量密度也越大，相对来说对样品热损伤也会增强。这就是倍率越高，样品越容易受电子束热损伤的主要原因。

3.2.2 如何应对样品热损伤

赖默尔提出的升温公式告诉我们，引起样品表面升温的因素来自两个方面：内因是样品自身的导热性，而外因在于加速电压、束流强度的大小。这些因素正是应对电子束对样品热损伤的切入点。

选择热导率更高的样品，降低加速电压和束流强度，增加束斑尺寸及束斑离散度，都会减轻电子束对样品的热损伤程度。但这些改变都会对扫描电镜的测试结果带来负面影响，因此对“度”的掌控，寻找最合理的测试条件以及样品的处理方式，是应对电子束对样品热损伤的最佳选择。

电子显微镜冷冻操作技术的发展，为应对样品的热损伤开拓了更广的领域。显而易见，降低样品温度会减少电子束对样品的热损伤，特别是在液氮降温技术被成熟运用之后，效果极为明显。但冷冻技术的操作较复杂，成本高，会造成样品仓的污染，影响仪器的分辨力，目前运用并不广泛。通过对电镜测试条件的合理选择以及样品的老化处理，在常温下的解决方案还是当下最重要的选择，因此下面仅探讨常温下的热损伤解决方案。在探讨这一综合解决方案之前，将首先给出前文所述的各种单一解决方案的具体操作方法。

（1）应对样品热损伤的内部因素

改善样品性能应对电子束的热损伤，必须以尽量减少对表面形貌的破坏为先决条件。对样品性能进行改善的实际操作方式，依据实践经验可总结为进行合理的样品老化，以增加样品对热损伤的耐受力，或适度地蒸镀金属以提升样品表面的导热性。而使用导电胶对样品进行充分的固定是以上操作的先决条件，需要强调的是导电胶要涂至样品表面。

在样品可耐受的温度范围内，对样品整体进行加热老化，一般需几小时甚至更长时间，来尽可能去除样品表面附着的挥发物。如需要，可将样品在电镜中使用低剂量的电子束（较低的加速电压和束流强度），在低倍率下轰击直至样品形貌稳定。这期间要监控样品在电子束的轰击下是否会出现形貌的变化，如果出现形貌的改变则必须将电子源能量进一步降低。如果样品老化效果不明显，则可以使用蒸镀金属的方式改善样品表面的导热能力，从而减少电子束对样品的破坏。样品表面蒸镀金属须考虑并排除以下几种影响样品形貌的情况：蒸镀时对样品的热损伤；蒸镀量对样品表面形貌的覆盖；镀层的均匀性，保证在蒸镀少量金属的状况下，有更好的导热性。

蒸镀金属时，要排除以上 3 种情况，控制好单次蒸镀的电流和时间极为关键，个人认为单次蒸镀时间最好不要超过 20 s。低剂量、多次、短时间蒸镀是蒸镀金属的最佳方式。具体蒸镀量可通过实际观察效果予以调整。

（2）应对样品热损伤的外部因素

依据升温公式，较低的加速电压和束流强度都会使样品受观察区域的温度上升较慢，对样品细节的热损伤也会较轻或基本不形成热损伤。但过低的加速电压和束流强度会影响图像质量，具体探讨可参见 4.2 节和 4.3 节。要获取更充分的样品形貌信息，就必须在更大的范围内灵活调整这些测试条件的组合。

工作距离、电子束扫描速度以及放大倍率的选择都会对样品的热损伤产生较大的影响。而在对这些参数做出合理的选配之后，将会极大地扩大加速电压和束流强度的选择余地。工作距离越小，电子束的立体角就越大，电子束的束流密度将会增加，在其他条件相同的情况下对样品的热损伤也会加大。样品的热损伤常常会出现在高倍率的调整过程中，如图 3.35 所示。高倍率调整部位的细节与周边细节极度脱节，产生热损伤的部位细节明显收缩、加粗，这些充分显现在了 1.7 mm 工作距离下获取的形貌像中，如图 3.35（a）黑框中所示。工作距离为 8.7 mm 时，样品未受到电子束热损伤，获取的形貌像整体匹配度较高，没有出现细节变粗和收缩。

但是工作距离的过度拉大，会使电子束斑的弥散度加大，不利于获取高质量的高倍率形貌像，如图 3.36 所示，工作距离为 14.4 mm 时，图像受热损伤小，但图像清晰度不足，工作距离为 7.6 mm 时，细节收缩变粗，受到一定热损伤，但图像清晰质量较好，故测试时要取舍得当。

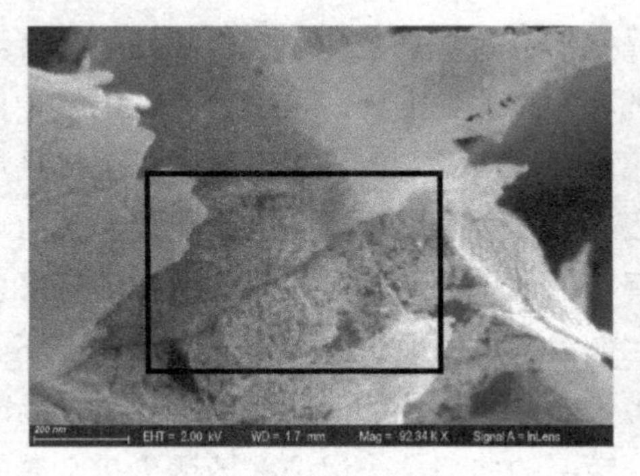

（a）WD=1.7 mm

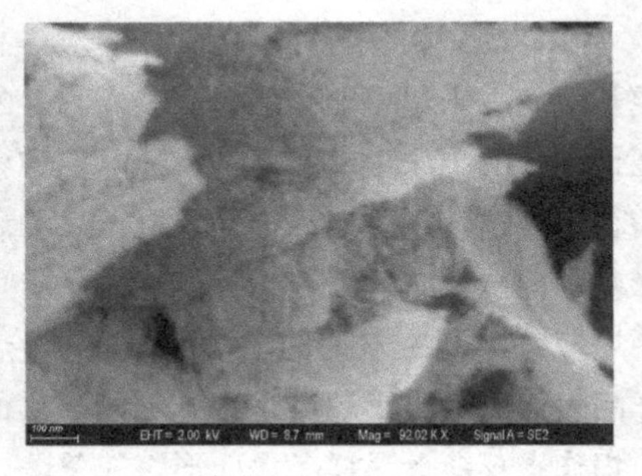

（b）WD=8.7 mm

图 3.35　负载在泡沫镍上的 Co_3O_4 形貌

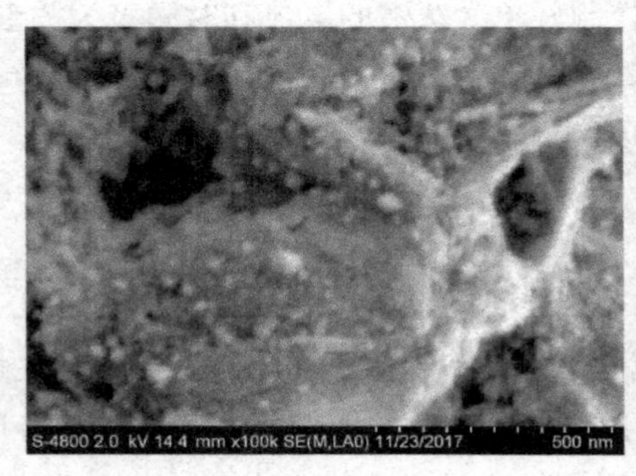

（a）WD=14.4 mm

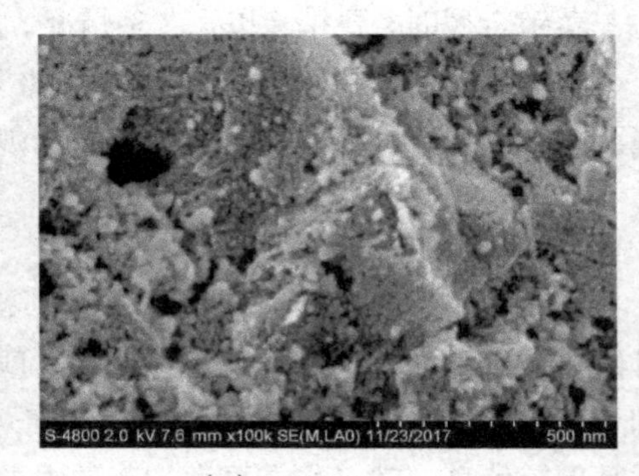

（b）WD=7.6 mm

图 3.36　负载在泡沫镍上的钴氧化物形貌

依据笔者的经验，当工作距离达到 15 mm 以后，由于电子束弥散度较大，电子束对样品热损伤的降低将极为明显。因此，对加速电压和束流强度的限制会下降很多，在该工作距离下，对这两个参数的选择空间将明显加大。

扫描电镜的放大倍率越低，电子束在样品上的扫描密度就越低。这使电子束在样品上产生的热量较为分散，该部位温度的提升较慢，对样品的热损伤也会减弱。在常规测试时，往往会发现电子束对样品的热损伤都是出现在高倍率下进行消像散和调焦操作的时候。

当电子束在样品表面快速移动时，随着电子束在每个单元点上驻留时间的减少，单次交换的能量下降，这同样也会减缓样品表面温度的提升。大量的实践经验告诉我们，导致样品某点产生热损伤的原因，除了升温的高低之外，关键还在于电子束驻留时间的长短。同等条件下，电子束驻留时间越短，对样品的热损伤越小。因此，使用快速扫描模式获取样品的表面形貌像，也是克服样品热损伤的有效方法。

依据长期的测试经验，应对样品热损伤，在外部因素的调控方面，选用较大的工作距离以及快速扫描模式获取图像，对减缓热损伤的效果要远优于对加速电压、束流强度及束斑尺寸的调节。

（3）应对样品热损伤的综合解决方案

要降低样品的热损伤，样品的处理是先决条件。这里需要重点强调的是，样品的固定是所有工作的前提。因为样品的固定不但是解决图像漂移的基础（容易热损伤的样品本身就不稳定），同时固定样品用的导电胶也为测试过程中的导热提供了必备的通路。样品的老化和蒸镀要使用多次低剂量的方式，随时观察判断并随时调整，否则很容易破坏样品的形貌。

对加速电压和束流强度的选择要以能够充分获取样品电子信息为准，兼顾其对样品热损伤的影响。主要通过调节工作距离和获取形貌像时的扫描速度来避免样品热损伤，这样效果反而更好。

大工作距离有利于获取样品的大部分表面形貌信息，同时也有利于减弱电子束对样品的热损伤。快速的扫描模式虽然会影响形貌像的图像质量，但是并不会对获取形貌信息产生太大的影响，而选择不同的加速电压和束流强度对获取样品形貌信息的影响就要大很多。

电子束对样品的热损伤最容易出现在高倍率下对像散和焦点进行调整的情况下，因为此时电子束会长时间地会聚在某一微小区域。电子束长时间驻留对样品的热损伤有时可能更甚于升温的影响，当然这都是在一定"度"的范围内。在调整操作时会形成样品热损伤，并不一定在拍摄形貌像时也会出现热损伤，关键是要调整好拍摄形貌像时的电子束扫描速度。调焦和消像散可采取"临近点调焦"的原则，利用对多个临近点的对中、调焦和消像散，来减轻拍摄点的热损伤。

3.3　磁性材料的测试方案

磁性材料被普遍认为是不适宜使用电子显微镜来进行观察的样品。理由似乎无可辩驳：电子显微镜的关键部件——电磁透镜，会将磁性材料磁化并吸附在透镜表面，造成电镜性能的极大下降。若情况严重，将使电镜无法成像。基于这一缘由，磁性材料常被认为是电镜测试的禁区。许多电镜室将磁性材料拒之门外，拒绝对这类样品进行检测。

虽然大家对磁性材料如此谨慎，但是对于什么样的材料属于不能测试的磁性材料却语焉不详。在实际的电镜测试过程中常常发现，即便对那些所谓 Fe、Co、Ni 类的磁性材料，甚至是磁铁进行电镜测试，也并不存在太大的问题。什么是磁性材料？扫描电镜电磁透镜和磁性材料之间有何关联？怎样判断样品的磁性对测试结果形成了干扰？如何测试强磁性的样品？如何避免其对镜筒的污染？这些问题，都将通过实例为您一一详解。

3.3.1 什么是磁性材料

（1）物质磁性的来源

磁性理论起源于安培的分子电流假说：分子中存在回路电流，即分子电流，分子电流相当于一个最小的磁性单元。分子电流对外界的磁效应总和将决定物体是否对外表现出磁性。分子电流假说建立在当时分子学说体系的基础之上，现在我们知道组成物质的最基本粒子是原子，在原子学说的理论体系中，分子电流并不存在，故必须建立新的模型假说。

玻尔在卢瑟福原子结构模型和普朗克量子理论的基础上，提出了经典的原子模型假说。基于原子模型假说，物质的磁性源自物质原子中电子和原子核的磁矩。原子核的磁矩很小，可以忽略，故物质的磁性取决于电子磁矩。电子的磁矩源自电子运动，电子的轨道运动形成轨道磁矩，自旋运动形成自旋磁矩。在充满电子的壳层中，电子的在轨运动占满了所有可能的方向，各种方向的磁矩相互抵消，因此合磁矩为零。我们在考虑物质磁性时只需考虑那些未填满电子的壳层，称为磁性电子壳层。物质对外显现磁性的状态，也取决于这个磁性电子壳层的状况。

（2）磁性物质的分类

物质磁性源自原子中电子运动所形成的磁矩。任何物质都存在着电子的在轨运动和自旋运动，因此都存在着磁矩。依据物质进入磁场后对外表现的磁特性对其进行分类，其中主要的 3 类为：反磁（抗磁）性、顺磁性和铁磁性物质。

- *反磁性物质*

反磁性也被称为抗磁性。在外加磁场的作用下，电子的在轨运动将会产生附加转动，即拉莫尔（Larmor）进动，动量矩将发生变化，产生与外磁场相反的感生磁矩，表现出反磁性。应该说所有物质进入磁场都会表现出反磁的特性，那么为什么还有反磁性物质这一分类呢?

当原子核外电子充满所有轨道时，无论是单质还是化合物形成的杂化轨道，轨道电子的各向磁矩都将完全相互抵消。当该类物质在进入磁场后，对外只表现出电子的反磁特性，而不存在另外的附加磁现象，即对外不表现出磁性。因此，这类物资被称为反磁性物质。

- 顺磁性物质

当物质的分子或原子中存在未成对电子，造成原子和分子中的各向磁矩无法被完全抵消，就形成了个体磁矩。在没有外加磁场的情况下，热扰动的影响使原子和分子间的未成对电子或轴向偏离的成对电子无序排列，造成原子及分子之间的个体磁矩互相抵消，最终对外的合磁矩为零。物质整体对外不显磁性。该类物质进入磁场后，未成对电子或轴向偏离的成对电子将受磁场作用而趋向与磁场一致的方向排列，同时热扰动的作用使其趋向混乱排列，这两种趋势之间竞争的综合结果是在磁场方向产生一个磁矩分量，对外表现出磁性。低温将抑制热扰动使该磁矩分量变大。常温下移除磁场，热扰动的作用会使电子重归无序排列，合磁矩归零，物质整体对外不表现出磁性。

顺磁性物质按照磁性强弱可粗分为：弱顺磁性、顺磁性、超顺磁性物质。弱顺磁性物质进入磁场，对外表现出的磁性极其微弱，需精密设备才能测出。超顺磁性物质进入磁场后，对外表现出的磁性极强，接近铁磁性物质。顺磁性物质大致包括以下几大类：部分过渡元素单质、铝、氮氧化物、含有稀土元素的盐、非惰性气体，等等。由此可见自然界中的绝大部分物质都具有一定的顺磁性。

- 铁磁性物质

相对于顺磁性物质，铁磁性物质原子核外的杂化电子轨道上存在着更多未配对电子。依据电子的轨道排列规则，这些未配对电子的自旋方向趋同，形成所谓的磁畴。磁畴可认为是同方向电子的集合。这些磁畴所形成的饱和磁矩要远大于由单电子所形成的磁矩。

如同顺磁性物质，铁磁性物质中由原子或分子所形成的磁畴，相互之间大小和方向都不相同。在平时，热扰动的影响将使这些磁畴杂乱排列，相互抵消，最后对外的合磁矩为零，对外不显磁性。当这类物质进入磁场，原子中的磁畴在磁场影响下沿磁场方向趋同排列。热扰动影响下的杂乱排列趋势，相对磁场对磁畴的影响要小很多，故该物质进入磁场后表现出的合磁矩比顺磁性物质要大得多。当外加磁场强度达到一定值（饱和值），移除磁场，常规的热扰动将无法使这些磁畴重新回归无序排列状态，合磁矩将保持进入磁场后的强度，物质对外继续保持被磁化时的状态。该现象被称为物质的磁滞现象。高温（500 ～ 600℃）所形成的热扰动才能使处于磁滞状态的磁畴重新回归无序排列的状态，这也是高温消磁的原理。一些使用交变磁场原理设计的消磁器也能打乱磁畴的有序排列。但是效果最佳、消磁最彻底的方法，还是高温消磁。

磁滞现象最先在铁器上被发现，因此该磁特性被称为铁磁性。过渡族金属及其合金和化合物都具有这种特性。

综上所述，物质的磁性来自它们原子核外电子的自旋及在轨运动，因此严格来说所有物质都带有一定的磁性。依据物质进入磁场后对外所表现出来的磁特性可将其主要分为：反磁性、顺磁性以及铁磁性物质。顺磁性物质依据磁性强弱可粗分为弱顺磁性、顺磁性、超顺磁性物质。反磁性或弱顺磁性物质在进入磁场后，对外不表现出磁性或表现出的磁性极其微弱（只有精密仪器才能测得）；顺磁性及超顺磁性物质在进入磁场后会表现出较强的磁性；铁磁性物质不仅在进入磁场后表现出强磁性，离开磁场后还存在强烈的磁滞现象。

3.3.2 电磁透镜对各种磁性材料的影响

电子显微镜的光源是高能电子束，对电子束进行会聚的最佳方案是使用电磁透镜。因此在电镜的光路上就会布满着各种各样的磁场，不可避免会对进入磁场的易被磁化的样品产生影响。

扫描电镜电磁透镜组件中，对样品产生磁影响的主要部件是物镜。不同结构类型的物镜对样品的磁影响不同。扫描电镜物镜共分为 3 类：外透镜物镜、内透镜物镜、半内透镜物镜。下面将分别加以探讨。

（1）外透镜物镜

外透镜物镜的磁场被封闭在物镜内部，样品置于物镜的外围，物镜的磁场对样品产生的影响极其微弱或基本不产生影响，其结构如图 3.37 所示。

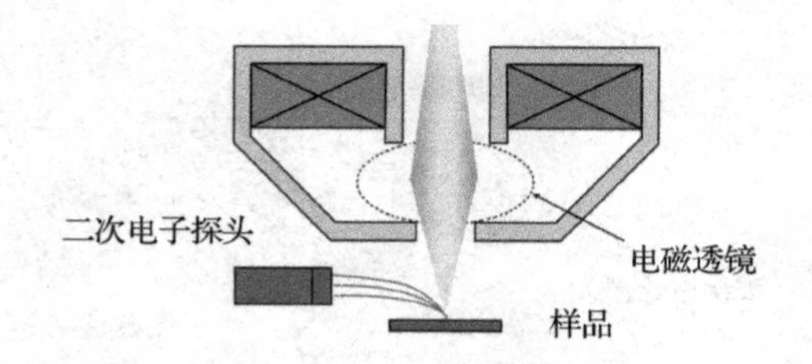

图 3.37　外透镜物镜的结构

从图 3.37 可见，外透镜物镜的磁场影响不到样品，样品可以充分靠近物镜。由于磁场的封闭，使进入物镜的电子总量减少，不利于镜筒内探头充分接收电子。特别是在观察表面电子信息较弱的样品时，成像质量不如其他类型的透镜。

（2）内透镜物镜

采用内透镜物镜设计的扫描电镜，样品被置于物镜磁场中，物镜磁场对样品的磁影响极大，其结构如图 3.38 所示。

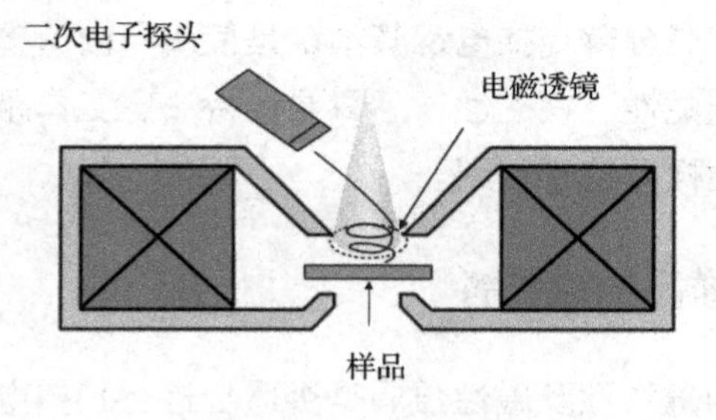

图 3.38　内透镜物镜的结构

样品置于物镜磁场中，磁场可将溢出样品的电子充分收集到探头。探头接收到更充足的样品信息，成像质量优异，特别有利于获得弱信号样品的高分辨像。这种类型透镜的缺点是样品尺寸不可过大。对样品的磁性质限制大，只允许对反磁性或磁性极弱的弱顺磁性样品进行测试。

（3）半内透镜物镜

半内透镜物镜对样品仓泄漏部分磁场，其结构如图 3.39 所示。样品在靠近物镜时（WD $\leqslant$ 3 mm）进入磁场，受磁场的影响强烈。但随着工作距离加大，受磁场的影响逐渐减弱，远离物镜时（WD $\geqslant$ 8 mm）受到磁场的影响就极其微弱。当 WD $>$ 9 mm 以后基本不受磁场的影响（样品本身被磁化的除外）。

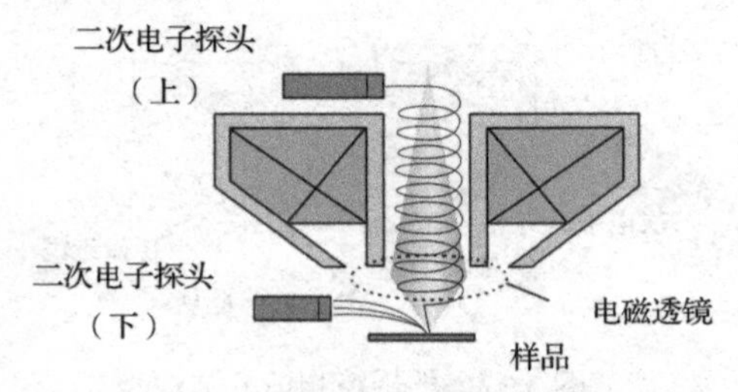

图 3.39　半内透镜物镜的结构

前文所说的工作距离是指样品上最高点到物镜下平面的距离。各电镜厂家在探头及漏磁设计上存在较大差异，适合的工作距离也不相同。

采用该类型透镜设计的扫描电镜的特点是仪器对小细节的分辨力介于外透镜物镜和内透镜物镜之间；大工作距离测试效果优异；对样品的体积及磁特性的限制较小；样品的操控（平移、上下、旋转、倾斜）空间较大；对探头的选择范围也较广；获取的样品信息也更为充分。

基于以上特性，高分辨扫描电镜基本都是使用半内透镜物镜，其优势在于应用范围最为宽泛。顺磁性、铁磁性样品只要保持一定工作距离且本身未被磁化，其测试要求与反磁性样品没有区别。

3.3.3　如何判断样品的磁特性

如何评判样品的磁特性及磁性强弱是否适合进行扫描电镜测试？许多实验室都是依据样品的组成元素或使用磁铁来进行评判。把磁性样品等同于 Fe、Co、Ni，进而扩大为样品的组成元素中含有 Fe、Co、Ni 成分的所有材料；或者使用磁铁来验证，只要磁铁可以吸引的，就被认为是磁性样品。凡符合以上标准的样品，统统被列为扫描电镜的禁测样品。然而充分的实践证明，这种判断方式简单粗暴，并且错误百出。

通过前面的介绍可知，物质可按磁特性区分为：反磁性、顺磁性、铁磁性物质。其中弱顺磁性、反磁性物质进入磁场不会受到磁场影响，顺磁性、超顺磁性、铁磁性物质进入磁场会被磁化。一旦脱离磁场，顺磁性、超顺磁性物质恢复原状，而铁磁性物质会表现出强烈的磁滞现象。

依据以上介绍的样品磁特性和物镜的分类，样品磁特性对电镜测试的影响首先要考虑以下两种情况：样品本身带磁性（被磁化）或不带磁性（未被磁化）。

样品本身带磁性，则所有电镜都会受影响，污染镜筒、扰乱电子束、影响测试结果。应使用铁制品（薄铁片、大头针）来检测样品是否带磁性。样品本身不带磁性，若物镜为内透镜物镜，测试时需检测样品是否为顺磁材料，此时使用磁铁，如磁铁能吸引该样品，则不可测；若物镜使用半内透镜，在大工作距离（WD ＞ 9 mm）下测试无限制，在小工作距离下测试，才需用磁铁检测其是否有顺磁性；若物镜使用外透镜物镜，理论上不受工作距离影响，不用检验磁性。

物体的合磁矩会随着物体体积的改变而发生变化，体积越小则其合磁矩越微弱。这一变化完全遵循着自然辩证法中量变到质变的规律。因此，对于采用半内透镜物镜的扫描电镜，还可以依据样品尺寸的大小，使用以下方式对测试样品进行筛选及处理。

直径在 300 nm 以下的小颗粒，其合磁矩总量极其微弱，一般不会对测试产生太大的影响。对于这类样品，充分地分散并使用稍大一些的工作距离，即可放心测试。需要注意的是，这类小颗粒材料的堆积体容易使合磁矩增加，同时松散的堆积与基底结合不牢，易受电子束轰击产生溅射并吸附在镜筒上。当积累到一定量之后，会对仪器性能产生影响，特别是磁性稍强一些的纳米颗粒。因此制样时，应尽量避免堆积体的形成。

尺寸在微米级别的颗粒所形成的合磁矩就应当引起重视。充分的固定（碳胶带）和远离镜筒（WD ＞ 9 mm）是保证样品成功测试的关键。在大部分情况下，合磁矩较大的样品，一般个体都较大，所需观察的表面细节也较大，使用样品仓探头（下探头）在大工作距离下观察，获取的样品信息将更加充分。只要样品本身不带有磁性，对其充分固定、分散，并控制好工作距离，然后再进行测试，基本都不会存在太大的问题。

3.3.4　如何对磁性较强的样品进行测试

所谓磁性较强的样品是指进入磁场后，对外呈现较强磁性的样品。对这类样品首先应当排除使用内透镜物镜设计的扫描电镜对其进行测试。因此，探讨的主要对象可以聚焦在使用外透镜物镜和半内透镜物镜的扫描电镜。

（1）外透镜物镜

使用这类物镜的扫描电镜进行测试，无论样品具有铁磁性还是顺磁性，只要未被磁化，理论上可以在任何位置进行测试。但是样品最好能被充分固定，特别是粉末样品，更要保证每一个颗粒都被很好地固定。否则使用小工作距离观察，粉末颗粒在电子束轰击下也容易被溅射进镜筒对磁场产生干扰。

（2）半内透镜物镜

这类物镜有部分磁场外泄，因此在测试时，样品必须远离物镜观察。具体工作距离依据样品进入磁场后所呈现的磁性强度的不同而不同，一般来说大于 9 mm 的工作距离是比较安全的。其他操作和外透镜物镜的操作基本相同，只是需要将样品固定做得更为充分。

待测样品是体积较大的块体材料时，样品一旦被磁化则对外所呈现的磁性都较强，同时这类样品很难被导电胶充分固定，因此对于这类样品，建议使用夹持台，以保证样品的测试安全。当在测试过程中发现存在像散消除不掉的现象，基本说明该样品已经被磁化。可通过高温或消磁器对样品进行消磁处理，排除样品本身的磁性干扰。铁磁性、顺磁性样品的细节一般都在几十纳米以上，大工作距离下使用样品仓探头观察，将能呈现更为丰富的样品信息。

小工作距离与镜筒内探头的组合非常适合观察表面细节小于 10 nm，同时本身结构松软且电子溢出量较少的样品。而拥有这些特性的样品，基本都是反磁或弱顺磁性样品，物镜的漏磁对其基本不产生影响。典型代表就是气凝胶、介孔及微孔 SiO_2 材料、分子筛，等等。

3.3.5 使用半内透镜物镜测试磁性样品的实例

本节展示了使用半内透镜物镜拍摄的磁性样品的形貌像，如图 3.40 所示。实践表明，在一定条件下也可以对磁性样品进行扫描电镜测试。

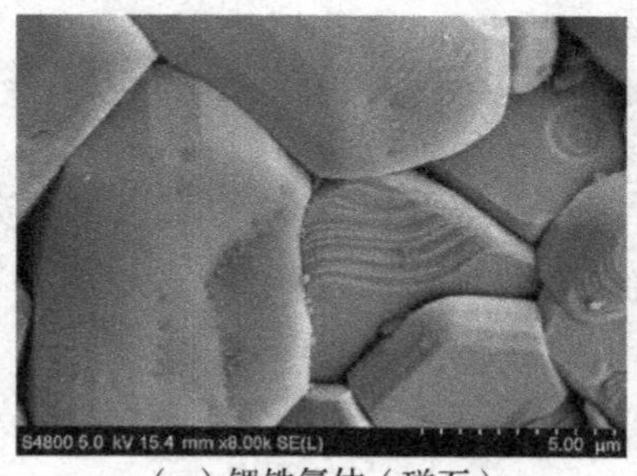

（a）锶铁氧体（磁石）

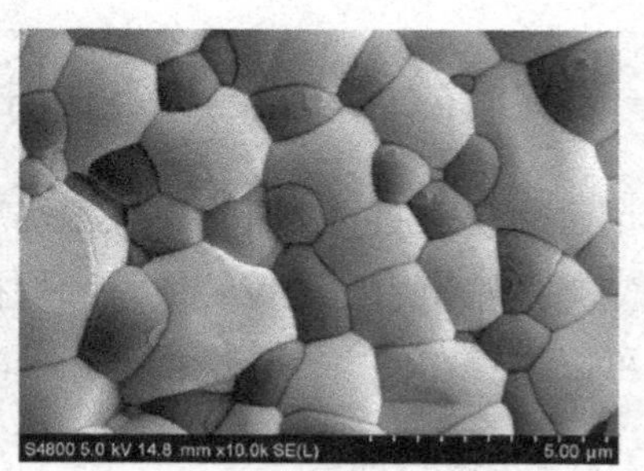

（b）钐镍氧化物

图 3.40　使用半内透镜物镜的测试结果

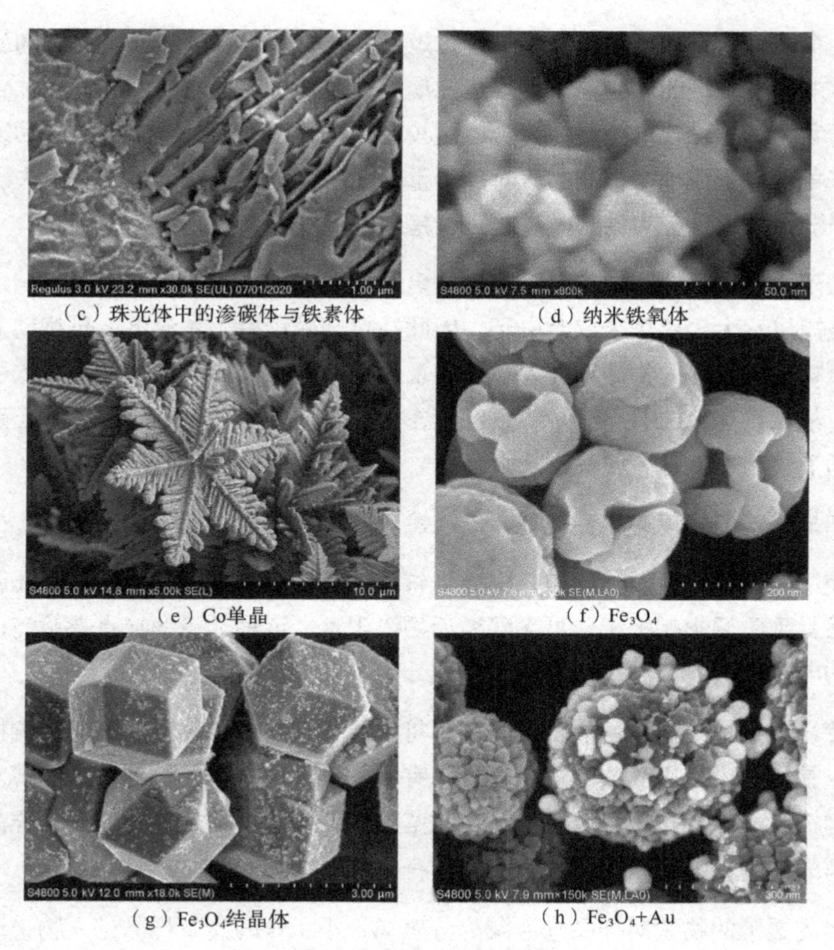

（c）珠光体中的渗碳体与铁素体　（d）纳米铁氧体

（e）Co单晶　（f）Fe_3O_4

（g）Fe_3O_4结晶体　（h）Fe_3O_4+Au

图 3.40　使用半内透镜物镜测试结果（续图）

3.3.6　总结

物质的磁性主要来自核外电子的在轨运动和自旋运动，严格来说，所有物质都具有一定磁性。依据物质进入磁场后对外所呈现出的磁特性可将物质主要分为反磁性、顺磁性、铁磁性这 3 种类型的磁性物质。

反磁性物质核外不存在未成对电子，无论是否进入磁场，其对外的合磁矩都为零。因此，对外不表现出磁性。

顺磁性物质的原子杂化轨道上存在未成对电子或轴向偏离的成对电子，具有一定的个体磁矩。热扰动的影响使得未成对电子或轴向偏离的成对电子排列杂乱，个体磁矩互相抵消，最终的合磁矩为零，对外不表现磁性。这类物质进入磁场，电子受磁场的影响，将克服热扰动的束缚，按磁场方向趋同排列，合磁矩不再为零，对外表现出磁性。因合磁矩较弱，离开磁场后，常温的热扰动即可使这些未成对电子或轴向偏离的成对电子重归无序，对外的磁性也随之消失。依据磁性强弱，顺磁性分为弱顺磁、顺磁、超顺磁。

铁磁性物质的原子杂化轨道上存在多个同向的未成对电子，形成磁畴。磁畴的合磁矩要远大于单个未成对电子，因此在离开磁场后，常温下，热扰动无法使这些磁畴重归无序，物质整体上对外表现出磁滞的现象。该现象最先在铁器上被发现，故被称为铁磁性。500℃以上高温的热扰动会使磁畴重归于无序，磁滞现象随即消失，这就是高温消磁。

扫描电镜的物镜有 3 种类型：外透镜、内透镜、半内透镜。

使用外透镜物镜设计的扫描电镜是将物镜磁场封闭在透镜中不对外泄漏，因此样品受到磁场影响极小，可无限靠近物镜观察。该种透镜的缺点是镜筒内探头获取的电子较少，不利于形成样品的高分辨形貌像。

使用内透镜物镜设计的扫描电镜则将样品置入物镜磁场，受磁场影响极大。其优点是镜筒内探头获取的电子充分，有利于形成高分辨形貌像。该物镜对样品的限制极大，如体积不可以过大、移动范围小，而最关键的地方在于对样品磁性有较高的限制。因此应用不多，市场占有率不高。

半内透镜的物镜对样品仓泄漏部分磁场，小工作距离下样品进入物镜泄漏的磁场，大工作距离下样品远离物镜磁场。该透镜兼具外透镜和内透镜的优缺点。

这 3 种类型的物镜在应对顺磁及铁磁性样品时，需要注意如下状况。样品被磁化，无论哪种物镜都不会获得满意的结果，电子束都会被干扰，样品也都有可能被吸到物镜中去。样品未被磁化，理论上使用外透镜物镜对样品测试时可不受限制；使用半内透镜物镜时，样品需在大工作距离下进行测试；使用内透镜物镜时，磁铁可吸引的样品不可测。工作距离和分辨力之间并非是一种单调的变化关系。需要获取的样品表面细节大于 20 nm，使用大工作距离与样品仓探头的组合反而有更高的分辨力。大多数顺磁性、铁磁性物质的表面细节都较粗，在大工作距离下进行测试，获得的结果更充分，细节分辨也更清晰。因此这类样品更适合在大工作距离下使用样品仓探头来进行观察。

不能简单地依据样品名称或用磁铁来判断样品是否适合进行扫描电镜测试。不同的物镜所使用的检验方式不同，若使用内透镜的物镜，以及当样品需要靠近半内透镜物镜（WD < 4 mm）进行观察时，需要用磁铁来查验样品是否具有顺磁性或铁磁性。除此之外的其他情况，应当使用铁片或其他铁制品来检验样品本身是否带有磁性，即样品是否被磁化。

3.4　碳污染及其应对

在进行扫描电镜测试时，碳污染是另一个难以避免且让测试者头痛不已的问题。在进行高倍率聚焦和消像散之后，当缩小倍率准备拍摄时，常常可以见到在高倍率调整的位置，会出现一个黑色方块或在图像的左边出现一个边条，如图 3.41 所示，这都是典型的碳污染现象。

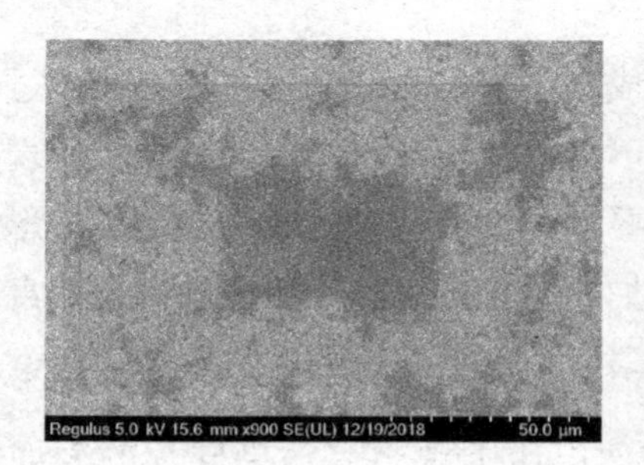

图 3.41　碳污染现象

3.4.1　碳污染的成因

出现碳污染的主要原因是样品表面附着的污染物受电子束轰击后发生了碳化。这些污染物主要是碳、氢和氧原子所构成的化合物，这些物质容易受热分解，当然电子束也很容易使其碳化分解形成碳污染的主要成分。离子源可以将样品周边的氧原子电离成氧离子，这些氧离子可以与碳氢化合物反应，反应生成的一氧化碳、二氧化碳、水蒸气之类的气体被真空泵抽除，这就是离子清洗的主要原理。关于离子清洗后文还将详细介绍。

形成碳污染的有机附着物往往都很薄，否则就不是碳污染而是污染颗粒，在样品上能够呈现出污染颗粒的形态。形成碳污染的原因有很多，除去样品本身携带的污渍未被清除，还有可能在制样过程中带入有机物质，如在机械处理时接触了有机物（研磨剂、润滑剂等），分散样品时使用了有机分散剂，空气环境中含有的有机气体分子吸附在样品表面，等等。而这类吸附使用简单的清理方法往往很难被完全清理干净，最好使用超声波清洗机，先用有机溶剂清洗，再用水清洗后，在高温下（80℃以上）烘烤几小时，以去除残留的、易挥发的有机物质。当然也可以通过一些清洗设备处理。

3.4.2 碳污染的应对

应对碳污染对测试结果的影响，主要有两种方式：选择合适的测试条件，以及样品本身的清洁处理。

（1）选择合适的测试条件

合适的测试条件包含两个方面：加速电压和电子信息的类型。

- 加速电压

依据笔者的测试经验，碳污染的形成和显现与加速电压关联很大。过低的加速电压下，电子束中的电子能量较低，不足以产生可被观察到的碳污染现象。由于激发电子信息的位置过浅，信息的主要来源也可能是污染物，形成的形貌像可能是以表层的污染物形态为主。过高的加速电压可以激发更多的内层信息，也会掩盖表层上碳污染的信息，使观察到的碳污染现象减弱或观察不到碳污染。

图 3.42 为 500 V、1 kV、1.5 kV 加速电压下观察被污染硅片的表面形貌。500 V 加速电压下，电子束能量过低，表面污染物被碳化的量较少，不足以呈现出污斑，同时形貌像上显示样品的表层似乎有一层覆盖物。加速电压达到 1 kV 时，表层污染物被碳化得最为充分，碳污染较明显，中间部位由于高倍率调整时的过分碳化会使碳化层向边缘堆积，在上、左两个边缘处碳化堆积得更严重而显得更黑。当加速电压达到 1.5 kV 时，污染层被碳化的量减少，同时激发样品的内层信息增多，碳污染信息被抑制，因此碳污染斑开始减弱，表层覆盖物信息也不明晰。

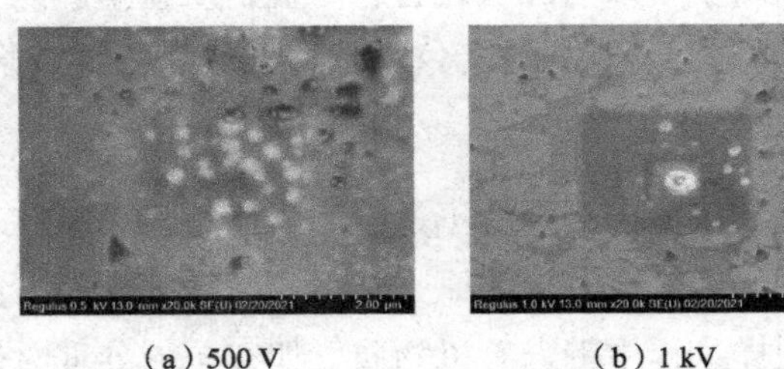

（a）500 V　　（b）1 kV　　（c）1.5 kV

图 3.42　不同加速电压下的碳污染现象

如图 3.43 所示，当加速电压达到 3 kV 以上，碳污染的信息被抑制，看不到碳污染迹象。加速电压达到多少就会使碳污染现象消失？这与样品的特性、样品受碳污染的程度以及污染物的性质有关。无论这种差异有多大，加速电压对碳污染产生影响的变化趋势是不变的。

（a）3 kV

（b）5 kV

图 3.43　提高加速电压的碳污染现象的变化

- 探头接收的电子信息

碳污染是否能被观察到，取决于产量和显量。产量很好理解，就是产生碳污染的量；显量就是碳污染在形貌像中显现的能力。产量和显量越低，则碳污染越不容易被观察到。产量与加速电压相关，显量虽也与加速电压相关，但与形成形貌像所选用的电子能量的关联性更大。当选用能量较高的背散射电子为主来形成形貌像时，如使用下探头，此时无论选择多大的加速电压，碳污染现象都将受到抑制而无法显现出来，即显量极低。如图 3.44 所示分别使用 3 种探头模式，同时拍摄硅片同一个位置，下探头无污染显现，混合模式碳污染现象较轻，上探头碳污染最严重。

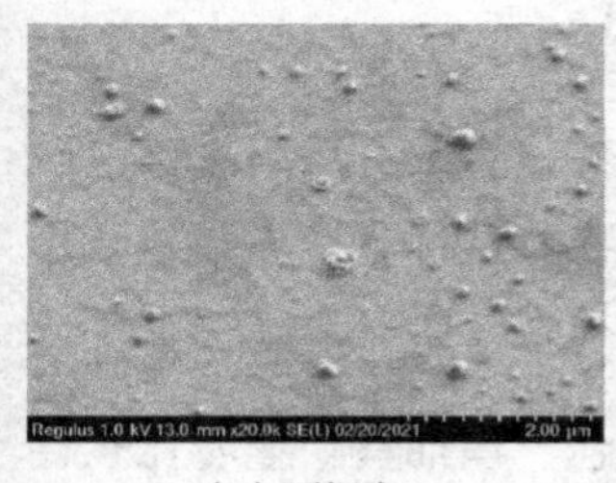

（a）下探头

（b）混合模式

（c）上探头

图 3.44　不同探头模式下碳污染现象

（2）样品清洗

去除样品表面的有机附着物当然是消除碳污染的最佳方案。在本节开头提及了一些样品清洗的方案，但在实际操作过程中这些方案往往不能完全清除这些附着物，需要借助专门的仪器设备加以进一步清除。这类设备目前主要有两种：离子清洗和紫外清洗。

- 离子清洗

离子清洗是利用离子发生器将样品仓中或外界引入的氧气分子电离成氧离子，氧离子和附着在样品表面的有机污染物反应形成的一氧化碳、二氧化碳、水蒸气之类的气体被真空泵抽除，这种离子清洗的工作原理和实物图见图 3.45。这种清洗方式目前被运用得较多。

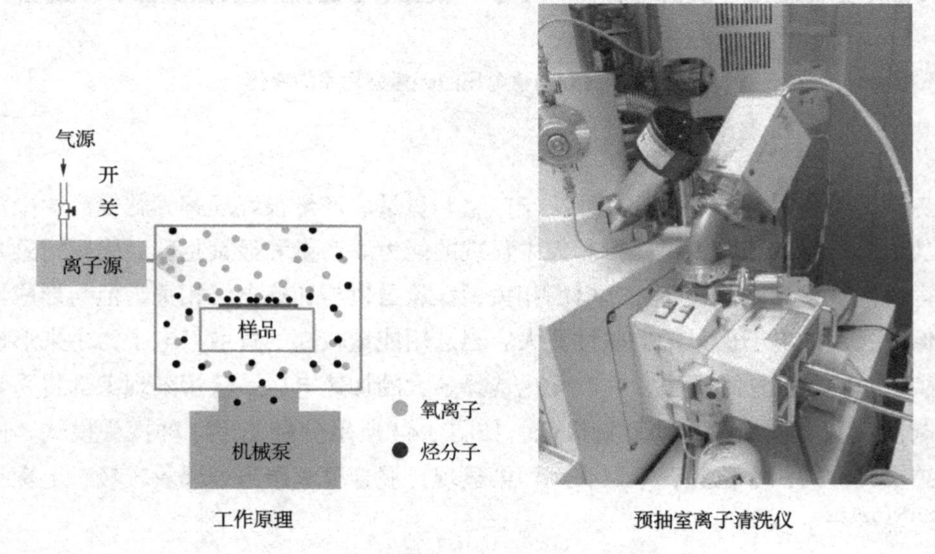

图 3.45　离子清洗工作原理和实物图

另一种离子清洗的方式是将惰性气体的原子电离成带电离子，然后用负电压让带电离子加速轰击样品表面去除样品表面的有机污染物。这种清洗方式主要用于易被氧化的样品的清洗，清洗效果较差。

离子清洗仪按安装位置分为 3 类：独立结构、样品仓、预抽室。笔者比较喜欢预抽室类型的离子清洗仪，原因是操作方便、对测试干扰少、真空条件较好。经过清洗前后的样品形貌对比如图 3.46 所示。

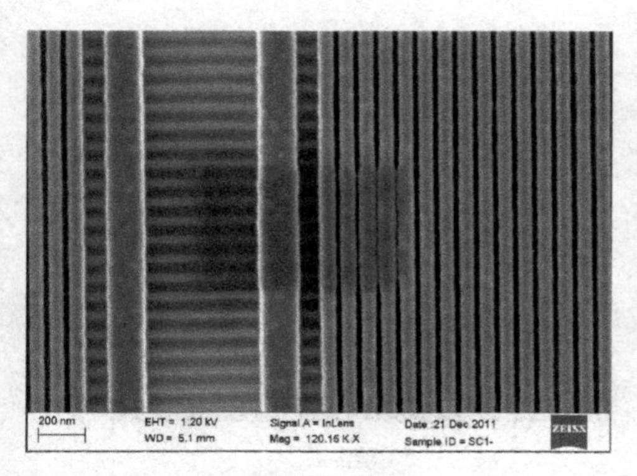

（a）清洗前

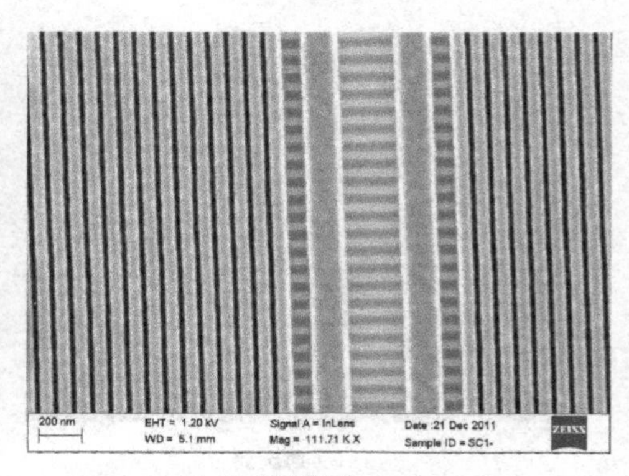

（b）清洗后

图 3.46　预抽室离子清洗仪清洗前后样品形貌对比

- 紫外清洗

紫外清洗是利用紫外线将腔室中的氧气分子或由外界引入的氧气分子转化成有强氧化性的臭氧与样品表面附着的有机污染物反应成一氧化碳、二氧化碳、水蒸气等，由真空泵抽除，紫外清洗机的工作原理和实物见图 3.47。图 3.48 展示了介孔 TiO_2 清洗前后的形貌对比。

任何清洗设备的清洗效果都与清洗时间、清洗强度、污染物的厚度、污染物的性质及附着程度等因素有关。实际操作时需要依据实际情况调整清洗参数以获取最佳效果，清洗不彻底往往也是常态。

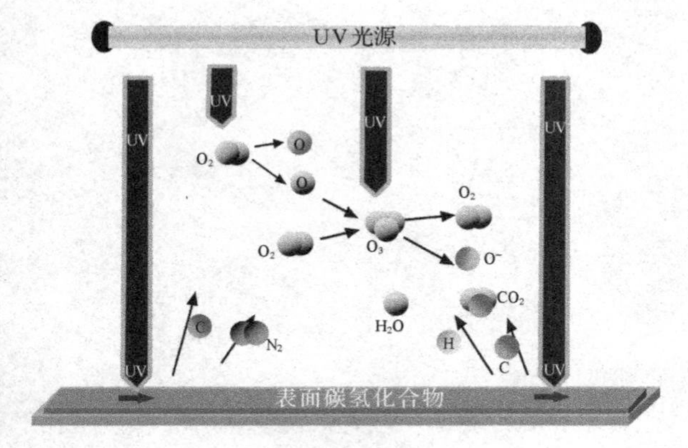

紫外清洗机工作原理

紫外清洗机

图 3.47　紫外清洗机的工作原理和实物

（a）清洗前

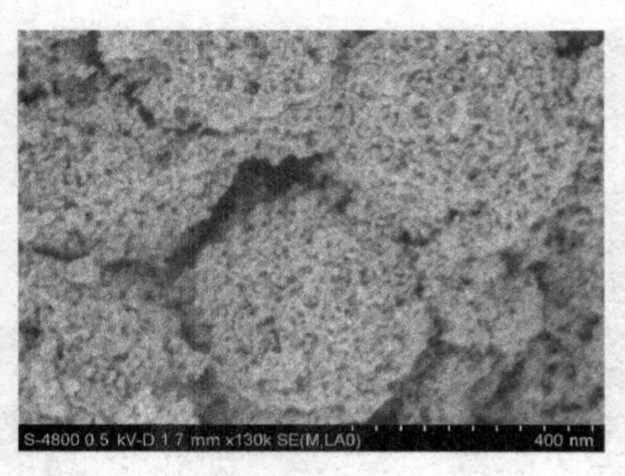

（b）清洗后

图 3.48　介孔 TiO_2 清洗前后的形貌对比

第 4 章

扫描电镜的操作要领及测试条件的选择

在电镜家族中，扫描电镜一直被认为是一款低端的电镜设备。结构简单、操作简单、结果也简单直观，一直以来是许多人对扫描电镜的固有认识。但这种比较本身就过于草率，不同的仪器设备都有其特点及适用范围，互相之间很难替代，仪器的操作和测试条件的选择也各有其特点和难点，不能进行简单的比较。

4.1 扫描电镜的操作要领

对中、消像散、对焦是所有电镜的基本操作，无论透射电镜还是扫描电镜都是如此。不同之处在于，透射电镜的操作步骤更烦琐，扫描电镜结果的正确分析更不易。简单的技术往往拥有复杂的道理，做好容易，做精很难。

很多人常说，这也调好了，那也调好了，为什么图像还是模糊的？原因在于他们对是否调整好的判断出现偏差，特别是对中和消像散。如果样品被激发的电子不充分、衬度不足，偏差就会很大。还有调整点的选择是否合适也对图像的最终结果影响较大。那么该如何做到调整时的正确判断？对调整点又该如何选择？

下面将从对中、消像散、对焦、调整亮度和对比度以及调整位置的选择这几个方面来切入，展开深入的探讨。

4.1.1 对中

对中是将光路中电子束的各会聚点调整到光路中轴线上，也被称为光路对中。对中是所有显微系统成像的基础。光学显微镜、透射电镜以及扫描电镜的调整都是从光路对中开始的，但都有自己的对中方式及要求。各电镜厂家的对中方式也不完全一样。日立冷场发射扫描电镜的对中有两种形式：机械对中和电子对中。

（1）机械对中

机械对中在许多厂家的产品说明书里被称作合轴。它是利用专用的合轴螺丝，通过配套的螺丝刀将电子枪、聚光镜、物镜及光阑的机械中心会合在镜筒的中轴线上。机械对中是电镜对中的基础，在电镜调试过程中经常进行的电子对中需要建立在完成了机械对中的基础之上。可以认为机械对中是粗调，电子对中是细调。机械对中没调好，电子对中也就无从谈起。

何时需要进行机械对中？厂家给出的建议是每次仪器安装或镜筒烘烤结束后，都要做一次机械对中。同时还规定了频次，例如一年、半年或一个月做一次机械对中。笔者的经验是在仪器操作过程中，发现光斑偏离过大才需要进行机械对中。任何的调整是有的才需要放矢，盲动往往会迷失方向。如何判断机械对中的光斑偏离过大？判据如图 4.1 所示。

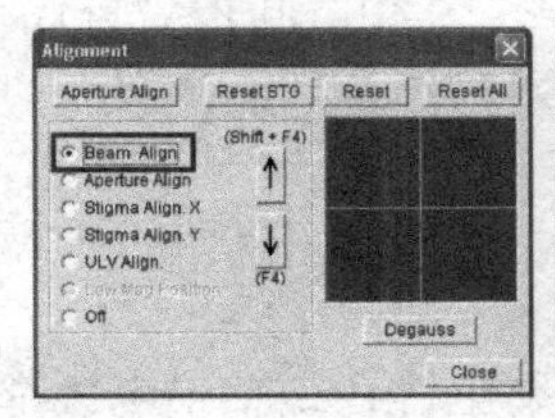

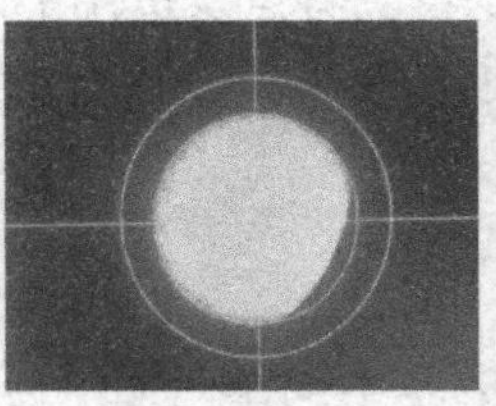

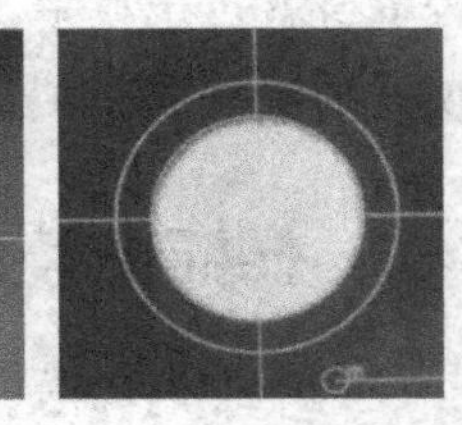

Alignment 功能栏　　光斑有偏离　　光斑未偏离

图 4.1　机械对中光斑偏离的判据

打开 Alignment 功能后，选择 Beam Align，然后选择不同加速电压，对出现的光斑进行观察，在某些加速电压下可以看到光斑出现缺损，如图 4.1 中间两张图所示，这就说明光斑偏离过大，需要进行机械对中。

所有仪器的调整都遵循着以下原则：先粗后细，化繁为简。“先粗后细”指的是先找到衬度充分的粗糙细节，没有衬度充分的粗糙细节也可选择样品边缘的位置进行调整。等到粗糙细节调整清晰后，再逐步过渡到对小细节的调整。否则，将很难找到可供调整的参照物。“化繁为简”指的是将复杂的操作分解成一个个独立的简单操作。在进行每一步操作时都要排斥其他操作的干扰，在完成一步操作后再进入下一步的操作。每一步操作都是在完美地完成前一步操作的基础上来进行的，循环往复直到将仪器调整到最佳状态。

机械对中的过程也是如此。先找一个粗糙的细节，接着排除各种干扰，例如，屏蔽对该调整形成干扰的因素，如关闭电子对中、光阑和透镜的电子调整等，按照厂家设定的条件和方法，通过合轴螺丝和螺丝刀对光路进行校正。完成后再一个个加入光阑、透镜等电子调整功能，并分别调整到位。每步操作的完成质量将决定机械对中最终的成败。具体操作可参考各厂家的使用说明书。

（2）电子对中

电子对中是利用电镜的对中线路来调整多级对中线圈的工作电压，形成相应的多向电磁场，拖动电子束进行精确合轴。电子对中相比机械对中，电子束移动的幅度小、精度高。它应该是在完成了机械对中的基础上来展开的，是光路对中的末级操作。日常电镜操作过程中提到的光路对中，主要就是指电子对中。

何时需要进行电子对中呢？当在调焦以及消像散时发现图像的中心位置在移动，这就说明电子束的对中出现问题，需要进行校准。这一现象会发生在任何状况下，甚至会发生在测试同一个样品的不同位置时。对中校准对图像的最终结果影响非常大，且倍率越高影响越大，因此无论该现象出现在何时、何处，都必须先完成对中操作。许多人（包含专业人员）对这一点的认识并不充分，往往造成后续调整的困难，图像结果不尽如人意。

各厂家的电子对中都包含 3 个部分，光阑以及两个消像散（X/Y）。这 3 个部分对中的好坏对结果都有很大影响，必须全部调整到位。有些厂家将对中功能对客户全面开放，而有些厂家只开放了一部分功能，这将对最终结果产生影响，其中对高倍率图像的结果影响更甚。仪器对中功能开放的不足也是电镜高倍率图像（30 万倍以上）最后总是调整不到位的原因。因此在接收设备时，应就对中功能的开放有所要求。电子对中和机械对中的操作要点极为相似：排除各步骤间的互相干扰，独立调整，循环往复，步步逼近。具体步骤可参考厂家的使用说明书。

4.1.2　消像散

像散是指由于电子束弥散所造成的图像清晰度下降以及图形的涣散。造成像散的原因有很多，依据其成因的不同，可将像散分为结构性像散、基础性像散和随机性像散。

结构性像散是由电镜制造工艺和电镜结构特性所造成的像散。该类像散主要包含电子枪发射的电子束中高能电子的能量差所形成的色差，以及电磁透镜球面各点对电子束折射差异所形成的球差，因此结构性像散也就是传统所称的像差。电子显微镜的像差一般来说都很小，相对于扫描电镜所能分辨的最小细节往往可以忽略不计，除非电子枪和透镜的制作工艺极差，才有可能导致不能被忽略的像差。目前仅在使用最高端的热场发射扫描电镜进行极小细节分辨时，需要采用单色器来解决色差的问题，冷场发射扫描电镜的色差和球差极小，并不需要进行色差和球差校正。

基础性像散是由于电子束没有对中而斜向照射样品，造成电子束斑的各向束流强度出现差异，也就形成了所谓的椭圆斑，由此引发图像清晰度下降、图形弥散。该类像散对形貌像的影响较大，必须予以消除。前文介绍的电子束对中，就是为了消除该类像散。由于电子束对中是所有调整工作的基础，因此将这类像散称为基础性像散。

随机性像散是由于加速电压、束流、透镜电流、电子束会聚点发生变化，造成电子束的能量和束流强度分布发生改变，形成了电子束斑弥散，使形貌像出现清晰度下降、形态弥散的现象。随机性像散非常严重，且会出现在形貌像调整的任何阶段，必须在进行图像聚焦前加以消除，日常所说的消像散主要就是消除随机性像散。

图像存在随机性像散的表现是在进行欠焦、正焦、过焦调整时，图像会出现或左或右的拉伸形变。消除了随机性像散的影响后，在进行上述聚焦操作时，图像在清晰和模糊的变化过程中，形态将保持不变。调焦时如果发现出现像散现象，就要调整像散（消像散）。调整像散的步骤是先看像散对中，判断方式是观察在调整像散时，图像的中心位置是否移动，如有移动就必须先进行对中操作。待对中操作完成后，调整聚焦使图像处于没有形变的状态，图像是否清晰并不重要，最后再利用消像散旋钮分别一一消除 X、Y 轴向的像散。每一步调整都以图像处于当前最清晰的状态为完成调整的评判标准。具体的操作步骤上，各电镜厂家的要求与方法都不一样，需要参考使用说明书。

4.1.3 对焦

对焦是扫描电镜利用透镜对图像进行调整的最后一步，同时也是扫描电镜在进行对中、消像散操作时的辅助操作。因此该操作将贯穿于整个电镜调整的始终。无论调整进行到哪一步，最后都要通过对焦来评判前一步操作是否调整到位，最后还要把对焦调整至该步操作的最佳效果。该细节不可被忽略，否则将无法获得最佳的调整效果。扫描电镜对焦基本上都设立粗、细两个调整旋钮，先粗后细是调整的基本原则。

4.1.4　调整亮度和对比度

在完成对焦之后，对扫描电镜图像调整的透镜部分的操作就基本结束，但是亮度和对比度调整不佳，图像效果也不会好。亮度、对比度是对信息接收阶段的调整，操作对象是探头的信息接收增益。当接收到的信息衬度较差，就需要降低探头的信息接收增益，提升图像整体的对比度来获取足够的细节衬度。但此时图像整体的信号量会下降，图像质量变差。高倍率图像（30 万倍以上）的细节小，衬度一般都较弱，想要将图像细节衬度调整得更强，就必须压低图像整体的信息量，这也是高倍率图像的信噪比往往比低倍率图像差的原因。对比度对图像的影响见图 4.2，对比（a）、（b）图可知，提升对比度后，细节变得更清晰一些，但提升对比度是以牺牲增益为代价的，因此图像的信噪比变差。对比（c）、（d）图可知，在低倍率下，样品表面细节起伏较大、衬度高，探头可以工作在高增益状态，信息量也较为充足，图像质量也更优异；在高倍率下，样品表面起伏小、衬度低，图像质量明显下降。对比（e）、（f）、（g）图可知，对比度偏低时，图像发灰，清晰度差；对比度过高时，图像偏硬，暗部细节损失大；对比度适中时，图像细节和整体清晰度都更佳。

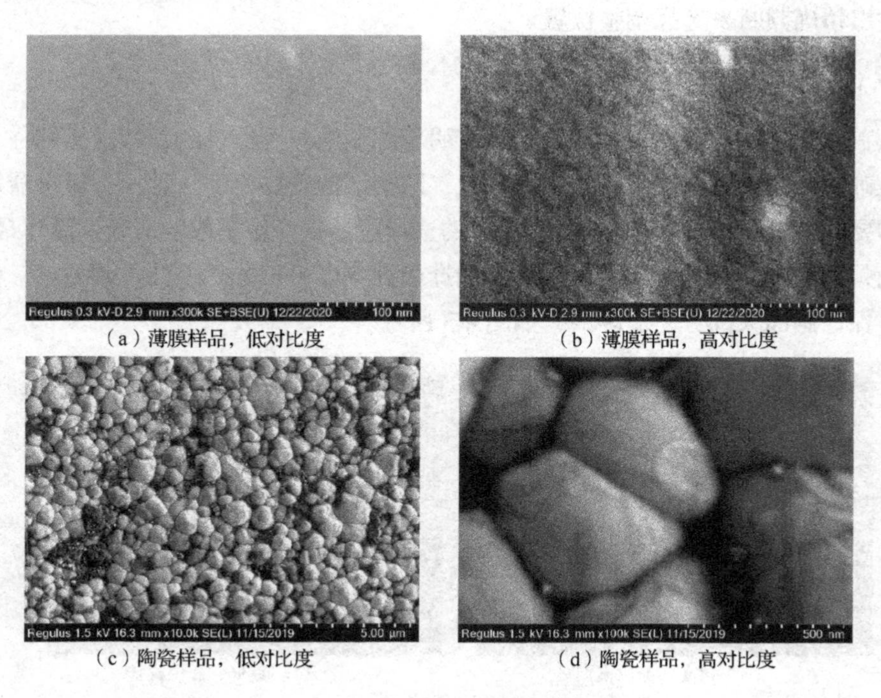

（a）薄膜样品，低对比度　（b）薄膜样品，高对比度

（c）陶瓷样品，低对比度　（d）陶瓷样品，高对比度

图 4.2　不同对比度下形貌的对比

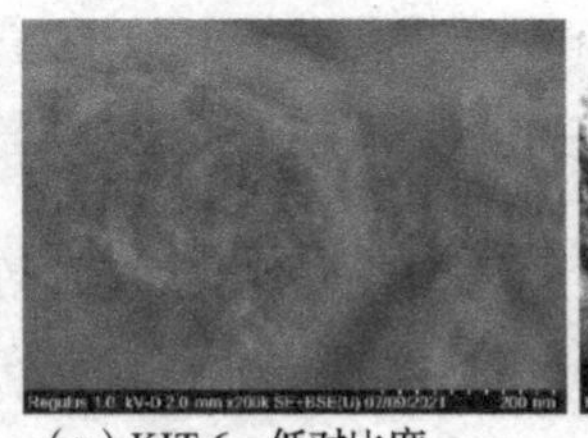
（e）KIT-6，低对比度

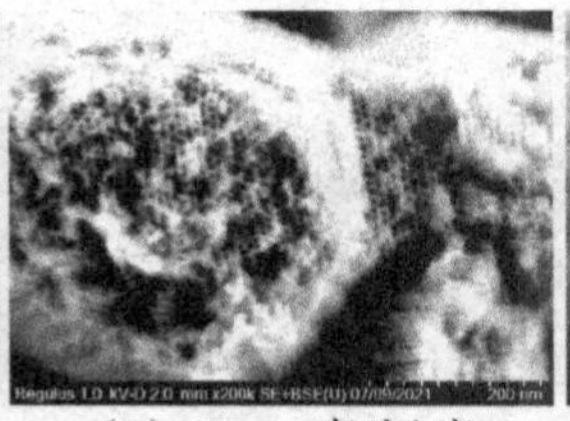
（f）KIT-6，高对比度

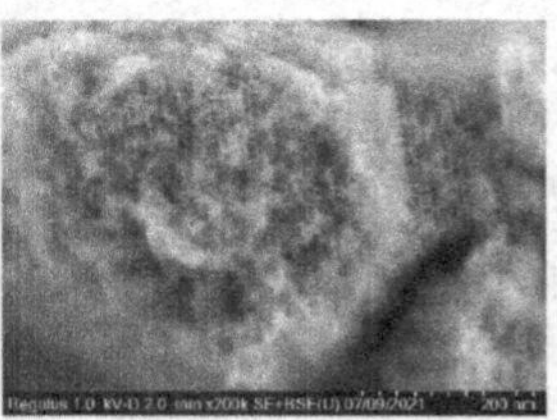
（g）KIT-6，对比度适中

图 4.2　不同对比度下形貌的对比（续图）

亮度、对比度的调整往往和操作员个人风格有关，很难用语言来表述。操作时，可先将对比度调低一些观察细节信息，然后提高对比度。随对比度增大，细节边缘衬度将提高，并且图像趋向清晰。对比度过高会使图像失去部分细节，因此对比度的调整要适度。最后调整亮度以达到最佳效果。

4.1.5　调整位置的选择

选择样品上的调整位置，同样十分关键，其对能否获得优质形貌像的影响也不可小觑。调整位置该如何选择？应遵循有利于呈现样品信息、有利于对调整结果做出精确判断来选择调整位置。

（1）有利于充分呈现样品信息

首先，样品提供者要对测试结果有明确的预期，对出现的新信息能有一个较为准确的判断，选择最符合预期的位置，即测试位置要明确。其次，对仪器操作者的要求是能正确选择调整点。对焦点的选择应尽量保证图像的清晰区面积最大，特别是对高低位置差异较大的样品。选择最高点以下三分之一处为调整点，将有利于保证画面大部分是清晰的，如图 4.3 所示。

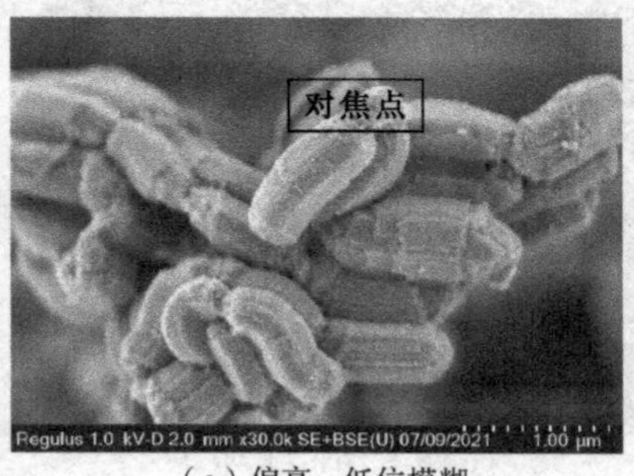

（a）偏高，低位模糊

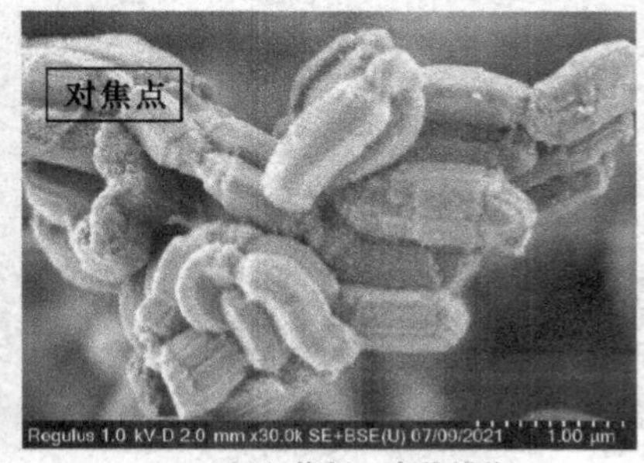

（b）偏低，高位模糊

图 4.3　焦点选位

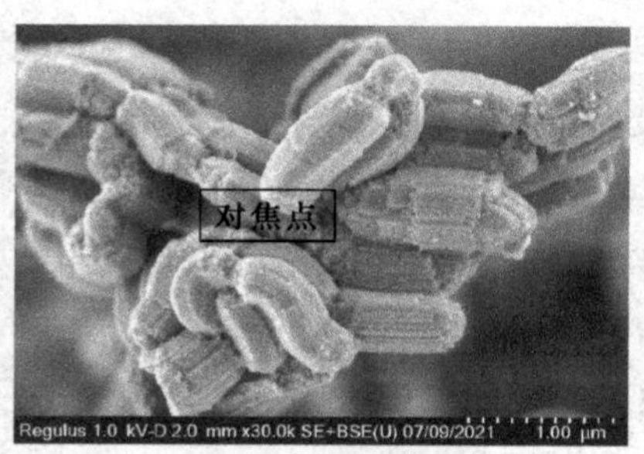

（c）适中，整体清晰

图 4.3　焦点选位（续图）

（2）有利于对调整结果做出精确判断

想获得精确的调整，选择合适的调整点（参考点）很重要。这个点的选择要有利于对调整结果做精确判断。选择较大的颗粒或起伏较大的位置做调整点是最佳方案。其原因在于这类位置的形貌衬度大，可使每一步调整的结果都极为清晰，调整也容易到位。薄膜样品的表面平整，衬度信息一般都较差，此时选择样品边缘或样品上的污染物作为粗调的起始点最有利于进行精确判断。初调结束，薄膜的细节信息也就隐约出现，这些细节信息将引导操作员对样品再进行精细调整，由此即可轻松获得满意的结果。

以上是笔者进行扫描电镜调整操作时的基本思路，希望能给读者提供一些参考。要想充分获取样品信息，测试条件的选择是基础。选择的测试条件是否合适，决定着你能获取怎样的样品信息。错误的选择，将会提供错误的样品信息。因此，必须对此有充分且正确的认识。任何仪器设备的测试过程，总结下来就是做两件事：激发样品信息，接收及处理样品信息。因此，对测试结果的影响也来自于这两个方面，对测试条件的选择，也应当从这两个方面入手。

不同的仪器设备，激发及接收处理样品信息的种类、过程和方式都不相同，对测试条件的选择当然也各有特点。对扫描电镜来说，与激发样品信息相关的仪器测试条件是加速电压和束流强度，而与信息接收有关的测试条件是工作距离和探头。下面将把扫描电镜测试条件的选择，分为工作距离和探头的选择以及加速电压和束流强度的选择这两部分来详加探讨。

4.2　扫描电镜工作距离和探头的选择

在 2.4 节中提到了形貌衬度、二次电子衬度和边缘效应、电位衬度、Z 衬度、晶粒取向衬度是形成扫描电镜表面形貌像的主要衬度类型。虽然二次电子和背散射电子是形成形貌像最重要的信号源，但形成怎样的图像衬度却取决于探头如何接收电子信息，选择哪种探头或探头的组合，以及从哪个角度去接收电子信息。探头从哪个角度接收样品的电子信息，决定着能够获取怎样的形貌衬度；以哪种探头或探头的组合接收样品的电子信息，决定着二次电子衬度和边缘效应、电位衬度、Z 衬度、晶粒取向衬度的形成。因此，获取充分的表面形貌像的关键就在于如何选择扫描电镜工作距离和探头。

虽然工作距离和探头的选择对形貌像的形成起着至关重要的作用，选择是否合适对能否获得充足的形貌信息，并避免形貌假象的干扰极为关键，但是一直以来在解释测试条件对形貌像的影响时，现有的理论体系却对这一组参数的选择存在着简单化、单调、甚至轻忽的态度。该理论体系认为工作距离越小，扫描电镜的分辨力越好。这种观点的形成是基于以下两种理论。第一种是“束斑说”，工作距离越小，电子束的束斑尺寸就可以收敛得越小，扫描电镜的分辨力也就越好。第二种是“球差说”，工作距离越小，物镜球差就越小，扫描电镜的分辨力也就越好。因此，上探头与小工作距离的组合似乎是获取高分辨形貌像的不二选择，进而发展为获取所有形貌像的不二选择——这一组合既然能获得清晰的高分辨形貌像，那么获取的低分辨形貌像会差吗？

上述观点也与电镜厂家力推小工作距离的理念有关。特别是有些电镜厂家几乎放弃对使用样品仓探头来获取样品电子信息的研究，仅将其作为一个低倍率下寻找样品测试位置的工具。这种观点会限制我们的视野，获取的表面形貌信息也较为贫乏，往往还会带来许多的测试假象，这在前面的探讨中已有所介绍。

下面将以形貌衬度这一形成表面形貌像的基本因素为切入点，通过实例来呈现并深入探讨不同工作距离和探头的组合与形貌衬度的形成有何关联，对表面形貌像的获取有何影响，形成的表面形貌像都具有怎样的优缺点。

4.2.1 工作距离和探头的选择与形貌衬度的形成

当用眼睛去观察一个物体时，物体的形态取决于眼睛从哪个角度去观察这个物体。对图像细节的影响来自 4 个方面，光线能量、光线强度、眼睛视力及观察角度，其中观察角度是根基。物体越大、细节越粗，观察角度的影响越大。不同观察角度下获得的花粉形貌如图 4.4 所示，当探头位于样品正上方时，所呈现的图像扁平，空间形态差，细节缺失严重；当探头从侧上方接收电子时，形貌像的图像形态及细节都极为丰富。

扫描电镜的成像过程与人眼来观察相似。二次电子和背散射电子是形成样品表面形貌像的信息源，如同形成图像的不同颜色（能量）的光，只改变图像颜色而无法改变图像的形态。探头恰似眼睛，获取从样品表面发出的电子，就如从不同角度去观察这个样品，电子到达探头的角度是形成表面形貌像的关键。样品不同的细节所需能充分呈现其形貌的形貌衬度不同，导致形成该形貌衬度的信息接收角也不相同。信息接收角的形成方式分为高倍率和低倍率两种情况。

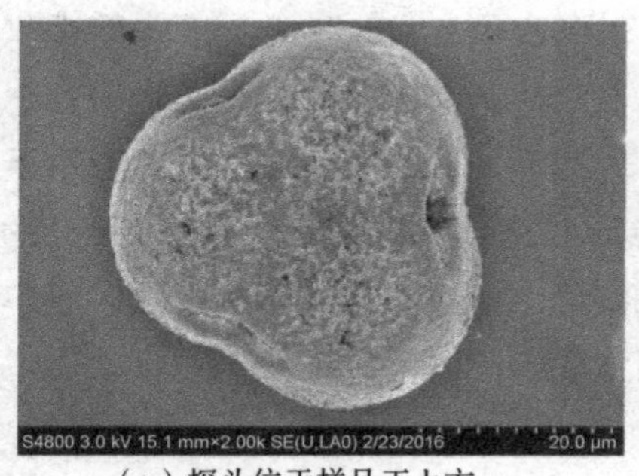

（a）探头位于样品正上方

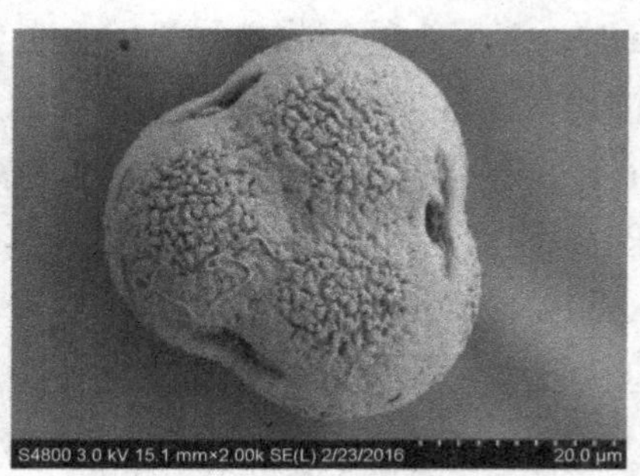

（b）探头位于样品侧上方

图 4.4　不同观察角度下获得的花粉形貌

在高倍率下，观察的样品表面起伏小于 20 nm，对形貌衬度的要求小，电子溢出角所形成的形貌衬度就完全满足需求。此时电子扩散对这类细节的负面影响是主导因素，必须加以抑制。用小工作距离将样品靠近镜筒（物镜），从样品顶部获取更多的二次电子将是最佳方案。此时不可忽视低角度信息的接收，对低角度信息接收越充分，形貌像所呈现的形貌信息就越丰富。

在低倍率下，观察的样品表面起伏较大（20 nm 以上），要求有较大的形貌衬度。利用电子溢出角来形成形貌衬度，满足不了形貌像的形成需求；而电子的扩散，无法完全掩盖该类细节，对其影响也将随细节的增大逐渐处于次要地位。想要获得充分的形貌信息，就要扩大探头对电子的接收角；只有当探头、样品及电子束三者之间形成一定的夹角，所获取的形貌衬度才能满足形貌像的形成需求。此时，充分利用样品仓探头形成形貌像就极为关键。要充分利用样品仓探头，必须以大工作距离为基础。

选择不同的工作距离和探头，就是为了调控探头接收电子信息的角度及类型，以便充分获取形貌像的各种图像衬度。

（1）不同工作距离下各探头对表面信息的接收

在扫描电镜操作中，对于多大的工作距离算大工作距离、多小的工作距离算小工作距离，并没有一个明确的规定，而且各电镜厂家产品的样品仓探头（下探头）的位置不同，也使得工作距离的大小是一个相对的概念。实践中，笔者基本上以样品仓探头是否能够充分获取样品信息作为判定工作距离过大或过小的标准。

样品仓探头接收不到样品信息时的工作距离就可以认为是小工作距离。以日立扫描电镜为例，这个工作距离大概为 4 mm。工作距离大于 4 mm 到小于等于 8 mm 时，下探头的接收效果极差；工作距离大于 8 mm 时，下探头的接收效果会逐渐进入最佳接收效果。因此，可以认为小于等于 4 mm 为小工作距离，大于 4 mm 到小于等于 8 mm 为中等工作距离，大于 8 mm 为大工作距离。由于中等工作距离不上不下，下探头接收效果不佳，上探头接收效果也不如 2 mm 的工作距离，很难获取充分的样品信息，笔者在实际测试过程中也很少使用，在本节对中等工作距离将只简单讨论一下工作距离为 8 mm 的测试情况。

- 小工作距离（WD ≤ 4 mm）

小工作距离探头工作的示意图如图 4.5 所示。上探头接收的样品信息以二次电子为主，开启样品台减速，高、低角度电子信息都更为充足。有利于呈现小于 20 nm 的表面形貌细节。但当细节大于 20 nm 时，随细节变大，接收角将逐渐无法满足充分呈现这些细节的需求。下探头位置过低，无信息。顶探头（T）位于上探头的上方，通过位于其上方的电子转换板接收各种高角度的电子。顶探头获得的形貌像的缺点是形貌衬度差，空间分辨效果差，使用范围窄，大工作距离下接收效果极差。优点是电子信息较集中，图像清晰度略好，特别有利于表现样品表面的高角度 Z 衬度信息。

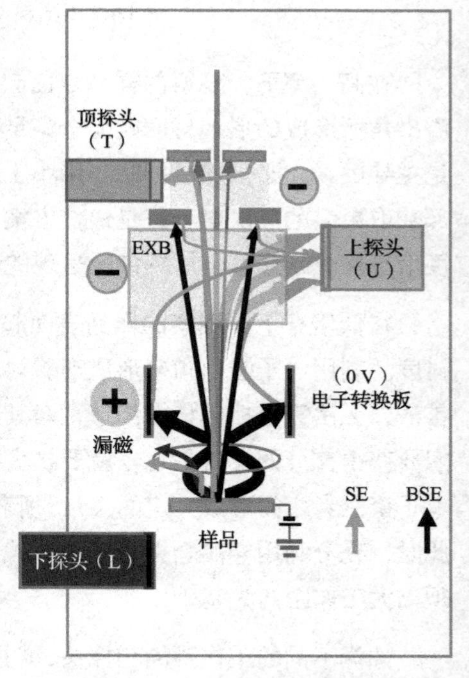

图 4.5　小工作距离探头工作的示意

使用顶探头存在以下几种情况。样品台不施加减速场时，顶探头主要接收能量较高的高角度背散射电子（HA BSE）。形貌像的信号量不足，图像信噪比差；电子扩散严重，图像细节难以分辨；电子能量较大，受荷电影响小。如图 4.6 所示，使用上探头，信号量及形貌细节相对较强，边缘效应、荷电现象也较明显；使用顶探头，信号量及形貌细节相对较弱，无边缘效应及荷电现象。

（a）上探头

（b）顶探头

图 4.6　两种探头获得的 SBA-15 形貌像的对比

顶探头只有在小工作距离下才有使用的价值，工作距离越大顶探头接收的信息越少，基本不存在测试意义。工作距离大于 8 mm 时，顶探头基本接收不到样品电子信息，可以完全忽略该探头，如图 4.7 所示。

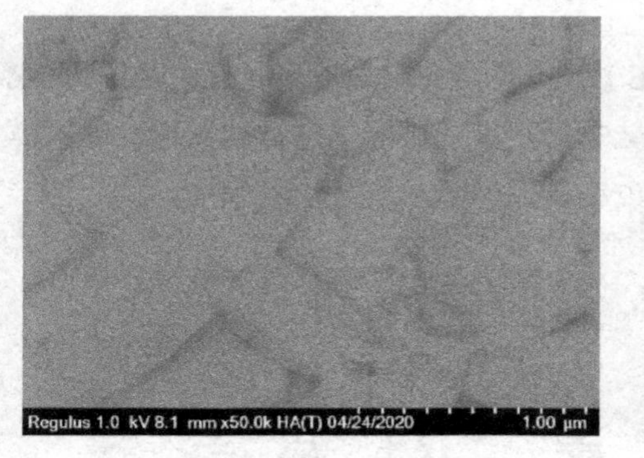

（a）WD=8.1 mm

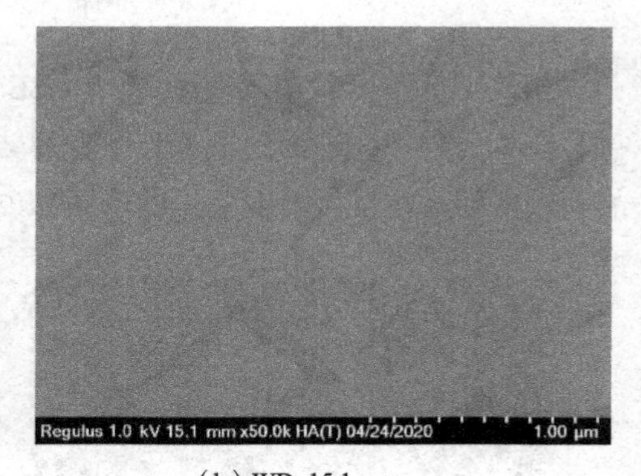

（b）WD=15.1 mm

图 4.7　工作距离对顶探头接收电子的影响

在样品台施加减速场之后，溢出样品表面的二次电子能量提高，使到达顶探头的电子变为以高角度二次电子为主，高角度背散射电子占比较小。形貌像的特征是二次电子衬度及边缘效应增加、形貌像的立体感较差、荷电及电位衬度较大，如图 4.8 所示。

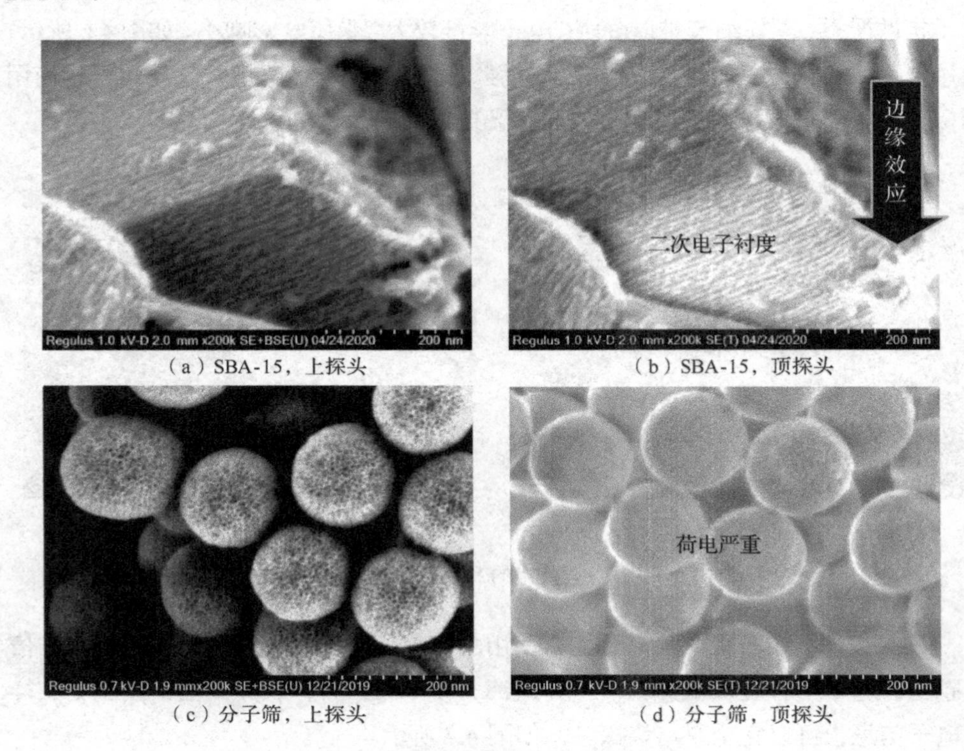

（a）SBA-15，上探头　（b）SBA-15，顶探头

（c）分子筛，上探头　（d）分子筛，顶探头

图 4.8　两种探头获得的形貌对比

相较于低角度背散射电子（LA BSE），高角度背散射电子（HA BSE）的 Z 衬度会更强烈一些，因此顶探头图像的 Z 衬度更大。要获得这样的图像，要求样品有较大的高角度背散射电子的产额和溢出量，如图 4.9 所示。

（a）低角度背散射电子

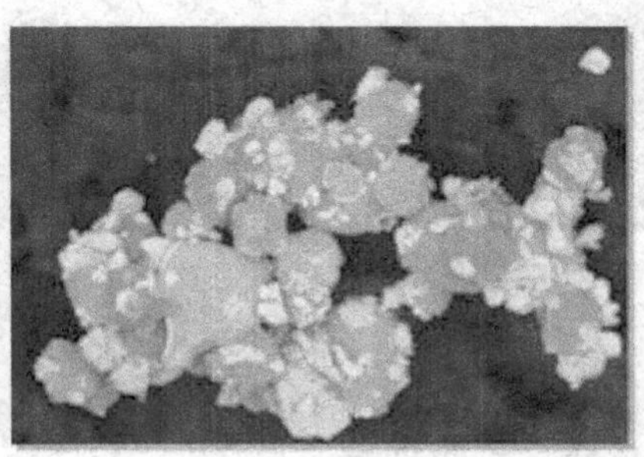

（b）高角度背散射电子

图 4.9　背散射电子形成的形貌像

总之，顶探头有利于在小工作距离条件下获取某些特殊的图像衬度信息（Z 衬度及电位衬度），图像清晰度略好。缺点是对电子信息的接收效果较差，形貌衬度不足，层次感较差，因高角度二次电子较多，形貌像容易受荷电影响。

以上特点在其他厂家的电镜中也有体现。探头过于靠近光轴，接收的信息以高角度电子为主，空间信息不充分；要使图像的空间信息更充分，选择离光轴远一点的探头会更好一些。对于大部分电子信息的获取，在日立扫描电镜中主要用到的是上、下两个探头，因此下面讨论的重点将针对这两个探头展开。以介孔 SBA-15 的形貌测试结果为素材，按高、低倍率分组来进行讨论。

WD=2 mm，低倍率（1 万倍），观察的细节为微米级的细节，所获得的 SBA-15 的形貌像如图 4.10 所示。使用上探头时，接收的高角度电子信息较多，形貌衬度较差，不足以充分表现较粗的表面形貌细节，图像被压扁，空间信息不足，细节贫乏，图像整体的辨析度差。使用下探头时，接收不到电子信息。使用上探头、减速模式，电子的能量提高，电子转换板将更多低角度电子送入镜筒，被上探头接收到，增大了形貌衬度，形貌像空间信息更充分，立体感变强，辨析度变好。

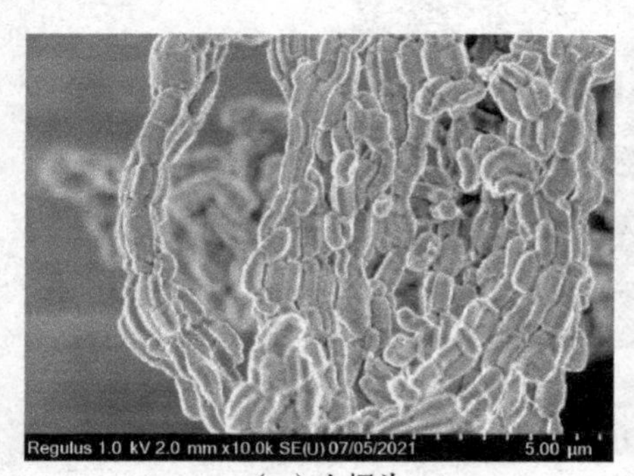

（a）上探头

（b）下探头

（c）上探头，减速模式

图 4.10　WD=2 mm，1 万倍下 SBA-15 的形貌像

WD =2 mm，高倍率（15 万倍），观察 10 nm 以下的介孔细节，所获得的 SBA-15 的形貌像如图 4.11 所示。使用上探头时，接收的高角度电子信息较多，图像清晰度好；低角度电子信息不足，使图像立体感差，有轻微的荷电现象，整体的辨析度略差。使用下探头时，接收不到电子信息。使用上探头、减速模式时，上探头接收到更多的低角度电子信息，形貌衬度增加，图像层次感更强烈，空间分辨效果更好，图像细节的辨析度更优异，但清晰度有所降低。

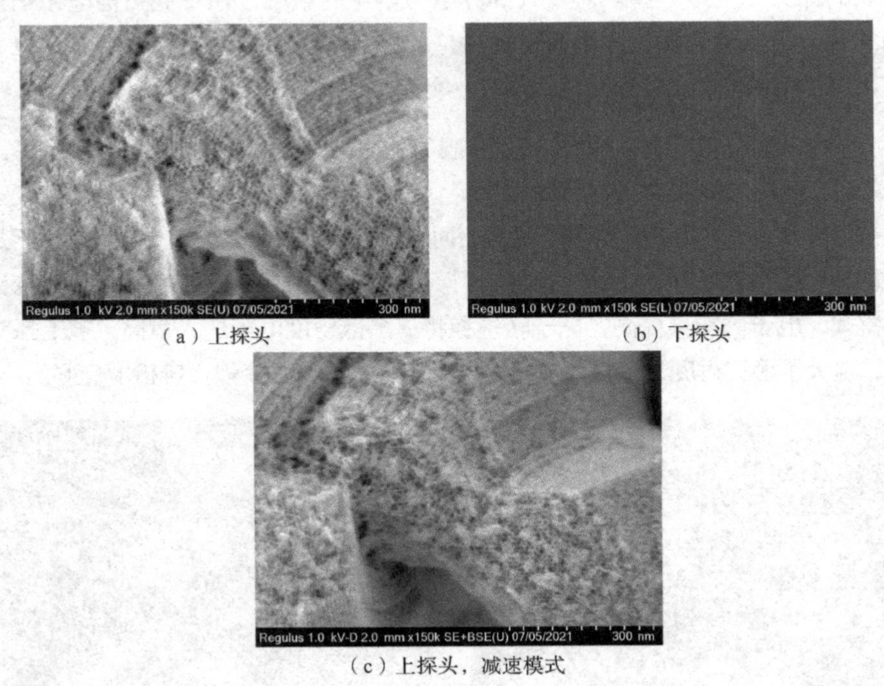

（a）上探头　（b）下探头

（c）上探头，减速模式

图 4.11　WD=2 mm，15 万倍下 SBA-15 的形貌像

直径 10 nm 以下的介孔，细节起伏小，图像对形貌衬度要求低，不同角度的电子信息足以形成形貌像所需的形貌衬度，此时排除电子扩散对细节的影响很重要。接收更多的二次电子，特别是低角度二次电子，是形成高分辨形貌像的关键。采用小工作距离测试，进入镜筒的背散射电子的量和散射角都不大，对细节清晰度的影响有限，却是形貌衬度的最佳补充。图 4.5 所示的 EXB 系统对进入上探头的信号进行分离，使其接收的基本是二次电子，图像细节受电子扩散的影响小。使用减速模式，通过电子转换板，上探头将接收到更多低角度电子信息，形貌像的空间感更优异，但是清晰度受低角度电子信息的影响而有所下降。因此，使用减速模式的重要功能是帮助上探头获取更为充分的样品信息，如图 4.10 和图 4.11 所示，减速模式促使

上探头获取更为充分的样品信息，形貌像辨析度更好。

由于下探头无信号，使用混合模式将电子信息混合后，结果与单独使用上探头所获得的结果接近，如图 4.12 所示。

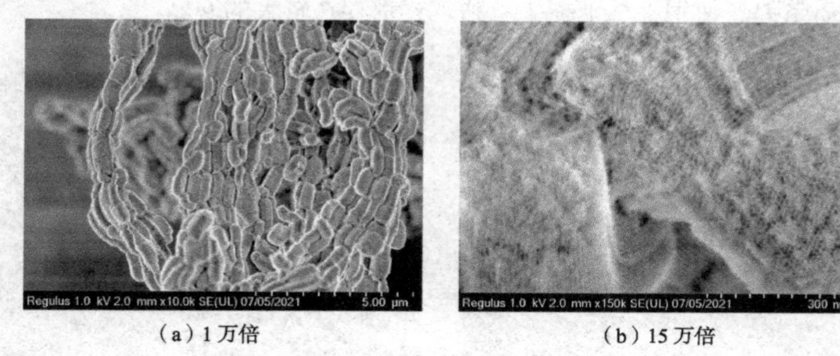

（a）1 万倍　　（b）15 万倍

图 4.12　使用混合模式的 SBA-15 的形貌像

- 中等工作距离（仅讨论 WD=8 mm 的情况）

中等工作距离探头工作的示意图如图 4.13 所示，上探头接收到的电子总量减弱，高角度电子占比却增大，图像的信息量及形貌衬度相对于使用小工作距离都有明显的下降。下探头位置略高于样品，与样品之间形成的接收角较差，接收到的各种信息的信号量都较少，图像信噪比差，但探头和样品之间形成一定的夹角，提升了形貌衬度，可较为充分地呈现样品起伏较大的表面形貌细节。

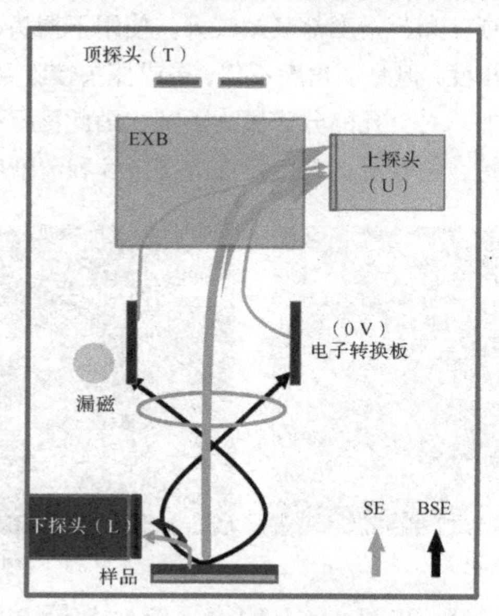

图 4.13　中等工作距离探头工作的示意

低倍率（1 万倍）下观察微米级别的细节，所获取的 SBA-15 的形貌像如图 4.14 所示。工作距离为 8 mm 时，上探头接收到更多的高角度电子，形成的形貌衬度减弱，形貌像空间感差，大细节的辨析度不足。下探头获取的信号量少，图像质量差。使用上、下探头单独观察都存在较大的问题。

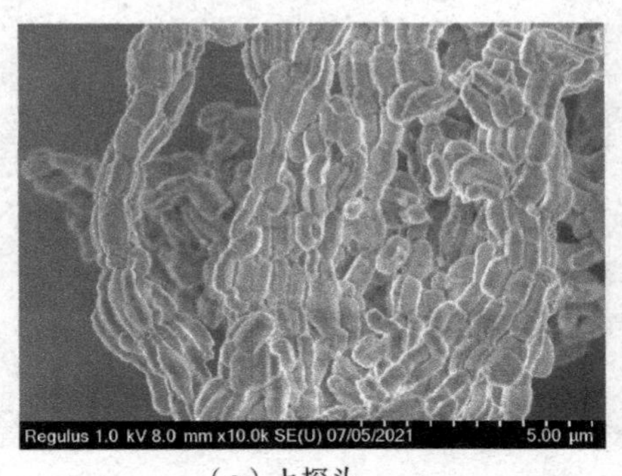

（a）上探头

（b）下探头

图 4.14　WD=8 mm，1 万倍下 SBA-15 的形貌像

高倍率（15 万倍）下观察 10 nm 以下的介孔，所获取的 SBA-15 的形貌像如图 4.15 所示。使用上探头观察，接收的电子中高角度二次电子的占比增大，使得形貌衬度难以满足呈现大细节的需求。由于工作距离的拉大，电子束弥散度将会增加，上探头接收到的信息量也会减弱，故高倍率图像只能隐约见到孔洞的形貌，但清晰度和辨析度都衰减较大。使用下探头，虽然探头与样品和电子束之间形成一定角度，但是该角度不佳，造成探头接收到的样品信息不充足。背散射电子含量的增加，对介孔的分辨极为不利，因此该探头形成的形貌像，整体细节模糊、信噪比差、信号量贫乏，图像的辨析度和清晰度都极差。

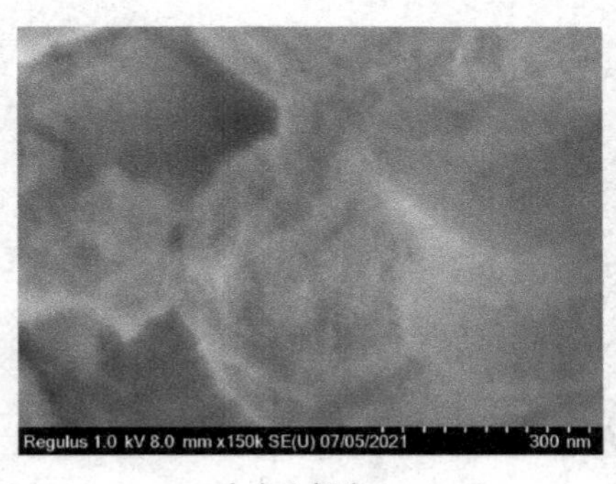

（a）上探头

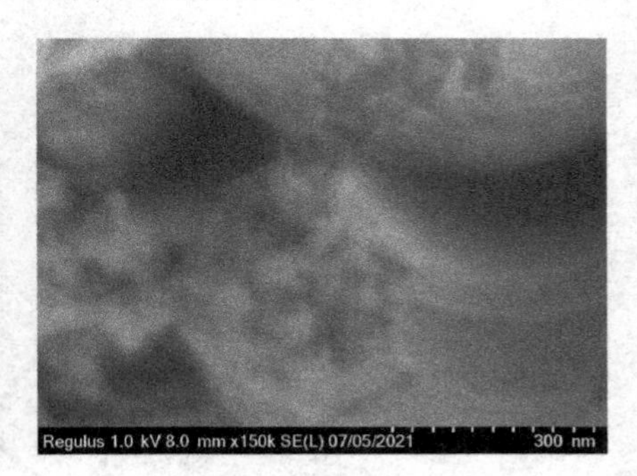

（b）下探头

图 4.15　WD=8 mm，15 万倍下 SBA-15 的形貌像

混合模式获得的结果如图 4.16 所示。由于上探头接收的电子较多，是形成形貌像的主要信息来源，图像的特性与上探头获得的图像更接近，但在形貌像的空间感上略有改善，使形貌像的整体效果较单独使用任何一种探头都有所提升。

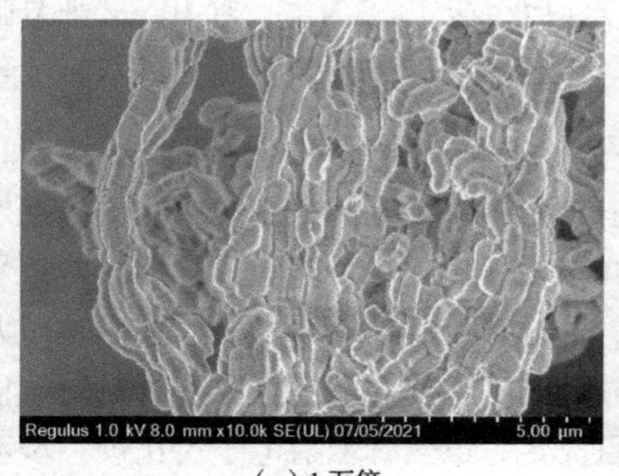

（a）1 万倍

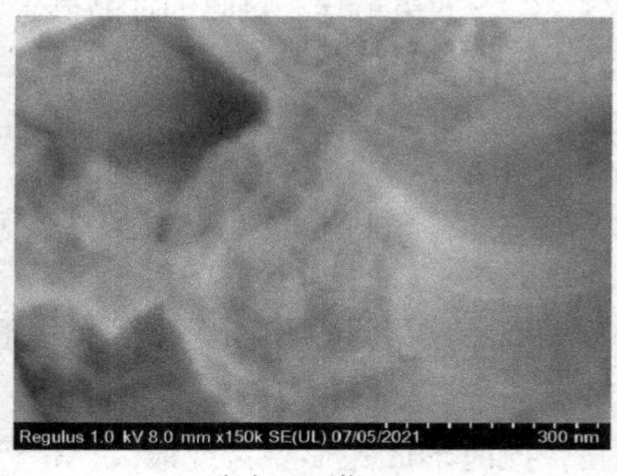

（b）15 万倍

图 4.16　WD=8 mm，混合模式下 SBA-15 的形貌像

- 大工作距离（仅讨论 WD=15 mm 的情况）

大工作距离探头工作的示意如图 4.17 所示。由于工作距离大，上探头与

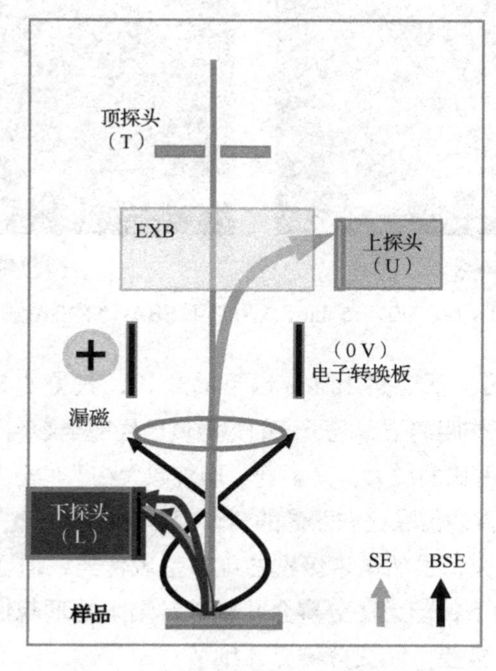

图 4.17　大工作距离探头工作的示意

样品相距较远，接收到的样品电子信息进一步减少，高角度电子信息占比进一步增大。形貌像的各种细节都将变差，荷电也将增强。下探头与样品形成最佳的信息接收角，有利于呈现样品表面起伏较大的形貌细节，低倍率的形貌像整体形态充分，综合效果最佳。接收的样品电子信息以背散射电子为主，对 10 nm 细节影响较大。高倍率形貌像中无法观察到小于 10 nm 的形貌细节。形貌像的清晰度随倍率提高下降严重。

低倍率（1 万倍）下观察微米级别的细节，获得的 SBA-15 的形貌像如图 4.18 所示。上探头获取的电子中，高角度电子占比进一步增大，但总体信号量却减弱，结果是图像如同被压扁一般，同时形貌像的信号弱、立体感差、大细节更加难以分辨，且受荷电的影响极为明显。下探头与样品形成最佳的信息接收角，此时形成的形貌衬度最大，信号量充足，虽然背散射电子占比进一步增大，但对分辨微米级别细节的影响不大。形成形貌像的最终结果是图像空间信息充足，辨析度高，立体感和层次感强，景深好，整体效果最佳。

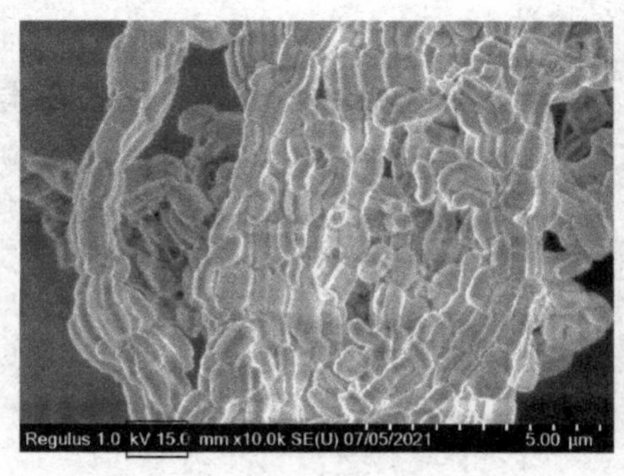

（a）上探头

（b）下探头

图 4.18　WD=15 mm，1 万倍下 SBA-15 的形貌像

高倍率（15 万倍）下观察 10 nm 以下的介孔，获得的 SBA-15 的形貌像如图 4.19 所示。在该工作距离下，电子束的弥散度已经完全影响了上探头对介孔的分辨效果。高角度电子占比的增大，又影响了形貌像大细节的分辨，同时使荷电的影响增大。结果是形貌像的信噪比和图像的清晰度、辨析度严重下降，荷电现象却进一步增强。对于下探头，虽然微米级别的细节呈现优异，但在背散射电子和电子束弥散度增加的影响下，却无法分辨介孔细节。结果是形貌像立体感强，空间感优异，但整体清晰度极差，无法分辨介孔细节。

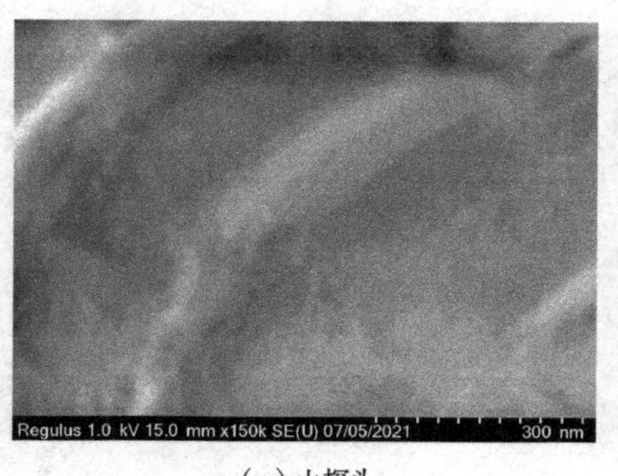

（a）上探头

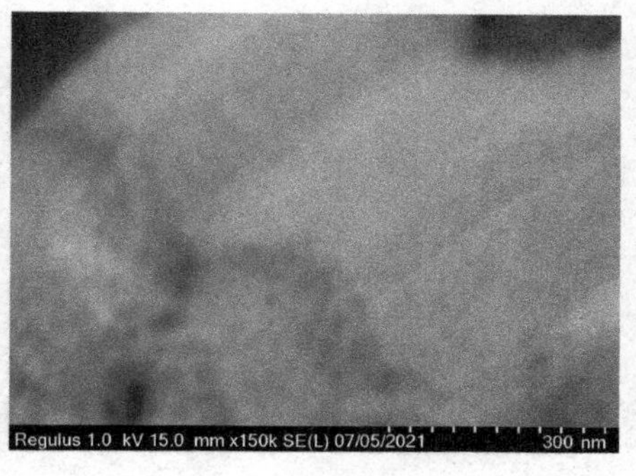

（b）下探头

图 4.19　WD=15 mm，15 万倍下 SBA-15 的形貌像

混合模式下，由于受到上探头的影响，探头接收的二次电子比单纯用下探头要多，形貌像的清晰度有所改善，如图 4.20 所示。但是上探头对形貌衬度的抑制也会影响形貌像的整体空间形态，特别是对大细节有所抑制。形貌像的整体结果更接近下探头的结果，只是低倍率下立体感变差，清晰度变好，整体的辨析度略显不足；高倍率下，图像的清晰度略有改善，由于此时形貌空间的伸展不大，图像立体感减弱的影响并不明显，故而形貌像的整体质量相较单独使用下探头略有提升。

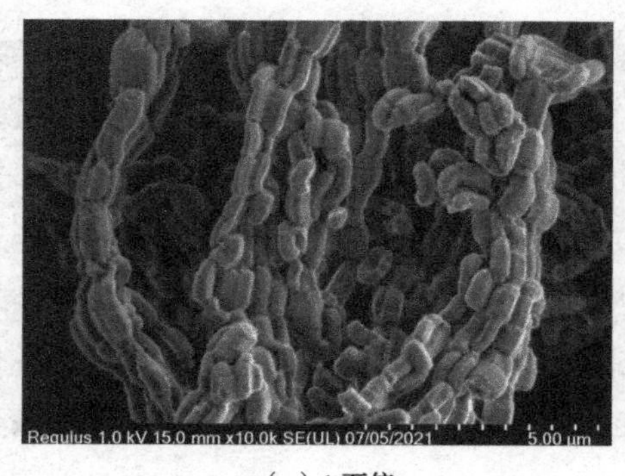

（a）1 万倍

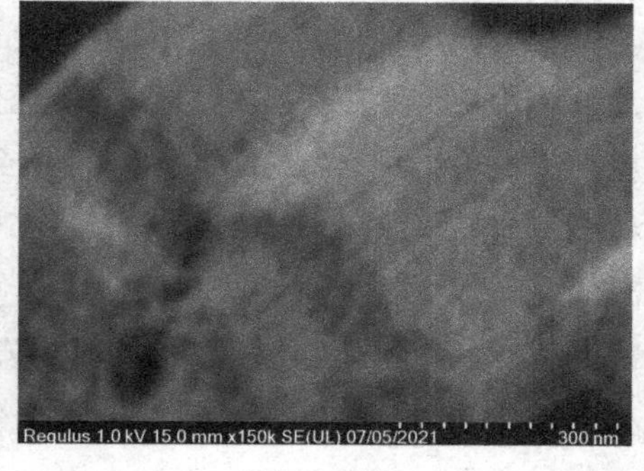

（b）15 万倍

图 4.20　WD=15 mm，混合模式下 SBA-15 的形貌像

- 低倍率下探头与大工作距离的组合同减速模式的结果对比

从以上实例可见，在低倍率（1 万倍）下，使用下探头与大工作距离的组合或减速模式都可以获取非常优异的形貌像。但两者之间还是各有优劣，减速模式在空间形貌的整体呈现上略显不足，空间的层次、景深和立体感较弱；下探头与大工作距离的组合在清晰度上处于劣势，如图 4.21 所示。

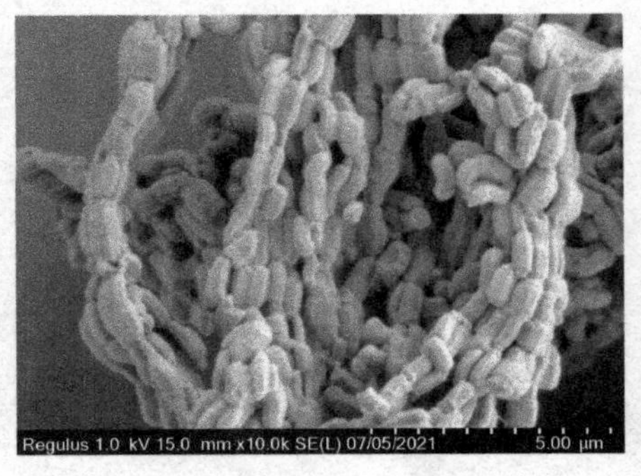

（a）下探头与大工作距离的组合

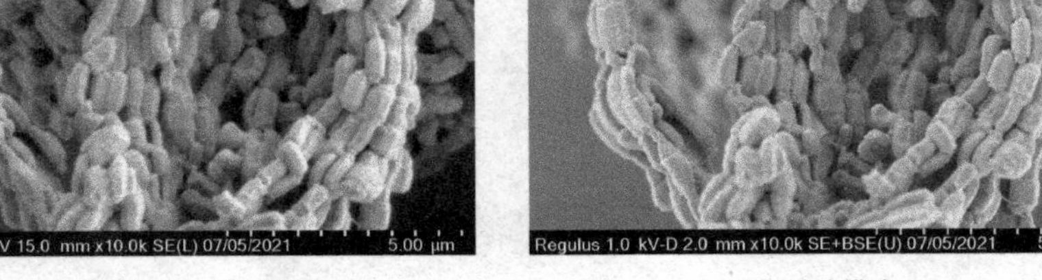

（b）减速模式

图 4.21　SBA-15 形貌对比

（2）探头组合和工作距离的选择

上文通过实例探讨了不同工作距离下，使用不同探头组合所获取的形貌像特性。接下来将继续以介孔 SBA-15 的形貌像为例，分别在高倍率和低倍率下对比 3 种探头组合分别在 3 个不同工作距离下所获取的形貌像测试结果。通过直接对比形貌像测试结果，评判不同探头组合与工作距离条件的优缺点，充分认识它们的适用范围，为操作人员提供参考。

低倍率（5000 倍）的形貌像对比如图 4.22 所示。使用下探头，当 WD=14.9 mm 时，形貌像各方面呈现效果明显都是最佳的，WD=8 mm 时，信号不足，图像信噪比差，WD=2.1 mm 时，接收不到信号。使用上探头，当 WD=14.9 mm 时，形貌像整体效果最差，WD=8 mm 时，效果稍微改善，WD=2.1 mm 时，荷电影响减弱、空间立体感进一步得到改善。使用混合模式，WD=14.9 mm 时，整体效果好，WD=8 mm 和 2.1 mm 时，形貌像效果较差。低倍率下测试的综合结果是选择下探头与大工作距离的组合效果最佳，形貌像的空间立体感和层次感都最充分，信号量足，细节丰富，无荷电影响。

高倍率（20 万倍）下的形貌像对比如图 4.23 所示。使用下探头，当 WD=14.9 mm 时，虽然图像立体感较强，但是整体的清晰度和辨析度都最差，WD=8 mm 时，图像的清晰度略有改善，WD=2.1 mm 时接收不到信号。使用上探头，WD=14.9 mm 时，图像效果最差，WD=8 mm 时，图像细节略好，WD=2.1 mm 时，图像效果最佳。使用混合模式，WD=14.9 mm 时，图像效果最差，WD=8 mm 时，图像效果有所改善，WD=2.1 mm 时，图像受荷电影响小，空间信息足、细节充分，测试结果最佳。

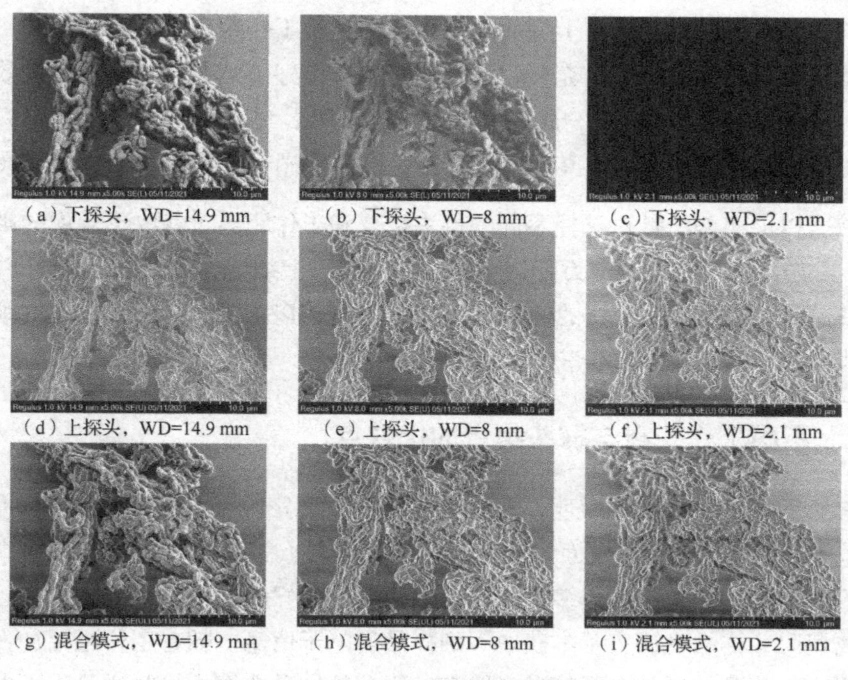

（a）下探头，WD=14.9 mm　（b）下探头，WD=8 mm　（c）下探头，WD=2.1 mm

（d）上探头，WD=14.9 mm　（e）上探头，WD=8 mm　（f）上探头，WD=2.1 mm

（g）混合模式，WD=14.9 mm　（h）混合模式，WD=8 mm　（i）混合模式，WD=2.1 mm

图 4.22　SBA-15 在 5000 倍下的形貌像对比

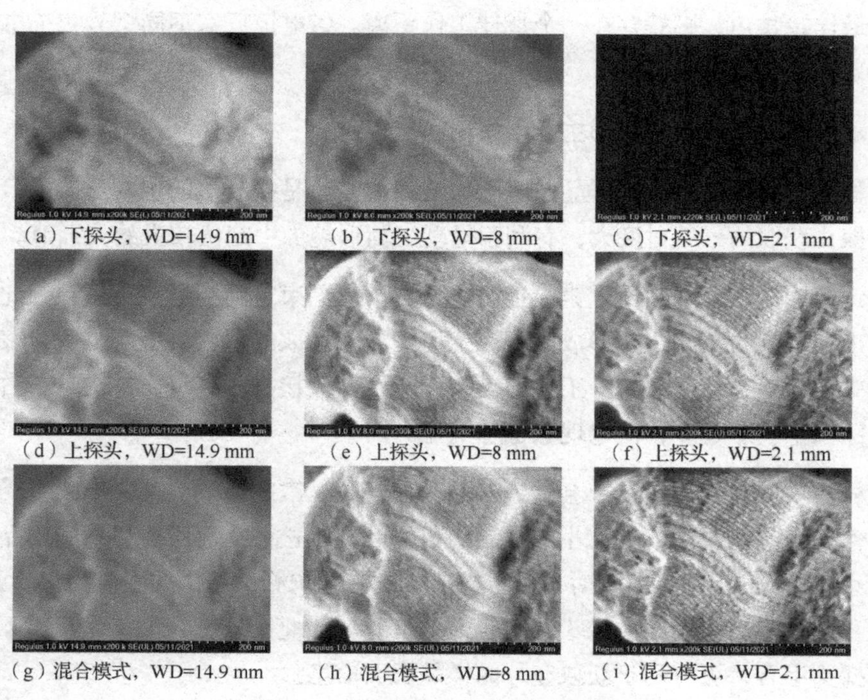

（a）下探头，WD=14.9 mm　（b）下探头，WD=8 mm　（c）下探头，WD=2.1 mm

（d）上探头，WD=14.9 mm　（e）上探头，WD=8 mm　（f）上探头，WD=2.1 mm

（g）混合模式，WD=14.9 mm　（h）混合模式，WD=8 mm　（i）混合模式，WD=2.1 mm

图 4.23　SBA-15 在 20 万倍下的形貌像对比

高倍率下测试的结果是上探头或混合模式与小工作距离的组合获得的二次电子含量足，各角度的电子较充分，图像空间立体感好，细节充分，形貌像效果最佳。8 mm 左右的工作距离，成像效果则大大下降。15 mm 左右的工作距离下所有探头组合拍摄图像的细节几乎都看不到，图像模糊，形貌像的测试结果最差。

综合以上实例，针对选择不同的探头组合和工作距离对获取形貌像的影响的探讨，可得出如下结论：10 万倍以下观察 20 nm 以上细节，大工作距离拥有优势，且倍率越低，用下探头观察的优势越明显。10 万倍以上观察 20 nm 以下的细节，上探头与小工作距离的组合获得的图像效果更好。

4.2.2 不同工作距离与探头组合的优缺点

综合前文的分析结果表明，改变工作距离主要影响的是镜筒内探头（U）和样品仓探头（L）对样品表面形貌信息的接收效果。工作距离越小，镜筒内探头接收到的样品电子信息就越多，样品仓探头接收的样品电子信息就越少。当样品紧靠物镜时，样品仓探头基本获取不到样品的电子信息。随着工作距离加大，样品仓探头接收到的样品电子信息会增多。要获得样品仓探头接收样品表面电子信息的最佳接收角，必然存在一个最佳工作距离。各电镜厂家不同型号扫描电镜的最佳工作距离并不一样。

不同探头形成接收角的主导因素不同。

样品仓探头：探头、样品及电子束之间的夹角是接收角的主要形成因素。样品仓探头获取的形貌衬度大，有利于呈现表面形貌像中起伏较大的大细节。

镜筒内探头：探头通过镜筒接收电子，与电子束之间不形成夹角，因此电子的溢出角是接收角的主要形成因素。镜筒内探头获取的形貌衬度小，适合表现形貌像中起伏较小的小细节。工作距离越大，该探头接收的高角度二次电子占比越大，图像空间感越差，荷电现象也越明显。

样品表面形貌像的细节会受到样品表面电子扩散的影响，这一影响会受到样品特性及所需呈现的细节大小的限制。当样品比较松散，而所要呈现的样品细节又极小（10 nm 以下细节）时，电子扩散会成为影响测试结果的主要因素，此时，选用小工作距离与镜筒内探头的组合最为有利。除此以外，在大工作距离下选择不同探头组合将更有利于获取充分的样品表面信息。

不同工作距离测试的优缺点对比如表 4.1 所示。

表 4.1　不同工作距离测试的优缺点对比

对比项	大工作距离（＞8 mm）的情况	小工作距离（≤4 mm）的情况
探头对样品信息的接收	样品仓及镜筒内探头都能接收到样品信息。工作距离越大样品仓探头接收的电子信息越多，但存在一个最佳工作距离	样品越靠近镜筒，镜筒内探头对样品信息接收越优异。样品仓探头越接收不到样品信息
对样品分析的影响	有利于对样品进行能谱及 EBSD 分析	不利于对样品进行能谱及 EBSD 分析
图像信息的种类	可以自由组合各种探头所获取的电子信息。表面形貌信息极为充分	以镜筒内探头获取样品表面二次电子为主，所呈现的形貌信息较为单调
图像的空间立体感	优异	较差
高倍率（＞10 万倍）图像的清晰度	较差	优异
分辨力	有利于分辨大于 200 nm 的样品细节	有利于观察小于 10 nm 的样品细节
荷电场、物镜漏磁的影响	不易受到样品的荷电场及物镜漏磁的影响	易受样品的荷电场及物镜漏磁的影响
样品移动范围	大	小
倍率变化范围	大	小
对样品的热损伤	小	大
对镜筒的污染	小	大

从表 4.1 可见，大工作距离带给测试工作的便利和可获取的信息远比选择小工作距离要多。小工作距离仅在要求图像有高清晰度和呈现细小形貌等少数情况下可获得良好的测试结果。据此，将常规测试工作距离设为能谱的最佳工作距离，再依据信息需求进行调整是一个明智的选择。

4.2.3　不同工作距离与探头组合的成像结果对比

本节将通过对同样的样品使用不同工作距离和探头组合获取的形貌像的对比，更系统地呈现这些组合对形成形貌像的各种衬度信息会产生怎样的影响，在样品形貌分析中会带来哪些便利，以及各类探头（特别是样品仓探头）的最佳工作距离究竟是多少。这些分析虽局限于日立冷场发射扫描电镜，但是对其他厂家的电镜在选取这些条件上，同样具有一定参考价值。

（1）下探头的最佳工作距离

各电镜厂家在设计下探头时，位置多有不同，因此其最佳工作距离也不相同。但是有一点是相同的，最佳工作距离总是探头接收信号最强的位置，也是形貌衬度表现最优异、图像立体感最强的位置。图 4.24 是铁片在不同工作距离用下探头获取的形貌像对比。WD=7.9 mm 时，因接收到的样品信息较少，图像信噪比差，立体感较弱。WD ＞ 7.9 mm 时，接收的样品信息逐渐增多，立体感加强，WD=15.4 mm 时，达到最佳的成像效果。WD ＞ 15.4 mm 时，接收效果变差，图像立体感缓慢减弱。

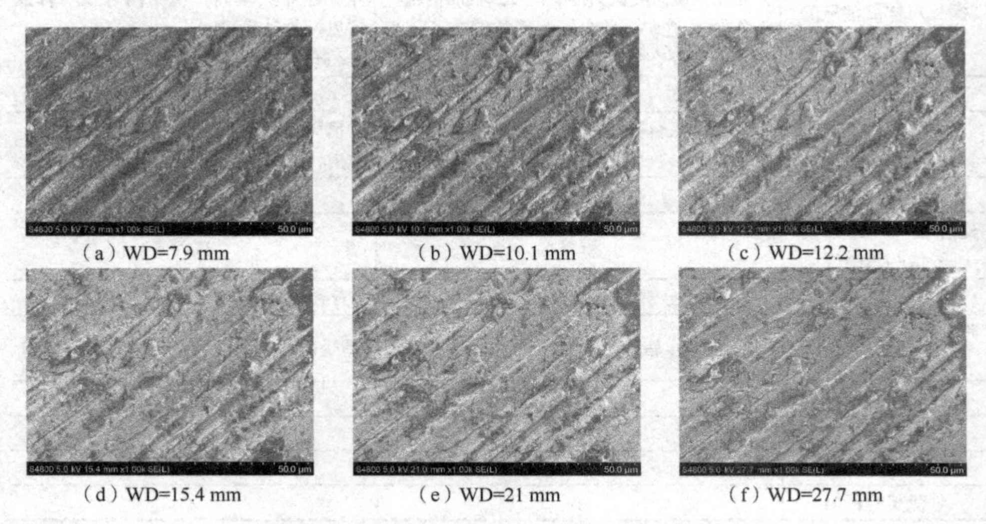

（a）WD=7.9 mm　（b）WD=10.1 mm　（c）WD=12.2 mm

（d）WD=15.4 mm　（e）WD=21 mm　（f）WD=27.7 mm

图 4.24　铁片在不同工作距离下用下探头获取的形貌像对比

使用小工作距离时，对样品信息的接收局限在上探头，接收到的样品信息较为单调。虽有利于在高倍率时呈现小于 10 nm 的样品细节信息，但不利于全面获取样品的表面信息。因此将样品置于下探头的最佳工作距离就十分必要。下探头位置设计得越合理，就越容易利用探头和工作距离的组合来改变表面形貌像中二次电子与背散射电子的比值以及接收角的范围，同时也将增加样品的操作范围，使图像中的各种衬度信息能得到更充分的展现。

（2）工作距离和探头的选择与分辨力

充分的实例表明：小工作距离与上探头的组合最适用于将图像放大到 10 万倍以上，去观察小于 10 nm 的样品细节，而对于观察 20 nm 以上，特别是 200 nm 以上的细节却未必有利。对于介孔 SiO_2 样品（孔径小于 10 nm），在选择小工作距离与上探头的测试条件时，有利于呈现孔道信息。但是该条件在低倍率下观察 SiO_2 颗粒的整体形貌时，是否也有同样的表现？

图 4.25 展示了 10 万倍下介孔 SiO_2 的形貌，介孔孔径小于 10 nm。图 4.25（a）使用 15 mm 工作距离与混合模式的组合，背散射电子成分较多，孔道信息被完

全掩盖；图 4.25（b）使用 2.1 mm 工作距离与混合模式的组合，背散射电子被屏蔽，孔道信息清晰明了。

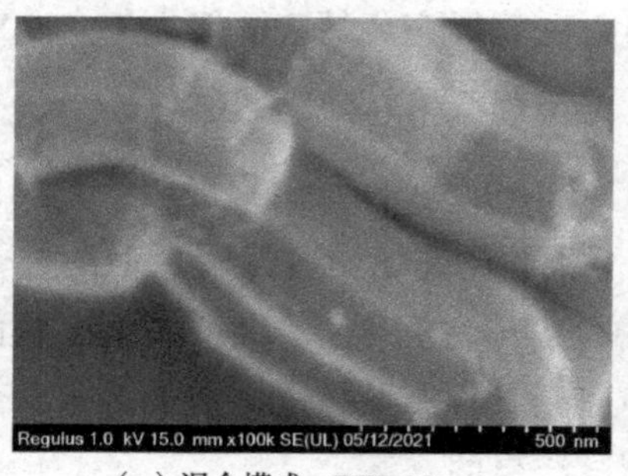

（a）混合模式，WD=15 mm

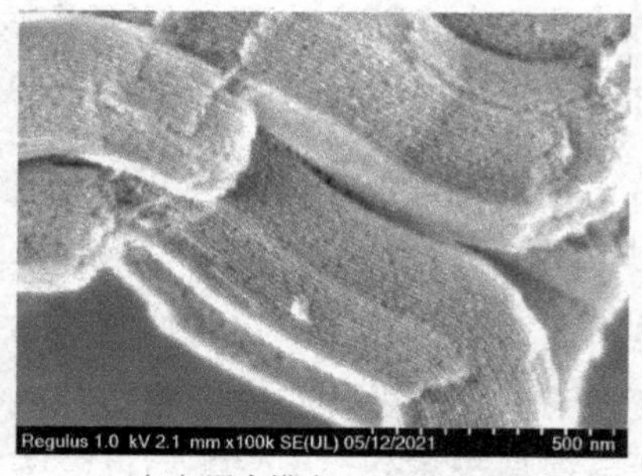

（b）混合模式，WD=2.1 mm

图 4.25　10 万倍下介孔 SiO_2 形貌

如需观察介孔 SiO_2 的颗粒形态，倍率降到 2 万倍及以下。用小工作距离与混合模式的组合，形貌衬度将无法满足需求，同时荷电也十分明显，如图 4.26 所示。大工作距离与下探头的组合获得的图像效果更佳。

（a）下探头，WD=14.9 mm，2万倍

（b）混合模式，WD=2.1 mm，2万倍

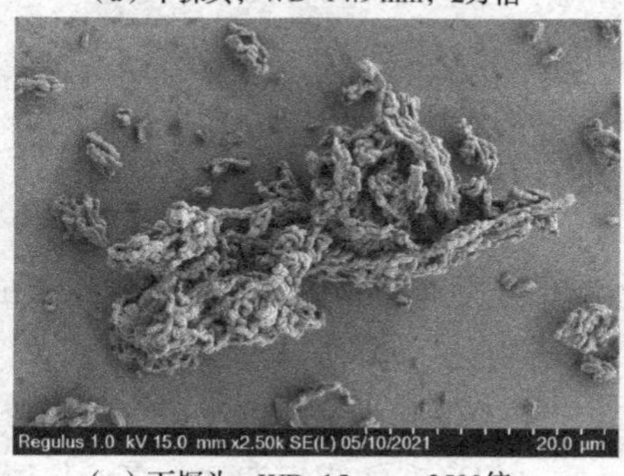

（c）下探头，WD=15 mm，2500倍

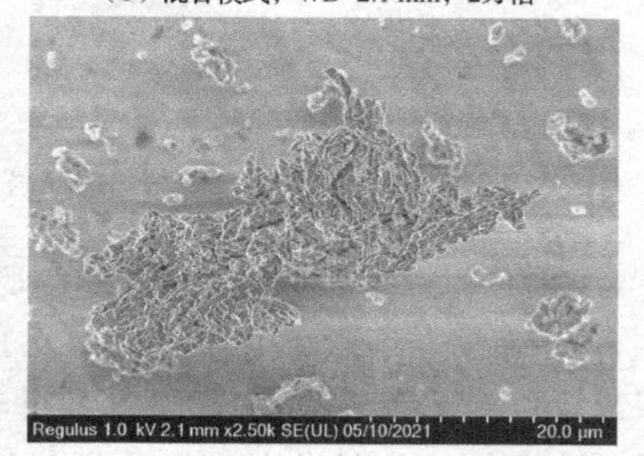

（d）混合模式，WD=2.1 mm，2500倍

图 4.26　低倍率下介孔 SiO_2 形貌

上述实例充分体现，影响分辨力的因素是动态变化的。随着样品特性以及需要观察的形貌特征的改变，形成形貌衬度的主导因素也会发生改变；与之相对应的是测试条件也应随之改变，否则探头将无法获得充分的表面形貌信息，获得的形貌像也无法呈现出高分辨效果。

图 4.27 和图 4.28 展示了泡沫镍负载 Co_3O_4 的形貌，其结果表明，大工作距离与下探头的组合在 10 万倍以上的高倍率下，即便图像清晰度受背散射电子影响而略显不足，但对 20 nm 以上样品细节的分辨却占据优势。片状 Co_3O_4 表面有许多深度大于 10 nm 的沟纹，存在该结构也正是其拥有极佳储电能力的基础。对该细节的呈现是否充分，决定着扫描电镜测试结果的好坏。

为了说明结果的普适性，先对比一组热场发射扫描电镜的照片。图 4.27 展示了热场发射扫描电镜 10 万倍下拍摄的泡沫镍负载 Co_3O_4 样品的形貌，虽然（a）图的形貌像整体清晰度略差，但图像细节优异。白框中片状 Co_3O_4 的沟纹细节丰富，清晰度也足够对这些细节做出明确的分辨。（b）图的形貌像清晰度优异，但细节贫乏，Co_3O_4 表面平坦，难以分辨沟纹的细节，黑框部位细节与整体差异大，为在高倍率下调整时的电子束热损伤所致。

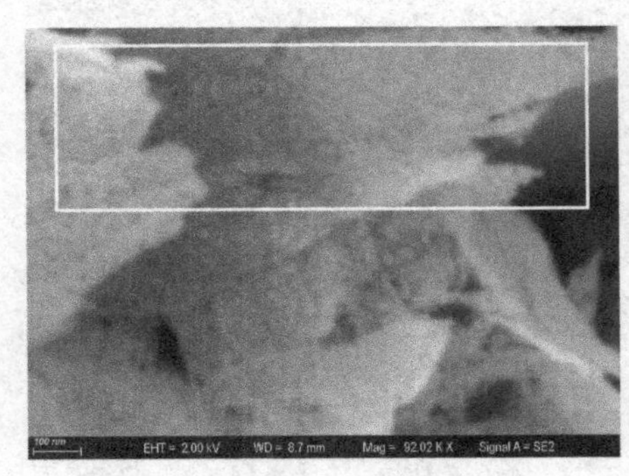

（a）WD=8.7 mm，样品仓探头

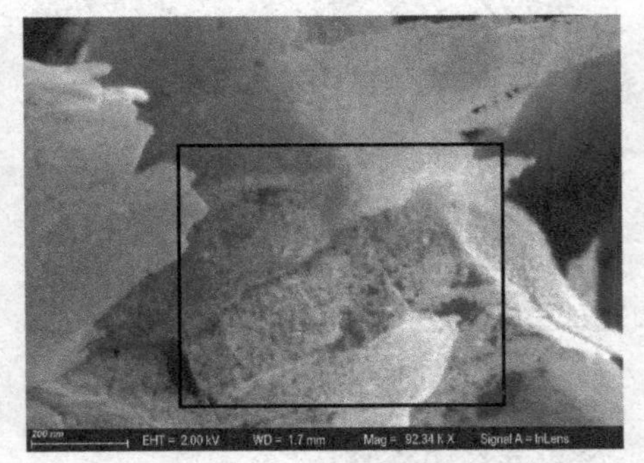

（b）WD=1.7 mm，镜筒内探头

图 4.27　热场发射扫描电镜 10 万倍下拍摄的泡沫镍负载 Co_3O_4 样品的形貌

同样的样品用冷场发射扫描电镜的观察结果如图 4.28 所示。测试条件为 8 mm 左右工作距离与混合模式的组合，以及 15 mm 左右工作距离与下探头的组合。结果都是 14.4 mm 工作距离与下探头的组合获得的图像有更好的细节分辨力。形貌像所呈现的 Co_3O_4 纳米片上的沟纹清晰度虽差，但形态的辨析度好，高低位置层次分明，立体感强，沟纹可被轻松分辨。

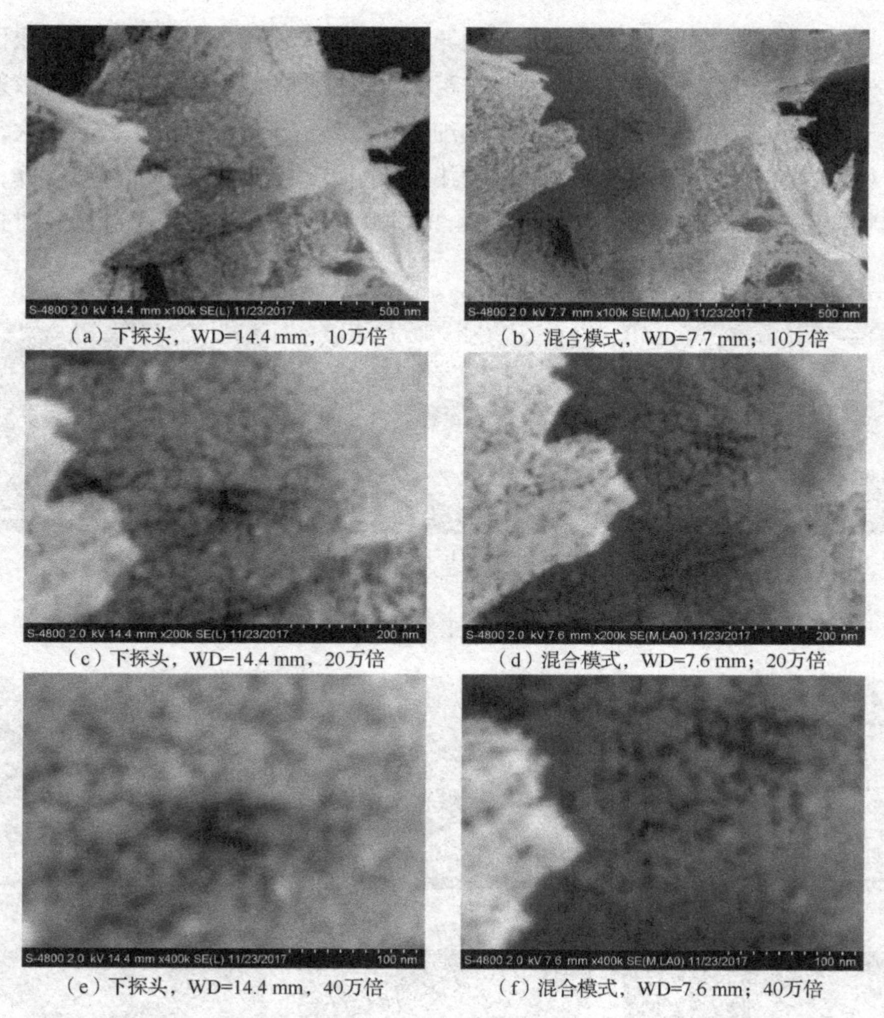

（a）下探头，WD=14.4 mm，10万倍　　（b）混合模式，WD=7.7 mm；10万倍

（c）下探头，WD=14.4 mm，20万倍　　（d）混合模式，WD=7.6 mm；20万倍

（e）下探头，WD=14.4 mm，40万倍　　（f）混合模式，WD=7.6 mm；40万倍

图 4.28　冷场发射扫描电镜拍摄的泡沫镍负载 Co_3O_4 样品的形貌

以上实例充分展示了工作距离与探头的选择对分辨力的影响也遵循着辩证的关系。将小工作距离与镜筒内探头的组合作为获取高分辨像唯一的正确选择，进而将该组合的条件扩展为扫描电镜主要测试条件的观念存在极大偏颇，不利于获取完整的表面形貌信息。完整的表面形貌信息不仅包含形貌衬度这一种衬度信息，二次电子衬度和边缘效应、电位衬度、Z 衬度、晶粒取向衬度等都有各自擅长呈现的样品表面形貌。这些衬度信息的信号源并不相同，有些以二次电子作为信号源，有些以背散射电子作为信号源。对这些衬度信息的选择与探头所处位置有关。想要便捷地在各种探头组合之间切换，扫描电镜大工作距离下的测试能力就显得

极为关键。考察扫描电镜的性能是否优异，其在大工作距离下是否也能获取优异的高分辨形貌像就应当是重点。大工作距离与上探头的组合，只要摆脱背散射电子的干扰，也能充分呈现 10 nm 以下的细节，只是由于电子束的扩散会加大，造成形貌像的清晰度下降，镜筒内探头的接收角变小，使形貌像的立体感下降，因此形貌像整体效果略差，图 4.29 和图 4.30 的几个实例充分展现了冷场发射扫描电镜在大工作距离下的成像效果。

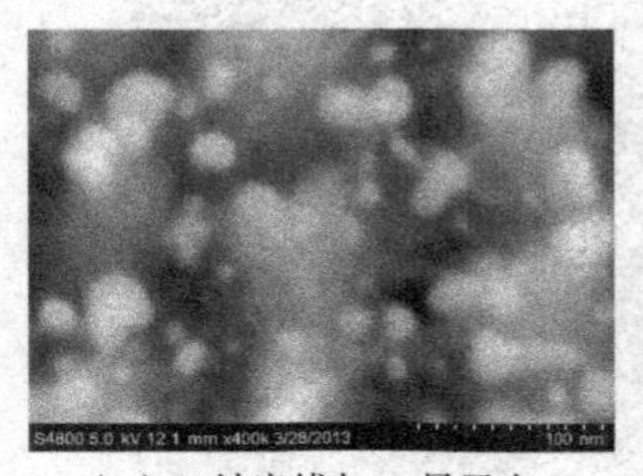

（a）Ni纳米线与Ag量子点，WD=12.1 mm，40万倍

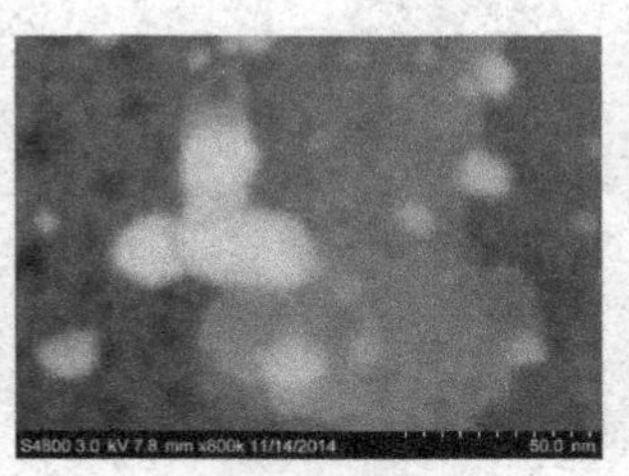

（b）Co(OH)$_2$与Ag量子点，WD=7.8 mm，80万倍

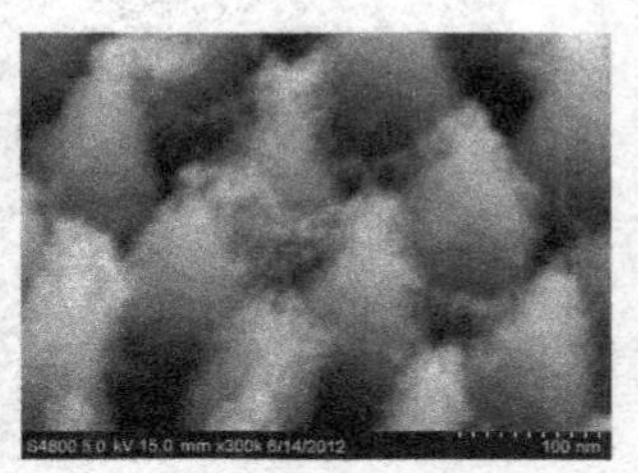

（c）Ni纳米线与Ag量子点，WD=15 mm，30万倍

图 4.29　日立 S-4800 在大工作距离下获得的高分辨图像

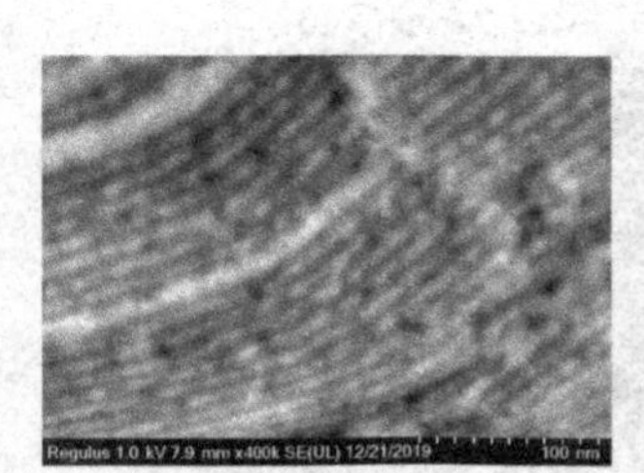

（a）SBA-15，WD=7.9 mm，40万倍

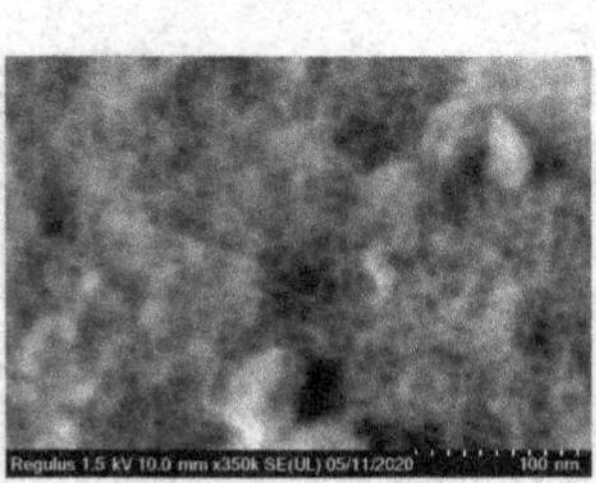

（b）KIT-6，WD=10 mm，35万倍

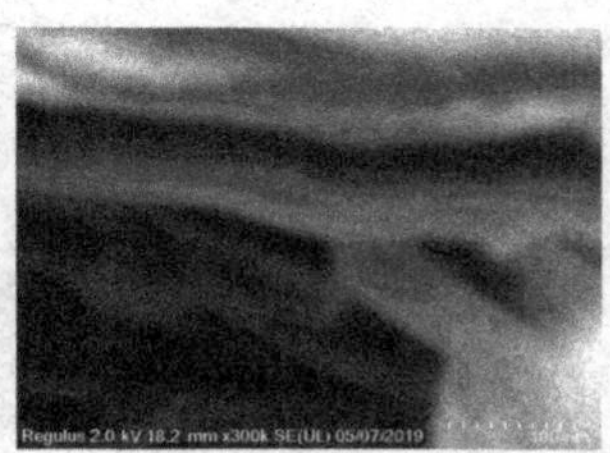

（c）石墨烯截面，WD=18.2 mm，30万倍

（d）聚吡咯包覆的碳纳米管，WD=17.6 mm，25万倍

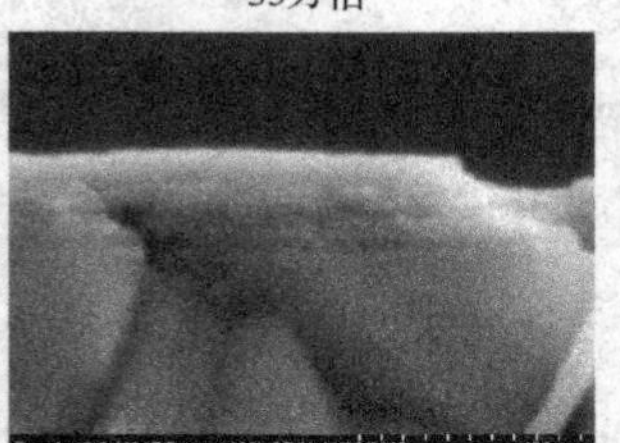

（e）镀金的多层膜，WD=17.5 mm，12万倍

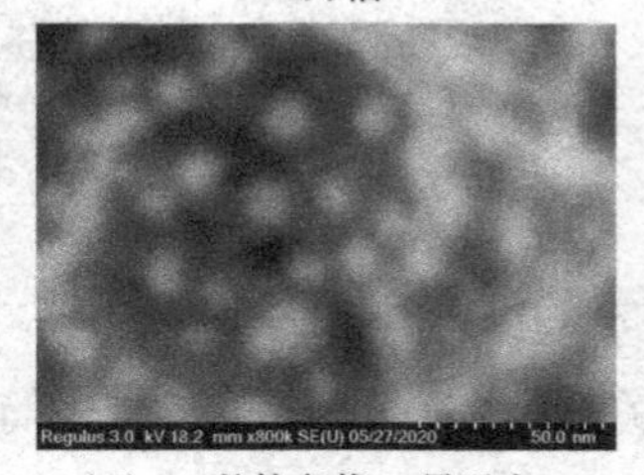

（f）Mn基体负载Au量子点，WD=18.2 mm，80万倍

图 4.30　冷场发射扫描电镜在大工作距离下获得的高分辨图像

（3）改变工作距离对上、下探头接收样品电子信息的影响

由于下探头位于样品仓中，偏离电子束的入射方向。因此探头、样品与电子束之间形成一定的夹角，这个夹角会随着工作距离的增大而发生改变，样品表面形貌像的形

态也将由此发生变化。图 4.31 是一组使用下探头获得的钢铁表面形貌像。在工作距离从 11.7 mm 增加到 15.5 mm 后，可以明显感觉到，随着工作距离接近下探头的最佳接收位置，探头接收角更趋合理，形貌像的立体感得到提升，呈现出来的形貌细节（大细节）也更为充分，形貌像的整体效果也更佳。

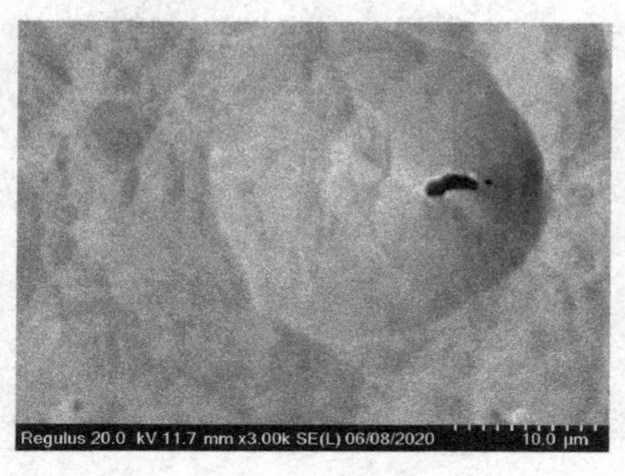

（a）WD=11.7 mm

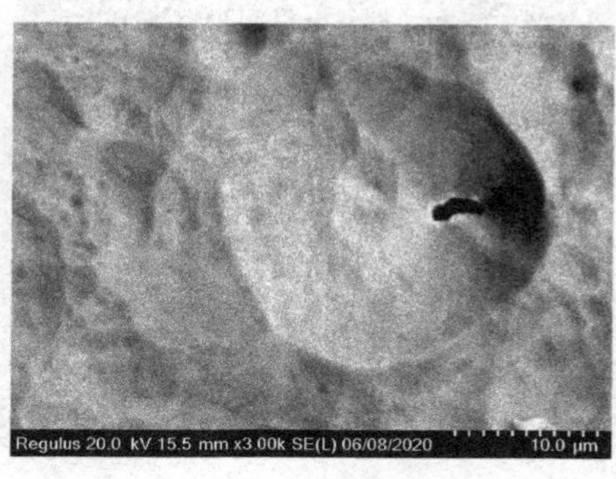

（b）WD=15.5 mm

图 4.31　使用下探头获得的钢铁形貌

如果换用上探头观察，如图 4.32 所示，探头位置和电子束入射方向的偏离不大，基本可以看成探头、样品与电子束处于一条直线，改变工作距离对探头接收角的改变影响不大，形貌像的形态也基本保持不变。探头与样品之间的夹角较小，图像空间感较差，形貌像也呈现出平面假象。

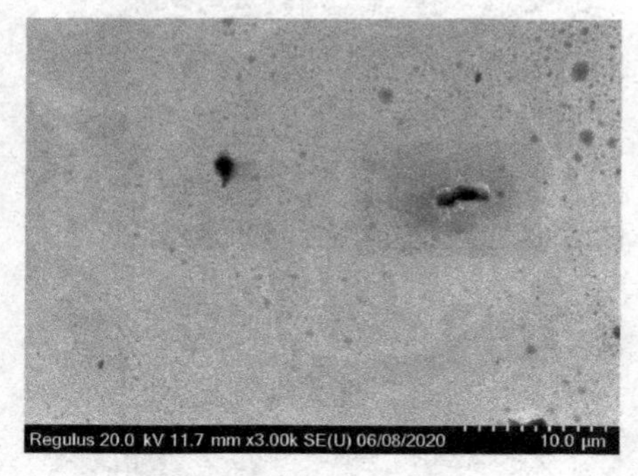

（a）WD=11.7 mm

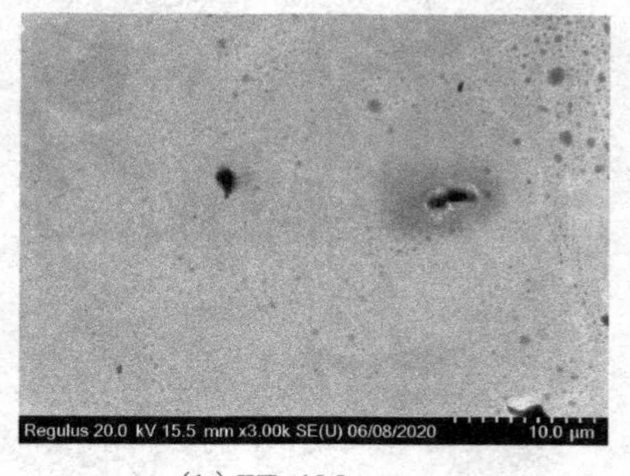

（b）WD=15.5 mm

图 4.32　使用上探头获得的钢铁形貌

（4）样品倾斜对上、下探头接收样品电子信息的影响

倾斜样品将改变探头接收样品电子信息的接收角。通常倾斜样品都将有利于空间信息的呈现，虽然该操作会带来形貌像的些许变形。图 4.33 是光刻胶的

图案，圆柱阵列。样品放平观察，即便使用下探头，探头的接收角也不足以形成能充分呈现其空间信息的形貌衬度。样品倾斜 45° 以后，虽然圆柱的正面形貌从圆形变成椭圆，但是圆柱的空间形态却被充分呈现出来。

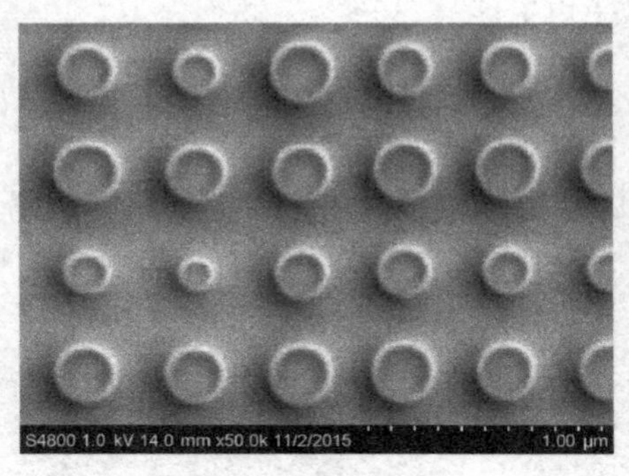

（a）未倾斜

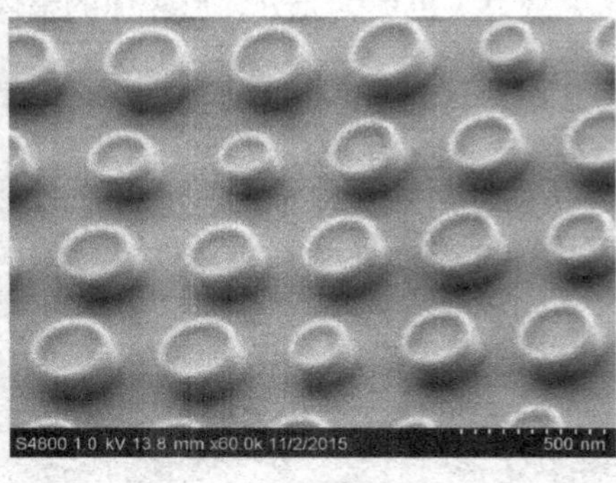

（b）45° 倾斜

图 4.33　光刻胶圆柱阵列

在样品的倾斜过程中，下探头获得的形貌像随样品倾斜的变化要明显的强于上探头获得的形貌像，如图 4.34 所示。

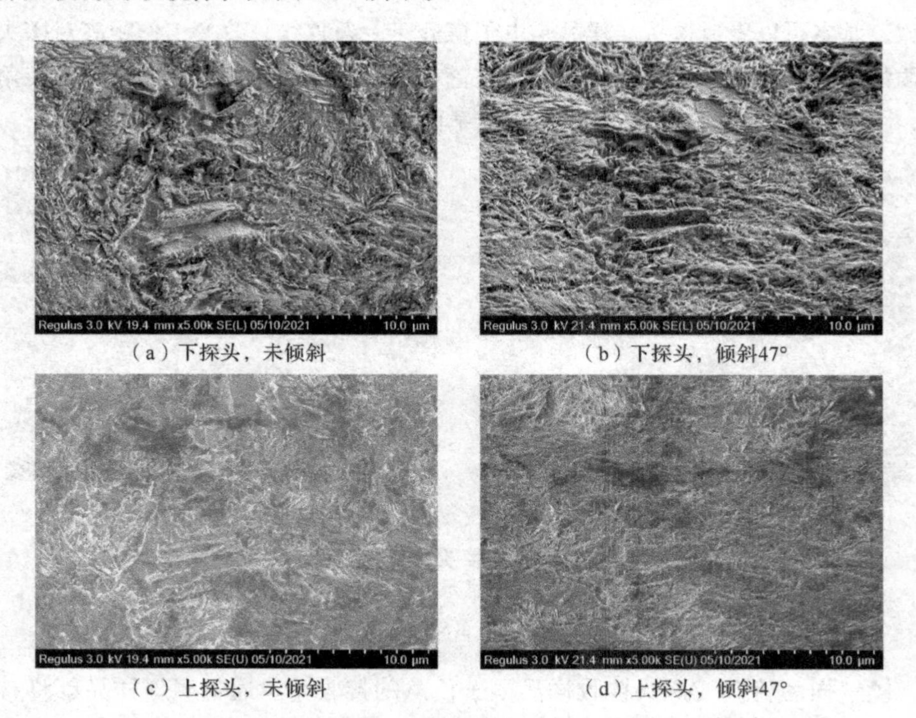

（a）下探头，未倾斜　（b）下探头，倾斜47°

（c）上探头，未倾斜　（d）上探头，倾斜47°

图 4.34　不同探头获得的渗碳体和铁素体形貌像受样品倾斜的影响

（5）改变加速电压对上、下探头接收样品电子信息的影响

改变加速电压对形貌像形态的影响也同样是对下探头获取的形貌像的影响更大，如图 4.35 所示。

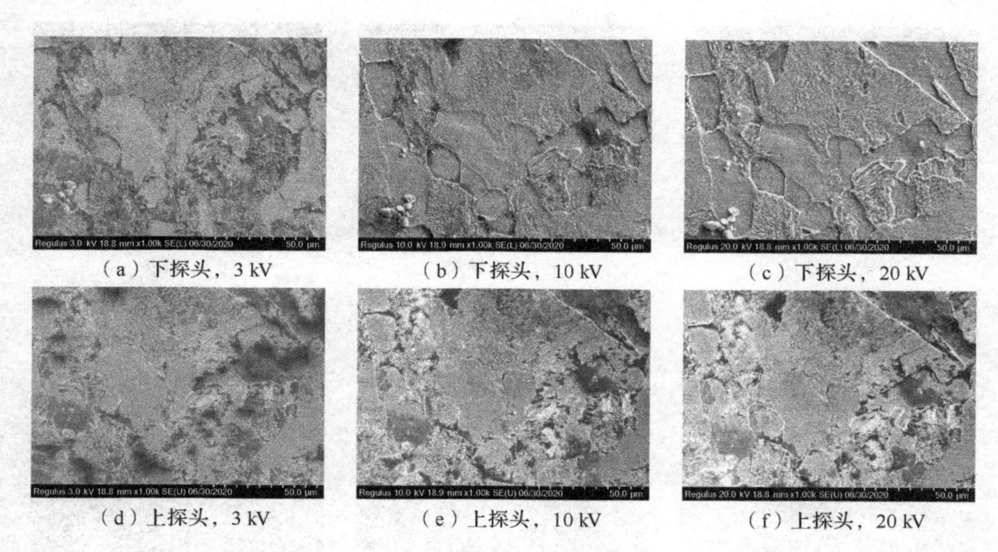

（a）下探头，3 kV　（b）下探头，10 kV　（c）下探头，20 kV

（d）上探头，3 kV　（e）上探头，10 kV　（f）上探头，20 kV

图 4.35　改变加速电压对珠光体中铁素体和渗碳体形貌像的影响

（6）大工作距离与下探头组合的缺点

下探头位于样品侧上方，将直接接收低角度电子。在该位置上，探头接收到的主要是背散射电子，故以下探头为主形成的表面形貌像，更容易受背散射电子在样品中扩散的影响。获得的高倍率图像清晰度不足，10 nm 以下的细节容易被掩盖，加入上探头，此现象有所改善，如图 4.36 所示。

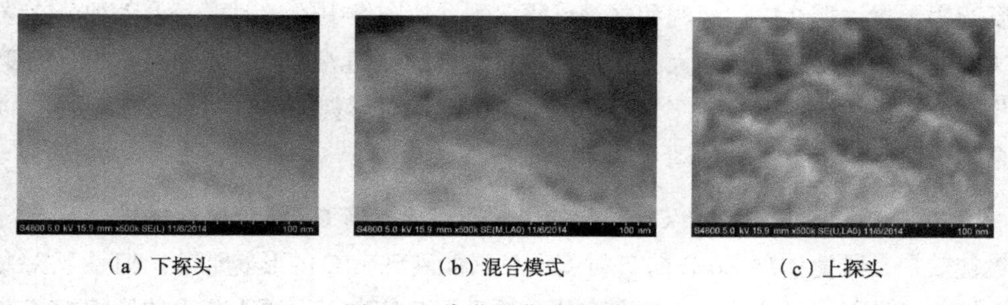

（a）下探头　（b）混合模式　（c）上探头

图 4.36　高分子薄膜表面形貌

下探头对以二次电子为主导的电位衬度及二次电子衬度和边缘效应的呈现较

差。这不利于区分 Z 衬度、形貌衬度差异不大的区域，也不利于观察与分析某些被轻微污染及氧化的区域，但却是对这些现象进行分析的必要佐证。图 4.37 和图 4.38 展示了不同探头组合在二次电子衬度及电位衬度呈现上的差异。

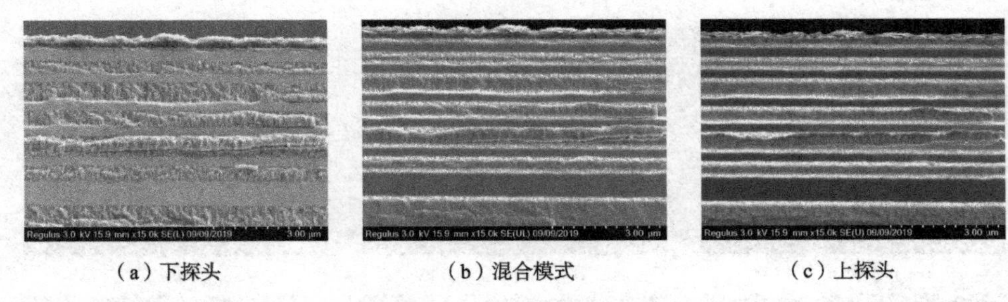

（a）下探头　　（b）混合模式　　（c）上探头

图 4.37　不同探头在二次电子衬度呈现上的差异

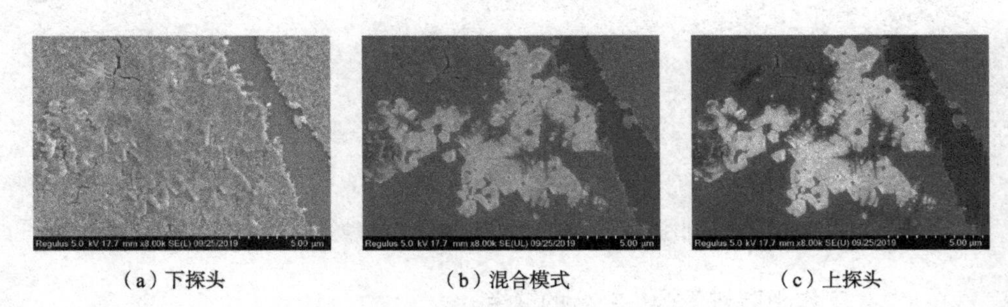

（a）下探头　　（b）混合模式　　（c）上探头

图 4.38　不同探头在电位衬度呈现上的差异

（7）工作距离和探头选择对 Z 衬度的影响

在 2.4 节，关于衬度信息的探讨中提到形貌像 Z 衬度的优劣往往和形貌细节的优劣相背。Z 衬度优异会带来形貌细节的缺失，形貌细节呈现效果好会对 Z 衬度产生干扰。那么该如何调和这一矛盾关系，使图像中的 Z 衬度与形貌细节能够达到一定的平衡？当选用大工作距离进行测试时，随着工作距离和探头组合的变化，可以任意组合上、下探头的测试结果，这为对形貌像中 Z 衬度和形貌细节的合理搭配提供了方便，如图 4.39 所示。

图 4.39 展示了 C 掺杂 Co 颗粒的形貌，若要看清 Co 颗粒和 C 的结合状态，最佳效果是既能体现 Co/C 的 Z 衬度信息又能展现出 C 的形貌细节。但是下探头以接收背散射电子为主，Z 衬度充分而缺乏细节信息；上探头获得的形貌细节丰富而 Z 衬度不足。将两个探头接收的电子信息组合后，Z 衬度明晰的同时，C 的细节的呈现也较为充分。

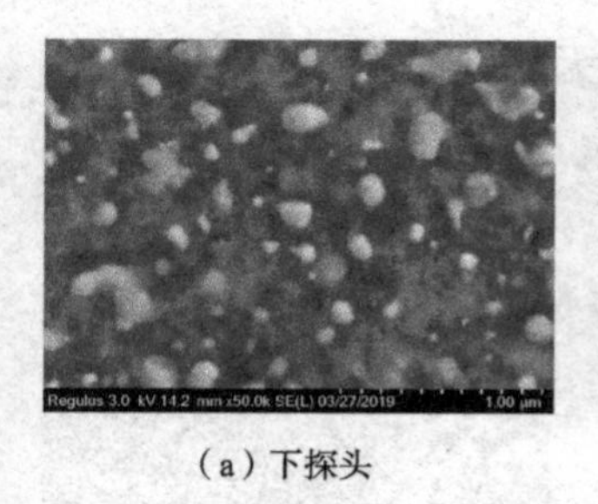

（a）下探头

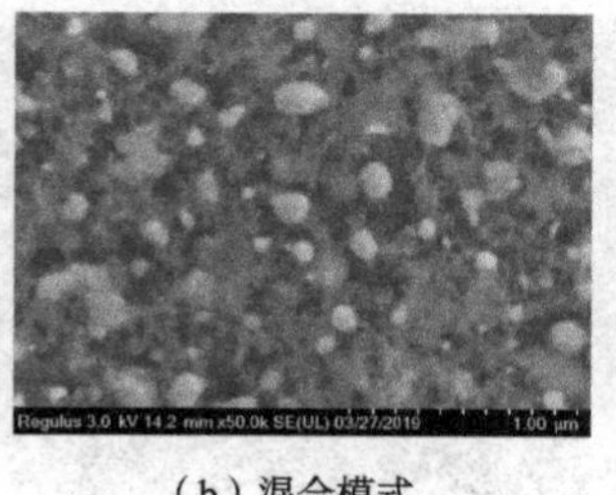

（b）混合模式

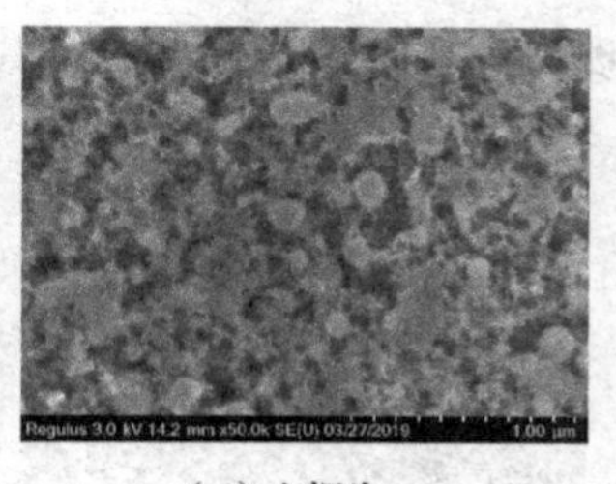

（c）上探头

图 4.39　C 掺杂 Co 颗粒的形貌

如果需要提升形貌像的清晰度，可将工作距离减小，提升上探头的接收效果，增加二次电子接收量，图像清晰度会提高，表面的某些细节会更清晰。但形貌像的形貌衬度减弱，立体感下降，Z 衬度变弱，荷电的影响也会增强。因此改变任何条件对结果的影响都存在正反两个方面，要依据需求做好取舍。

（8）工作距离和探头的选择对样品荷电的影响

样品荷电现象的成因及应对方法在 3.1 节中有详细的探讨。选择高能量的电子（背散射电子）以及低角度的电子是减少样品荷电场对形貌像产生影响的两个最有效的方式。在扫描电镜的测试过程中，对不同工作距离和探头的选择，正是调整形貌像中背散射电子、二次电子以及低角度电子含量的最有效手段。工作距离越大，上探头的接收效果越差。选用混合模式成像，则图像中二次电子的整体含量将减少，图像受荷电场的影响也将减弱。图 4.40 是 SBA-15 使用混合模式获取的形貌像，可见随工作距离增大，荷电减弱，立体感增强。

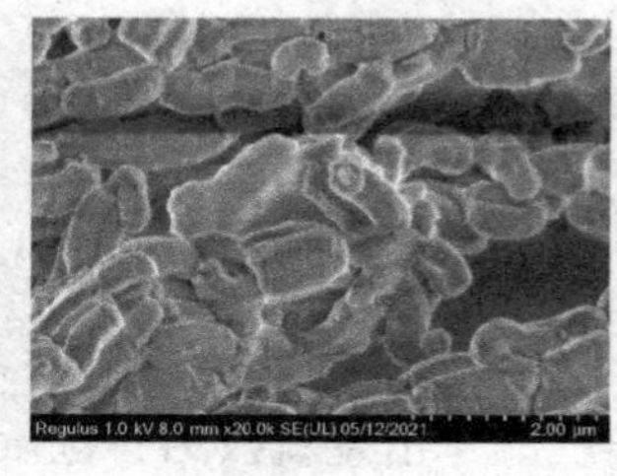

（a）WD=2.1 mm

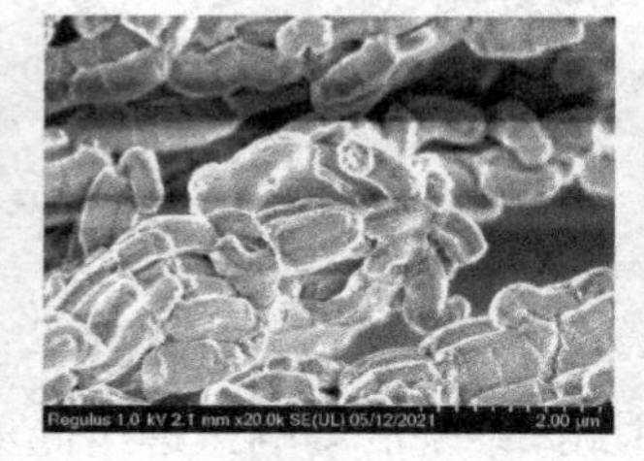

（b）WD=8 mm

（c）WD=14.9 mm

图 4.40　SBA-15 使用混合模式获取的形貌像

下探头接收的主要是背散射电子。应对样品荷电，大工作距离下单选下探头常常是十分有效的方法。如图 4.41 所示，使用上探头，图像的形成以二次电子为主，结果是荷电极其严重；使用混合模式，背散射电子占比增大，结果是荷电现象减弱；使用下探头，以背散射电子为主，图像中无荷电现象产生。

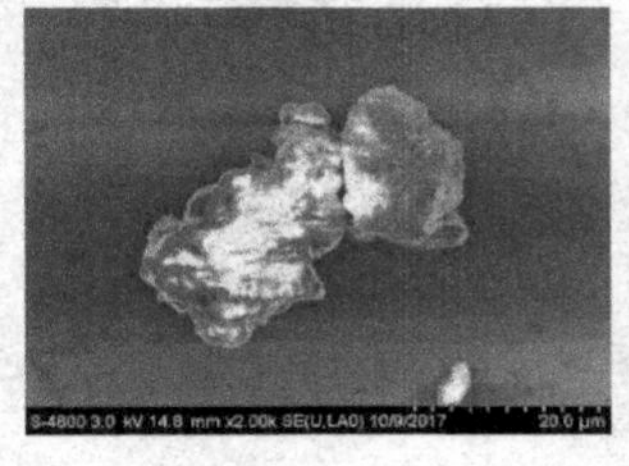

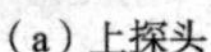

（a）上探头

（b）混合模式

（c）下探头

图 4.41　3 种探头模式获得的形貌像

如果单纯选用下探头观察，随着工作距离的减小，探头接收的样品信息减少，其中二次电子减少得更明显，造成的结果是荷电现象也减弱。使用该方法应对样品荷电，对形貌像的成像质量影响极大，容易产生荷电的样品往往本身的信号都很弱，故该方法很少使用。图 4.42 展示了纸张样品使用 3 kV 加速电压和下探头，在 8.8 mm、10.8 mm、15.8 mm 的工作距离拍摄的表面形貌像。可见，WD=8.8 mm 时，信号最差，信噪比最差，但是荷电影响最小；WD=10.8 mm 时，信号和信噪比略有提高，荷电现象增强；WD=15.8 mm 时，信号最强但荷电现象最严重。

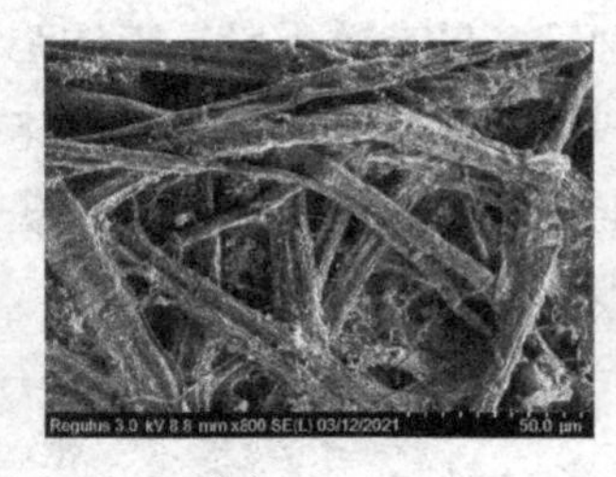

（a）WD=8.8 mm

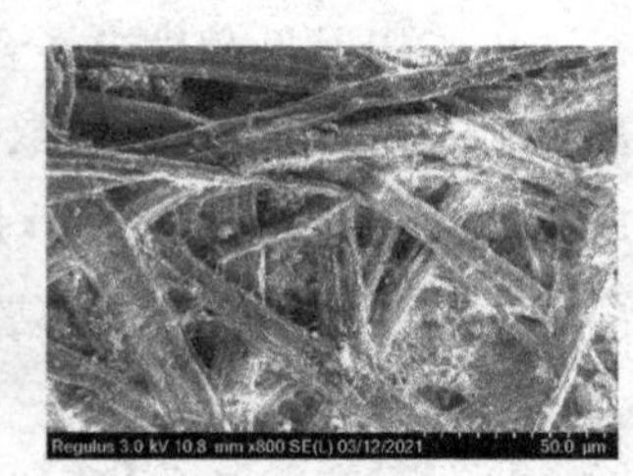

（b）WD=10.8 mm

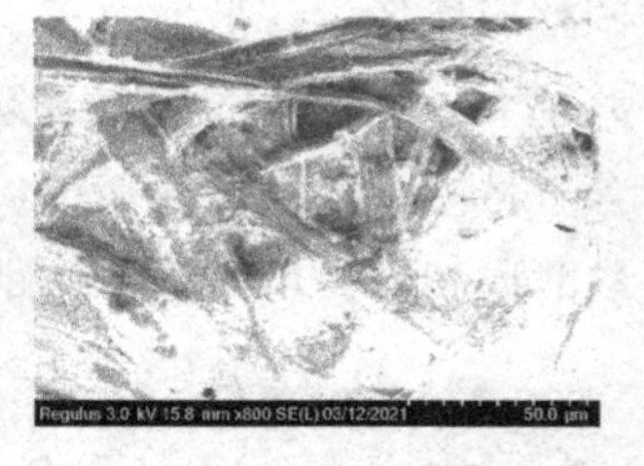

（c）WD=15.8 mm

图 4.42　不同工作距离得到的纸张样品形貌像

当需要观察的样品细节小于 10 nm，小工作距离与上探头的组合是最佳选择，此时该如何抑制样品荷电对测试结果的影响？选用低角度电子信息就极为关键。因为低角度电子更容易避开样品正上方或正下方荷电场的影响。图 4.43 展示了不同探头下 SBA-15 的形貌，测试条件为 1 kV 加速电压，施加减速场，工作距离为 2 mm，35 万倍。使用上探头，低角度电子信息多，无荷电现象；使用上探头＋顶探头的组合，高角度电子信息增多，荷电现象加重；使用顶探头，低角度电子信息最少，荷电现象最严重。

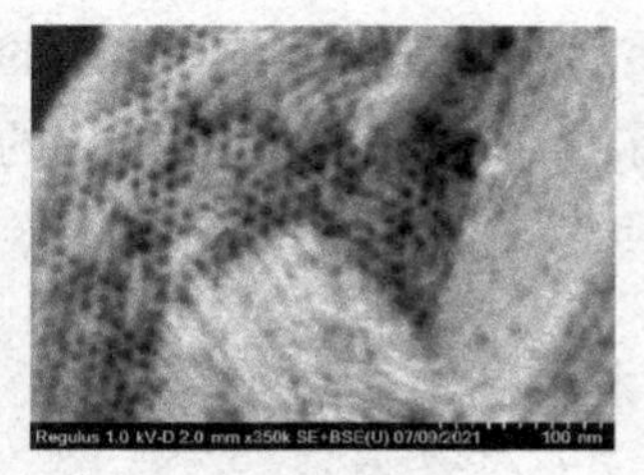
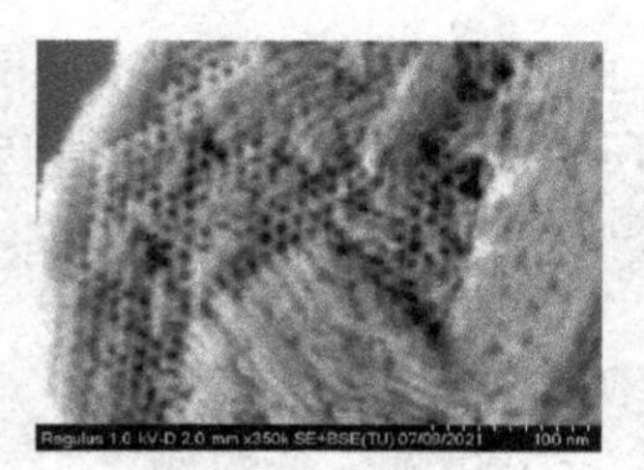
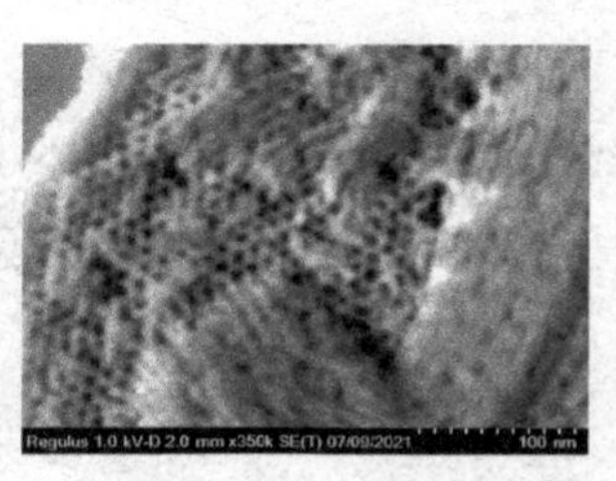

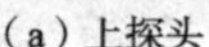
（a）上探头　（b）上探头 + 顶探头　（c）顶探头

图 4.43　不同探头下 SBA-15 的形貌

（9）测试铁磁、顺磁材料对工作距离和探头的选择

对铁磁、顺磁材料进行观察，最好使用大工作距离。需要强调的是铁磁、顺磁块体材料在低倍率时，所需要呈现的细节都较粗，因此使用大工作距离与下探头的组合获得的结果较好。图 4.44 为珠光体的渗碳体与铁素体交界的形貌，5000 倍的放大倍率，使用大工作距离与下探头的组合，图像效果最佳。

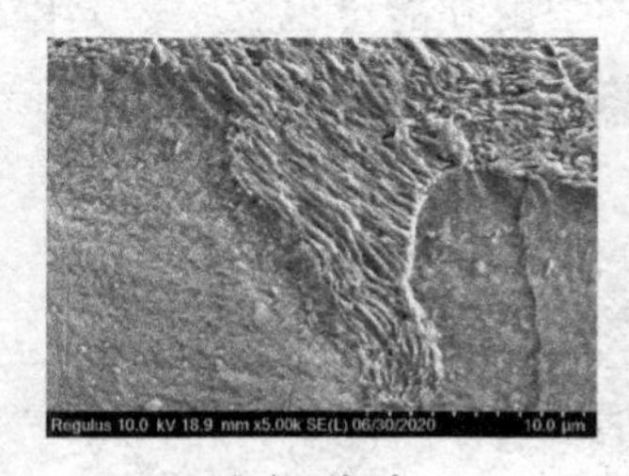
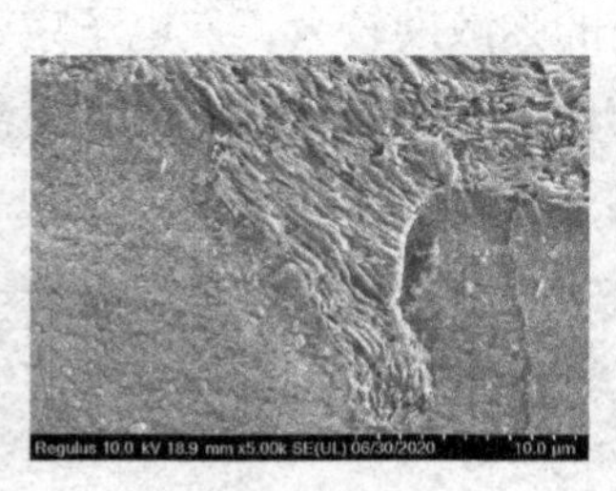
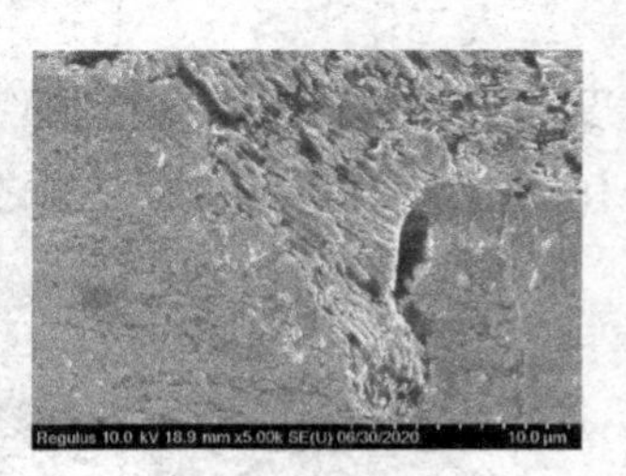

（a）下探头　（b）混合模式　（c）上探头

图 4.44　渗碳体与铁素体交界的形貌

但是随着倍率的提高，观察的表面起伏减小，考虑到图像的清晰度和小细节的呈现需求，此时适当加入上探头会使表面细节更丰富，图像更清晰。如图 4.45 所示，混合模式效果最佳。

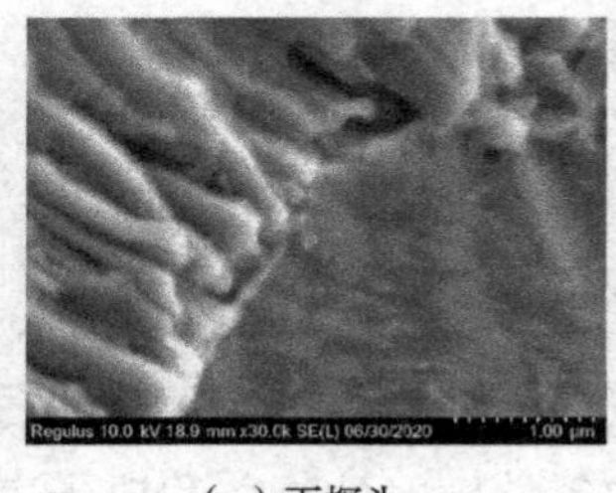

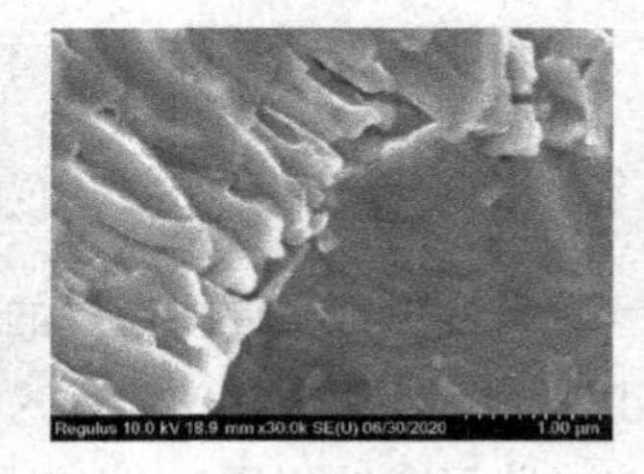

（a）下探头　（b）混合模式　（c）上探头

图 4.45　3 万倍下渗碳体与铁素体的形貌

放大倍率达 10 万倍以上，呈现的细节将更小，使用大工作距离与上探头的组合效果最佳，如图 4.46 所示。测试条件的改变要因势而变，扫描电镜强大的大工作距离测试能力，将会为这种测试条件的改变提供便利。

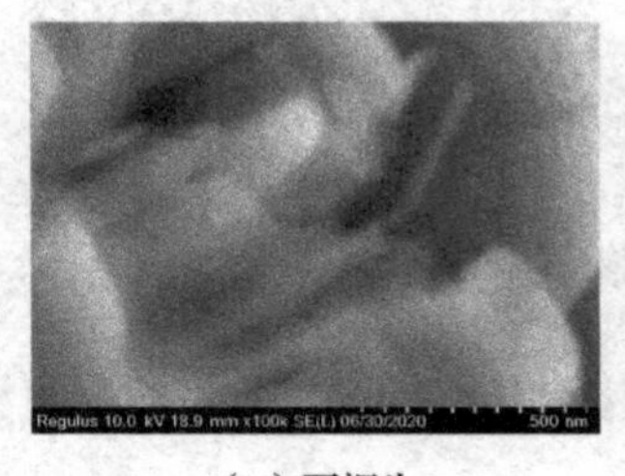

（a）下探头

（b）混合模式

（c）上探头

图 4.46　10 万倍下渗碳体与铁素体的形貌

（10）工作距离对样品热损伤的影响

大工作距离下，电子束的弥散度较大，使电子束的强度和能量也发生较大程度的分散，对样品的热损伤也会减少。观察容易发生热损伤的样品时，使用大工作距离测试也是重要方式之一，如图 4.47 所示。

（a）WD=12.5 mm

（b）WD=5.2 mm

图 4.47　工作距离对热损伤的影响

（11）大工作距离与仪器状态的维持

扫描电镜要保持良好的工作状态，关键在于维持样品仓、镜筒环境的真空。由于清洁镜筒极其困难，这就使得对镜筒环境的控制成为关键的工作。镜筒的污染，除了磁性物质，还有以下两个方面：样品中含有的各种挥发性物质和电子束从样品表面轰击出来的各种极性或非极性物质（这类物质在镜筒表面的吸附性也十分强大）。

要减少镜筒污染，控制样品的尺寸、清洁度和干燥程度是一方面，更关键的操作还在于让样品远离物镜。样品靠镜筒越近，在扫描电镜测试时，因电子束轰击而溅射出的样品污染物进入镜筒的概率也就越大。无论哪种类型的物镜，长期在小工作距离下测试，仪器状态都无法得到保证。将主要测试条件置于大工作距离，对仪器状态的长期维持极为关键。图 4.48 是长期坚持大工作距离测试的冷场发射扫描电镜（S-4800）在工作 10 年后的高分辨测试效果，在 10 年的使用过程中未更换过灯丝。

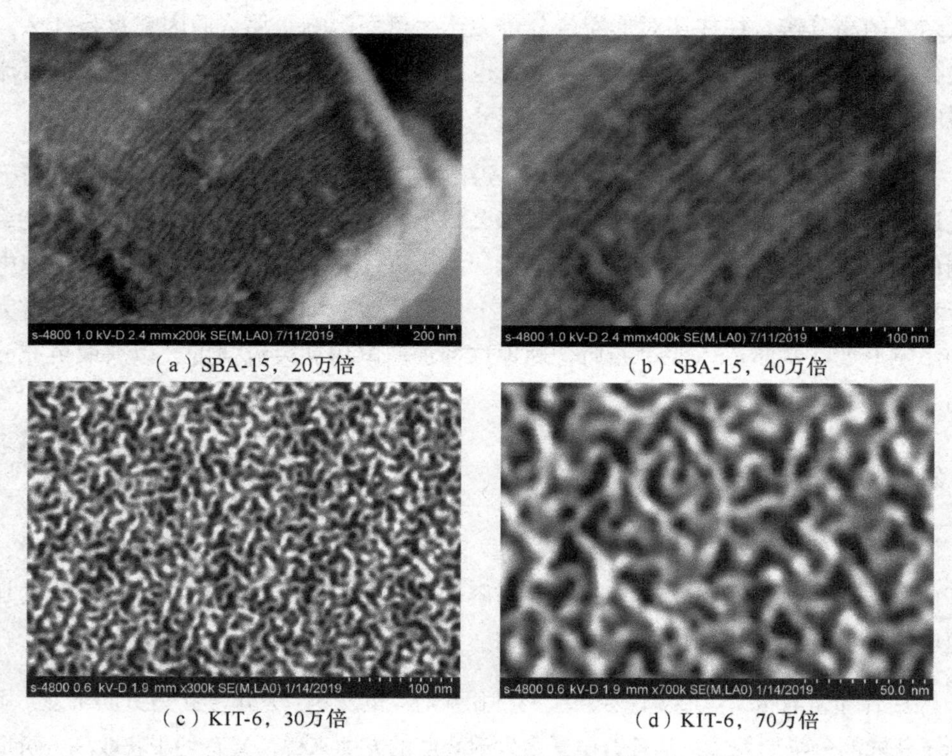

（a）SBA-15，20万倍　　（b）SBA-15，40万倍

（c）KIT-6，30万倍　　（d）KIT-6，70万倍

图 4.48　工作 10 年的冷场发射扫描电镜的高分辨成像效果

4.3　扫描电镜的加速电压与束流强度的选择

翻开各个扫描电镜厂家的宣传手册，分辨力指标始终处于最重要的第一栏。而在这一栏中，分辨力的大小也与加速电压紧密相关，最佳的分辨力值，往往和较高的加速电压联系在一起。这似乎传达出一个理所应当的理念：加速电压越高，扫描电镜的分辨力越优异。

对束流强度与扫描电镜分辨力的关系存在一种普遍的认知，形貌像的高分辨往往是以小束流为基础。这是因为小束流对应较小的电子束束斑尺寸，电子束束斑尺寸越小，样品电子被激发和溢出的范围就会越小，所能呈现出的样品细节也越小，分辨力也就越强。这一推导看起来似乎毫无问题，故而许多电镜厂家的工程师在进行扫描电镜高分辨形貌像的拍摄时，往往都选择较低的束流强度。大量的测试实例所呈现出来的结果是，加速电压及束流强度的选择对高分辨率测试结果的影响与以上这些普遍认知完全相反。高加速电压和低束流强度并不能带来测试结果的高分辨，往往还对形貌像分辨力产生负面影响。那么原因究竟是什么？选择与此相反的加速电压与束流强度，也就是选择过低的加速电压或过大的束流强度，所能呈现的样品细节是否会更充分？

无论是以辩证的观点来考量，还是通过实际的测试结果来分析，都得出与上述这两种简单论述完全不同的答案。那么，不同的加速电压及束流强度究竟能给测试结果带来怎样的影响，在扫描电镜的测试过程中究竟该如何正确选择加速电压和束流强度，获取最佳的测试结果？下面将从改变加速电压对扫描电镜分辨力的影响开始，逐步深入探讨如何合理地选择加速电压和束流强度，以获取更充分的表面形貌信息。

4.3.1 加速电压与分辨力的关系

加速电压与分辨力之间的辩证关系，2.2 节和 2.3 节中有充分且详细的探讨，在此只简单地阐述结论。本节的主要内容是以充分及清晰的事例来展示不同的加速电压会给表面形貌像带来怎样的影响。

提升加速电压，对形貌像会产生两种相互对立的影响：从电子扩散方面来说，不利于获取高分辨形貌像；从提升电子束发射亮度的方面来说，又有利于获取高分辨形貌像。依据自然辩证法的观点，相互对立的两个因素对最终结果的影响，取决于这两个因素各自量变所带来的结果的相互竞争，哪一方居主导地位，最终结果就倾向哪一方所带来的结果。

依据适度性原则，这种量变到质变的竞争所能获取的结果，必然存在一个最佳值或最佳范围。这个值或范围与样品特性以及其他测试条件（工作距离和探头）的选取都有关联。实际测试中，应先对形貌像所显示的样品信息特征做出正确的研判，依据所需要获取的样品信息，先选择其他测试条件，也就是工作距离和探头，然后选择最合适的加速电压和束流强度。

目前，微孔材料是衡量扫描电镜分辨力的最佳材料。但是相对于介孔材料，微孔材料的孔洞更小（＜ 2 nm），也更柔弱，极易被电子束伤害，往往拍完高倍率图像，细节就被热损伤所破坏，很难满足对比实验的重复性测试需求。故以下比对，将使用结构较为稳定的介孔材料 SBA-15。

（1）大工作距离下加速电压的选择

对于孔径小于 10 nm 的介孔 SBA-15，使用大工作距离测试，会使电子束弥散度较大，同时上探头的接收效果较差。过低的加速电压（小于 1 kV）成像质量不佳，故加速电压应比 1 kV 略高一点。

图 4.49 展示了不同加速电压下 SBA-15 的形貌像，测试条件为 WD=8 mm，使用上探头，放大倍率为 10 万倍。加速电压为 1 kV 时，信号量以及电子束扩散对 6 nm 左右的细节影响较大，图像模糊，信噪比差。加速电压为 5 kV 时，表面细节被抑制得极其严重，无法看清介孔信息。相对来说，加速电压为 2 kV 的选择最合理，孔道信息最清晰。但从形貌像上看，图像过于通透，细节清晰度不足，故该加速电压也不合适，须使用更低的加速电压。要压低加速电压使孔道更清晰，必须提升上探头对样品信息的接收能力，同时减少电子束弥散度，使用小工作距离就是这种需求下的最佳选择。

（a）1 kV

（b）2 kV

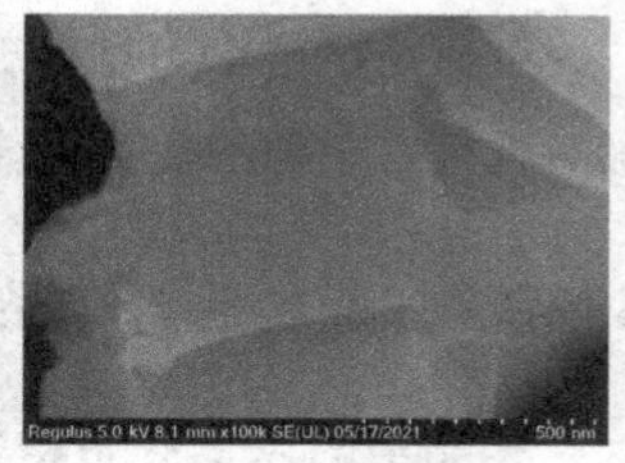

（c）5 kV

图 4.49　不同加速电压下 SBA-15 的形貌像

（2）小工作距离下加速电压的选择

如图 4.50 所示，WD=2.1 mm 时，加速电压使用 1 kV 获得的介孔信息比加速电压为 2 kV 时更充分。减速模式下，低角度电子信息增多，图像立体感更佳，细节更丰富，但低角度电子扩散程度更大，图像清晰度减弱。

使用小工作距离与减速模式的组合，改变加速电压又会对形貌细节产生怎样的影响？图 4.51 是小工作距离与减速模式下 KIT-6 的形貌像。加速电压为 500 V 时，电子束的束流密度及弥散度都较差，图像清晰度不足，质量较差；加速电压为 2 kV 时，又出现加速电压过高的迹象；当把加速电压设置为 1 kV 时，所获取的形貌像最优异。

（a）2 kV

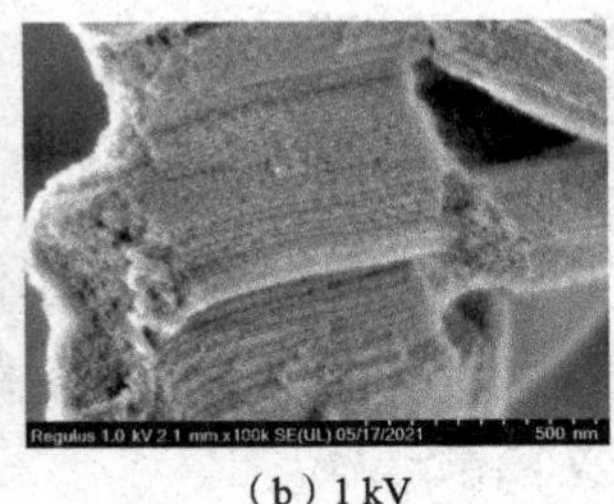

（b）1 kV

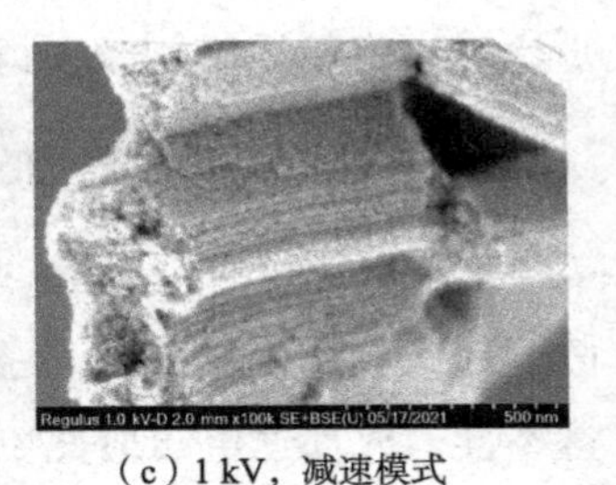

（c）1 kV，减速模式

图 4.50　小工作距离下不同加速电压对 SBA-15 形貌像的影响

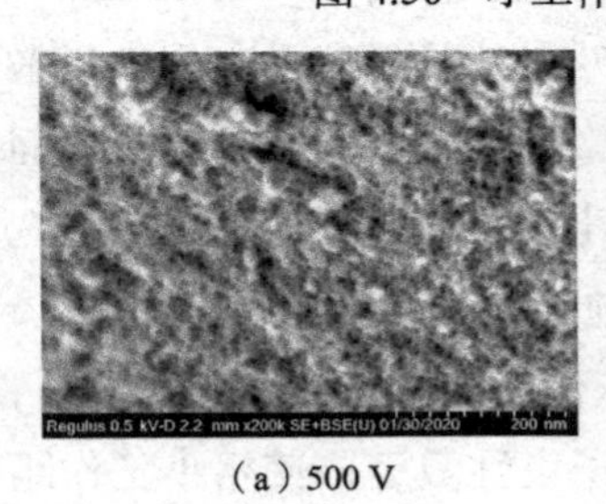

（a）500 V

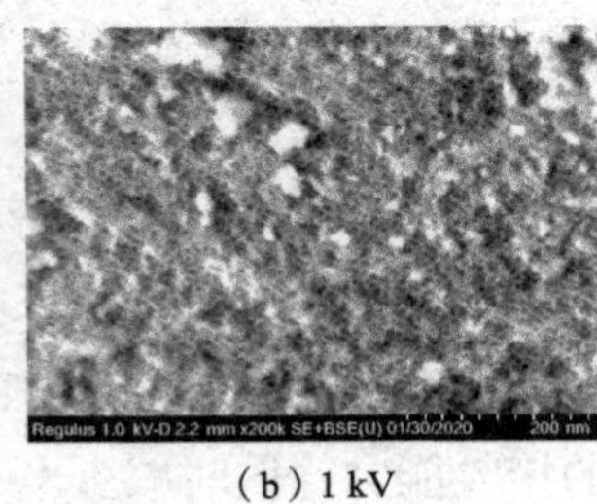

（b）1 kV

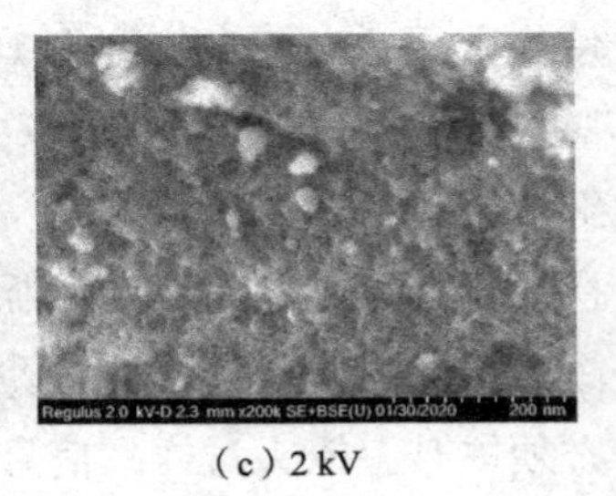

（c）2 kV

图 4.51　小工作距离与减速模式下 KIT-6 的形貌像

从以上的实例可见，无论外界条件如何变化，加速电压对表面形貌像细节的影响都存在相似的变化规律，有一个最佳的中间值。

4.3.2　加速电压与样品中信息分布的关系

样品中的信息分布指样品信息在样品中所处的位置，它与样品被激发的电子在样品中所处的位置有关。随着加速电压的提升，电子束对样品表层电子的激发将减少，而内部电子的激发会增多。选取不同的加速电压对样品进行分析，有助于获取更全面、更充分的样品信息。特别是样品存在核壳结构，选择不同加速电压获取的样品信息将更完善。

（1）埋在 TiO_2 膜层下的 Ag 纳米颗粒

图 4.52 展示了埋在 TiO_2 膜层下的 Ag 纳米颗粒形貌像，可以看出，选择 20 kV 加速电压能看到 3 kV 加速电压下无法见到的 Ag 颗粒的形貌。

（a）3 kV

（b）20 kV

图 4.52　埋在 TiO_2 膜层下的 Ag 纳米颗粒形貌像

（2）镶嵌 Co 纳米颗粒的核壳结构碳球

图 4.53 展示了镶嵌 Co 纳料颗粒的核壳结构碳球，只有将这组照片合在一起才能给出样品的完整信息：核壳结构的碳球内部中心是高密度碳球体，中间为絮状碳夹层，表层为平实的碳膜构造，Co 纳米颗粒镶嵌于絮状夹层中。当加速电压为 1 kV 时，仅能看到表层信息。碳球表面光滑、略有起伏，少量亮点嵌在表面。该加速电压下电子束发射亮度较低，结果是电子束流密度小、立体角大，造成束斑的弥散度及信号散射程度增大。当放大倍率接近 10 万倍时，图像清晰度无法得到保证，故图 4.53（a）清晰度较差。当加速电压为 3 kV 时，入射电子似乎刚到达核体，碳球核体的背散射电子能量和溢出量都不足，可见内部隐约有球状亮斑。球面亮点增多且明显，对照 1 kV 结果，判断内夹层含有大量 Co 颗粒。表面显现出颗粒状物，预测是由于较松弛的内夹层形态所形成。当加速电压为 5 kV 时，可以清晰地看到内部的球形核。该加速电压下，电子束激发碳球核体内部的背散射电子，在能量及数量上都完全满足呈现这种核壳结构信息的需求，核壳结构的形貌特征显得更为充分。球面亮点数量没有明显变化，说明 Co 纳米颗粒处于内夹层上，并不在核表面上。当加速电压为 10 kV 时，形貌像整体上显得过透，位于下方的碳球显现出来，Co 颗粒的分布及样品表面形貌信息没有更多变化。过高的加速电压，造成各种形貌信息的衬度均有所下降，使得部分 Co 颗粒及碳球夹层的形貌细节有所消隐。形貌像整体的清晰度和辨析度开始下降。通过碳球上的破损可清晰观察到上述构造，如图 4.54 所示。

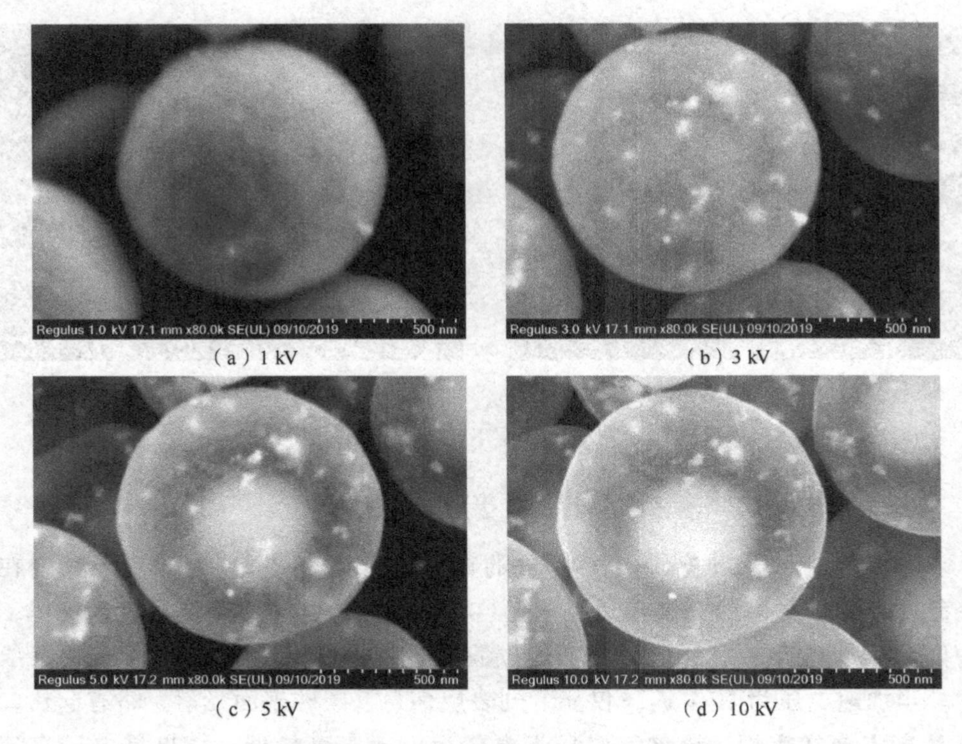

（a）1 kV　　（b）3 kV

（c）5 kV　　（d）10 kV

图 4.53　镶嵌 Co 纳米颗粒的核壳结构碳球形貌像

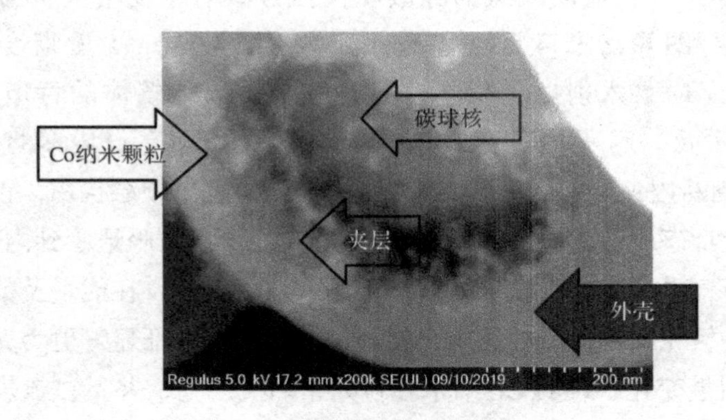

图 4.54　破损的碳球形貌像

（3）加速电压的改变对薄片材料形貌的影响

图 4.55 是不同加速电压下石墨薄片的形貌。图 4.55（a）使用 1.5 kV 加速电压，可见各种厚度的石墨片，石墨片信息极为丰富，细节也比较清晰。图 4.55（b）使用 3 kV 加速电压，只能看到较厚的多层石墨片，无法分辨较薄的石墨片，为

提升细节衬度而加大对比度，从而抑制探头增益使图像信号不足，信噪比变差。较高的加速电压往往会使薄片的衬度信息减弱，影响对薄片的分辨，因此对这类样品进行测试时，建议在测试的初始阶段尽量选择低一些的加速电压。

（a）1.5 kV

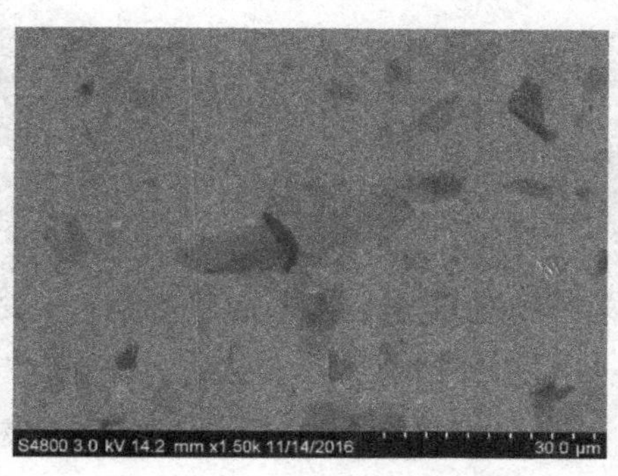

（b）3 kV

图 4.55　不同加速电压下石墨薄片的形貌像

4.3.3　加速电压对形貌像荷电现象的影响

关于加速电压的改变对样品荷电场的影响，在 3.1 节中有极为详细的探讨，在此只是强调以下两点：第一，加速电压升高，发射亮度增加，使样品单位面积内注入的电子数增加，荷电场强度得以加强，这样将加重样品的荷电现象；第二，加速电压升高，电子射入样品的深度增加，形成荷电场的位置下移，达一定值时，对样品电信号溢出的影响将会减弱直至消除，但过高的加速电压会使 SE2 增加，影响表面细节的分辨。

改变加速电压，将造成样品荷电场经历以上两种变化，并决定着形貌像上的荷电现象的表现形式（异常亮、异常暗、表面被磨平）及强度。荷电场的强度不足以对电子的溢出产生影响，形成荷电场的位置偏离信号溢出区，形成形貌像所选用电子的能量不受荷电场的影响。只要做到这 3 点中的任意一点，形貌像上就不会出现荷电现象。下面将再通过两个实例来更进一步地阐述加速电压的改变将会如何影响样品的荷电现象。

（1）不同加速电压下 KIT-6 的荷电现象

图 4.56 是不同加速电压下 KIT-6 的荷电现象。加速电压为 1.5 kV 时，荷电场强度不足，形貌像无荷电现象；加速电压为 4 kV 时，荷电场位置过深，无法影响

表面电子的溢出，也没有荷电现象，但形貌像因加速电压过高而显得过透，不如 1.5 kV 时图像的辨析度高；加速电压为 2 kV 时，形成荷电场的所有条件都满足，形貌像上出现荷电现象。

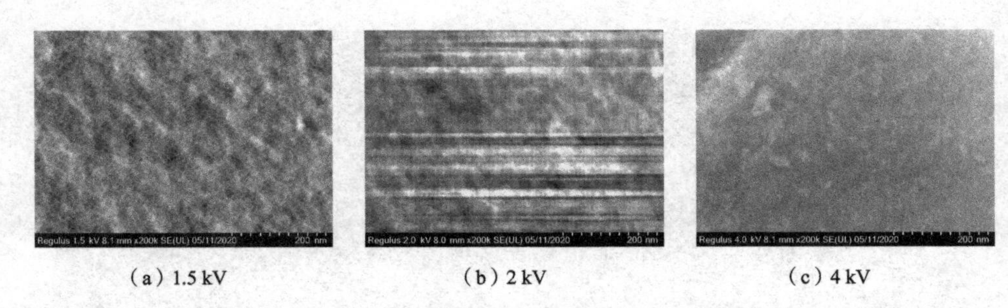

（a）1.5 kV　　（b）2 kV　　（c）4 kV

图 4.56　不同加速电压下 KIT-6 的荷电现象

（2）使用减速模式时，不同加速电压下的荷电现象

如图 4.57 所示，减速模式下，KIT-6 在加速电压为 500 V 时，形貌像上无荷电现象；加速电压为 3 kV 时，形貌像上出现荷电现象，表现为异常亮；加速电压为 10 kV 时，形貌像的荷电现象消失。荷电现象的变化与常规加速电压变化对荷电现象的影响完全一致。

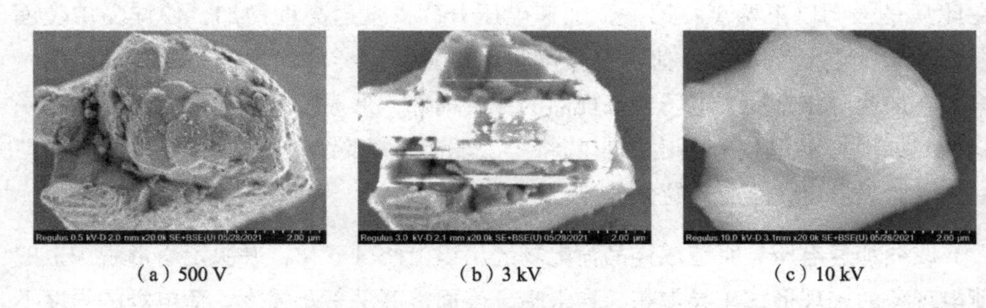

（a）500 V　　（b）3 kV　　（c）10 kV

图 4.57　使用减速模式时，不同加速电压下 KIT-6 的荷电现象

4.3.4　束流强度的选择

关于电子束束流强度的选择与分辨力的关系，普遍的观点认为束流强度越大，电子束斑的直径越大；束斑直径越大，扫描电镜的分辨力越弱。各电镜厂家的工程师在进行扫描电镜性能测试时，都会选用小束流，但观察的都是信号量充足的标准样品。在实际测试工作中操作员常面对的是溢出电子产额较低的样品。用小束流对其进行观察，会发现样品整体信息量不足，形貌像的信噪比差，表面细节

因细节衬度过小而难以分清。提升对比度，会使图像信噪比更差，成像质量更差。那么此时又该如何选择合适的束流强度？

依据辩证法的观点，降低电子束的束流强度，也必会带来两个互相矛盾的结果。这两个相互矛盾的结果可总结如下：第一，束斑直径降低，信号溢出区面积减小对图像清晰度有利，射入样品的电荷量较少，能降低荷电场强度，削弱样品荷电的影响；第二，减少注入样品的电子量，溢出电子的产额也将减弱，不利于对样品细节的分辨。在主流观点的影响下，人们往往把眼光只放在第一点上，夸大束斑直径的影响，却忽视束流强度不足所引起的信号量的缺乏，使许多信号较弱的细节不易被分辨，故常常无法获得高质量的高分辨形貌像。特别是在观察氧化物、高分子材料等本身信号较弱的材料时，信号量常常会成为首先要考虑的关键因素，此时小束流模式将很难获得满意的结果。

（1）镶嵌 Co 纳米颗粒的碳球在不同束流强度下图像质量的比较

图 4.58 展示了不同束流强度下镶嵌 Co 纳米颗粒的碳球的形貌像，图 4.58（a）将聚光镜和束斑都设为最大，此时束流强度最大，束斑尺寸也最大，图像信号量充足，但边缘模糊，形貌像整体清晰度不足，分辨力较弱。图 4.58（b）为聚光镜及束斑都非常小，此时束流强度较小，束斑尺寸也较小，形貌像的边缘较收敛，图像整体清晰度较好。但由于信号量的不足，使得许多小的细节无法充分呈现，图像信噪比也差。最终结果是图像质量不佳，造成整体分辨效果较差。

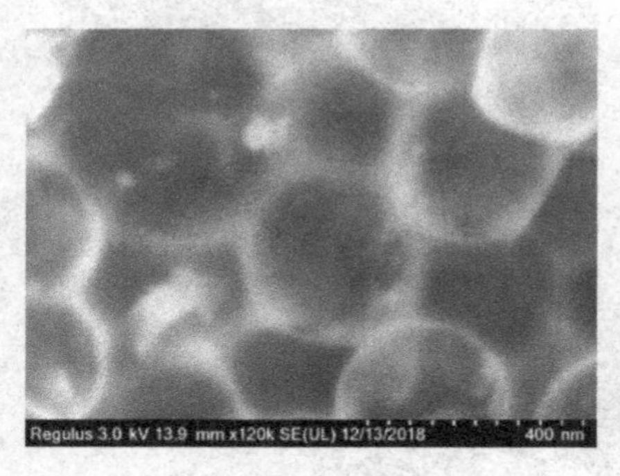

（a）LensMode=High，Condencer1=1000

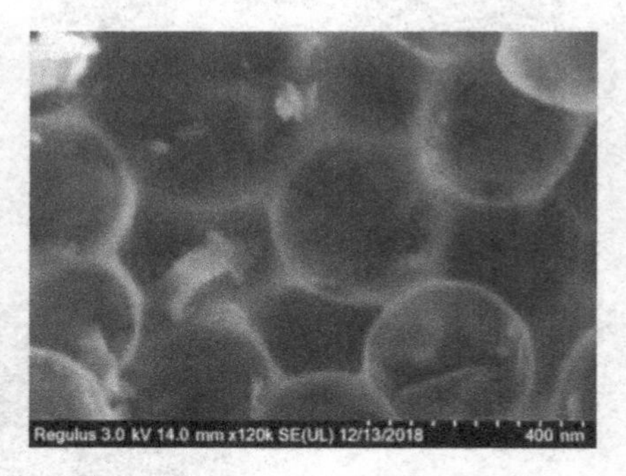

（b）LensMode=Normal，Condencer1=11000

图 4.58　不同束流强度下镶嵌 Co 纳米颗粒的碳球的形貌像

当使用图 4.59 所示的测试条件时，选择适中的束流强度，样品的信号量满足信息呈现的需求，信噪比适中，细节衬度充分，清晰度也十分优异，获取的形貌像整体效果最佳。

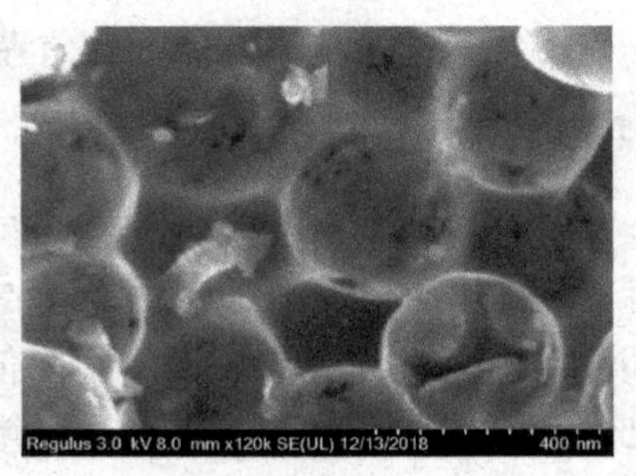

lensMode=High，Condencer1=11000

图 4.59　适中的束流强度下镶嵌 Co 纳米颗粒的碳材料的形貌像

（2）介孔 SiO_2 在不同束流强度下的图像质量与荷电

图 4.60 所示的形貌像除了束流强度，其他测试条件完全一致。图 4.60（a）所示的电子束受限少，束流强度最大，形成荷电场强度足以在形貌像上产生较强的荷电现象，结果显示，形貌像有严重的荷电现象，形貌细节受荷电现象的影响而无法分辨出来。图 4.60（c）所示的电子束受限最大，束流强度最小，形貌像虽然没有出现荷电现象，但细节信息也因信号不足而分辨不清。最佳的效果为图 4.60（b）所示，束流强度适中，荷电场的强度不足以影响电子的溢出，信号量也较充足，故而图像质量最佳。

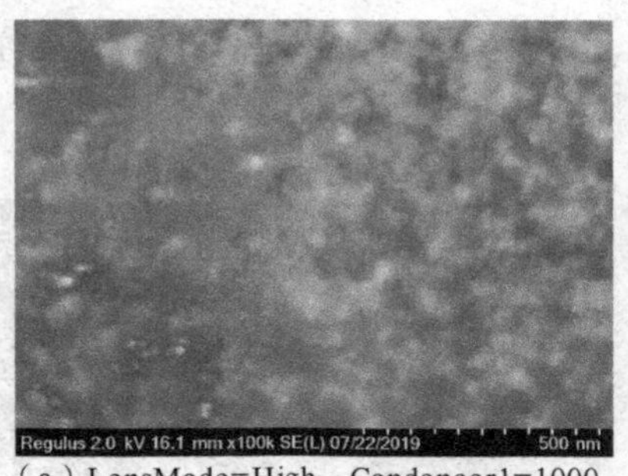

（a）LensMode=High，Condencer1=1000

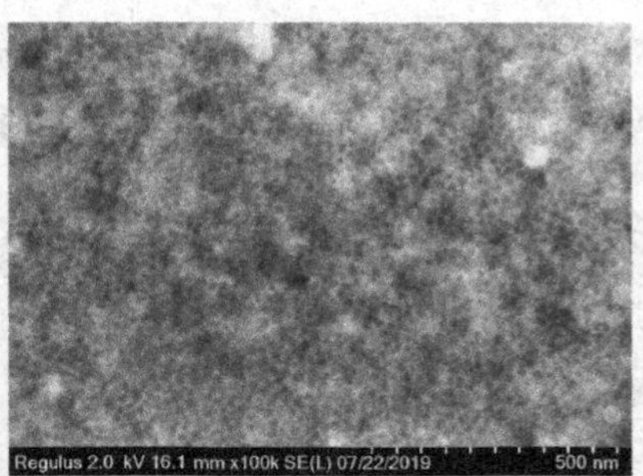

（b）LensMode=High，Condencer1=11000

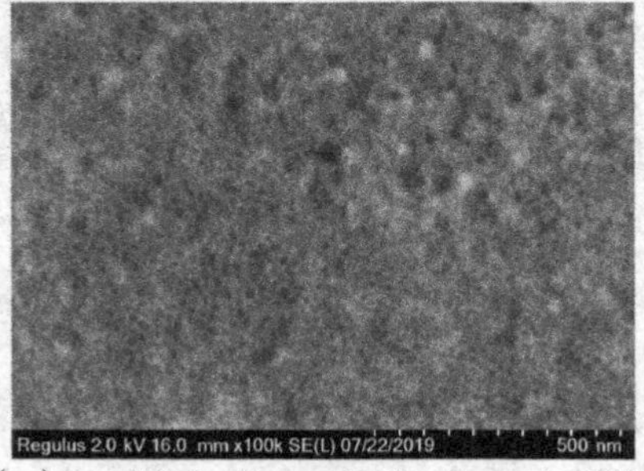

（c）LensMode=Normal，Condencer1=11000

图 4.60　介孔 SiO_2 在不同束流强度下的形貌

（3）样品本身的电子产额对束流强度选取的影响

在硅片上镀金（工作条件为 10 s，10 mA），镀金量少，样品信号弱。如图 4.61 所示，使用小束流，探头接收的信号不足，图像质量差，呈现出轻微的碳污染堆积现象；使用大束流，探头接收的信号充足，图像质量改善，碳污染在大束流条件下无法显现。

（a）LensMode=Normal，小束流

S-4800 3.0 kV 7.6 mm x600k SE(M,LA0) 2/27/2018 50.0 nm

（b）LensMode=High，大束流

图 4.61　硅片上镀金（10 s，10 mA）的形貌像

提高镀金的量（工作条件为 20 s，20 mA），样品本身的信号量得到增强，当信号量不再是影响图像质量的主要因素时，将看到图 4.62 所示的结果。图 4.62（a）使用小束流，因电子束斑的收敛而使得细节边缘清晰，图像的整体效果要比图 4.62（b）使用大束流时更优异。

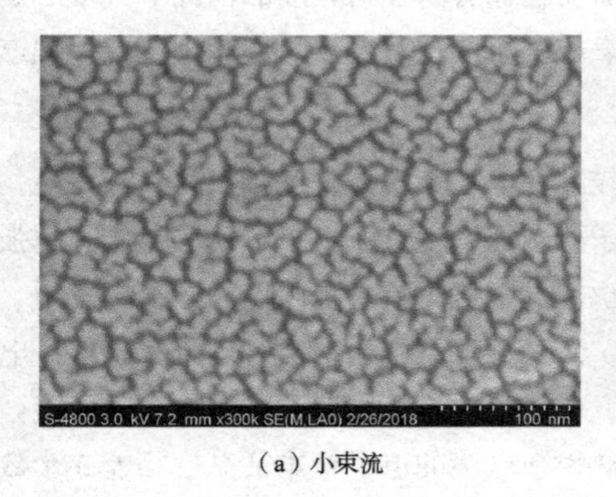

（a）小束流

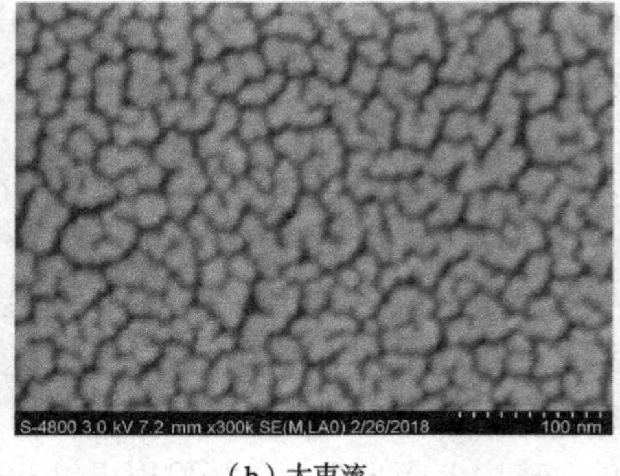

（b）大束流

图 4.62　硅片上镀金（20 s，20 mA）的形貌像

以上实例说明，束流强度的选择同样也应遵循自然辩证法的规律，过高或过低的束流强度都无法获得最佳效果的形貌像。如何平衡这些影响，获取最佳的

测试结果，还与样品的特性有关，必须予以全面考虑。样品本身信号量极其充足或漏电能力较差时，应适当降低束流强度，可以提升图像的清晰度，减少荷电的影响。大部分情况下应选择较高的束流强度进行测试，可以使样品的信号量更为充分，图像质量更佳。

4.3.5 电子枪本征亮度对加速电压和束流强度选择的影响

前面几节充分探讨了加速电压和束流强度的改变对表面形貌像的影响。但对任何现象的探讨，首先必须建立在一定前提之下。不同的前提条件下，现象的成因以及影响现象发展的因素都不一样。对于电子显微镜来说，这个前提条件就是电子枪的本征亮度。

关于电子枪亮度，在 1.2 节中有详细探讨，大家可以参考。电子枪的本征亮度是描述电子枪性能的一个指标，其定义是：$\beta_{本征}$= 束流强度 ÷（束斑面积 × 立体角 × 加速电压）。其中，束流强度 ÷（束斑面积 × 立体角）就是电子束的发射亮度 $\beta_{发射}$。电子枪本征亮度与加速电压的关系可简化为：$\beta_{本征}=\beta_{发射}$ ÷ 加速电压。由以上公式可见，电子枪的本征亮度越大，同样的加速电压下由电子枪发射出来的电子束发射亮度也越大。

较高的电子束发射亮度，可以保证电子束有较高的束流密度和较小的电子束立体角，而这是保证样品有较大的电子溢出密度的基础，也是形貌像能分辨更小细节的基础。但要获取高分辨形貌像还需要在拥有高发射亮度的情况下，在一定限度内让加速电压越低越好，否则样品表层信息的缺乏也会对形貌细节的呈现产生负面影响。

要保证在低加速电压的条件下拥有较高的电子束发射亮度，只有一条路径，就是提升电子枪的本征亮度。这也是电子枪本征亮度越大扫描电镜的分辨力越强的理论依据。正是基于此，电镜的类型也以电子枪类型来加以区分：冷场发射、热场发射、热发射（六硼化镧、钨灯丝）。随着电子枪的本征亮度越来越低，电镜的分辨力也越来越弱。在一定范围内，电子枪的本征亮度差距越大，电子显微镜的分辨力差距也越大。场发射电镜和热发射电镜的电子枪本征亮度相差 3 个数量级，因此它们的分辨力也有数量级的差别。

基于以上原因，常规的扫描电镜测试中对加速电压和束流强度的选择，场发射电镜和热发射电镜之间会存在很大的差异。大部分情况下，要获取高分辨的表面形貌像，电子束的发射亮度必须维持在一定范围内，否则，图像的清晰度和信噪比就会阻碍对样品细节的分辨，图像的整体质量也较差。当电子枪的本征亮度不足时，就必须牺牲部分表层细节，使用较高的加速电压，以保证高质量的形貌像对电子束发射亮度的最基本要求。

钨灯丝扫描电镜的本征亮度最低，因此在进行测试时，加速电压常常设在 10 kV 以上，5 kV 加速电压对其来说几乎是最低的要求，3 kV 加速电压下的形貌像质量常常惨不忍睹。当加速电压必须选择在 5 kV 及以下时，笔者建议适当提升束流强度，以保证形貌像对信号量的需求。

图 4.63 是台式电镜 COXEM（钨灯丝）使用不同加速电压拍摄的锂电池粉体样品的结果对比。从图中可见加速电压低于 5 kV，形貌像效果极差。大型钨灯丝电镜效果略好一点，但 3 kV 加速电压基本也是其获得可用形貌像的极限。

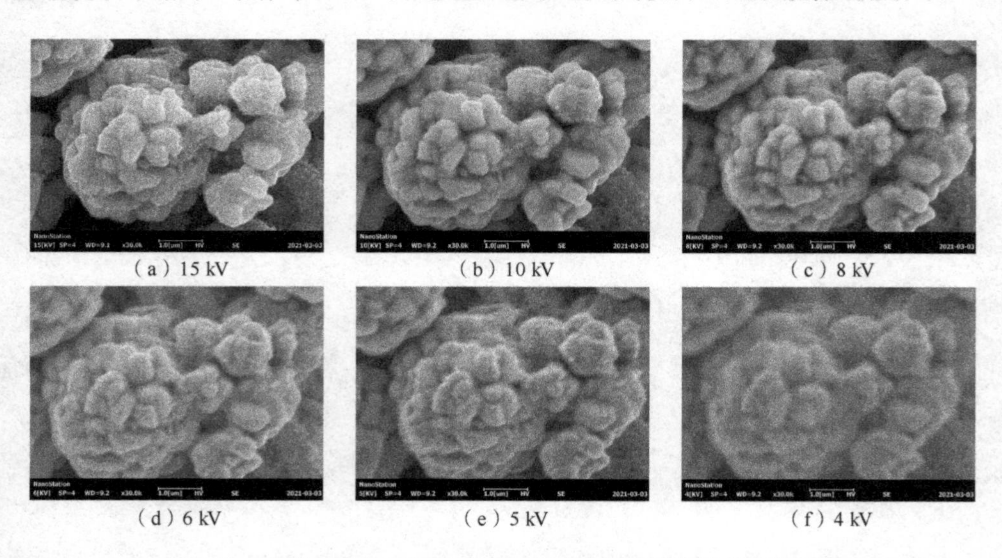

（a）15 kV　（b）10 kV　（c）8 kV

（d）6 kV　（e）5 kV　（f）4 kV

图 4.63　台式电镜 COXEM 在不同加速电压下拍摄的形貌像对比

对于场发射扫描电镜，由于电子枪的本征亮度较大，较低的加速电压下即可获得足够的电子束发射亮度，选择 5 kV 以上的加速电压对其来说，就是浪费了低电压能获得的分辨力，会损失掉许多原本可以观察到的细节信息。大量实际的测试结果表明，5 kV 以上的加速电压对 5 nm 以下的细节掩盖极为严重。所以场发射扫描电镜的加速电压一般都选择为 3 kV 以下，这样才能充分体现其分辨力，而 5 nm 以下细节往往使用 1 kV 以下的加速电压才能更充分地呈现出来。

目前各电镜厂家对分辨力指标特别是在加速电压和分辨力的关系上的描述都存在极大的误导性，对于扫描电镜来说，高加速电压不仅不能带来更高的形貌细节分辨力，还对形貌细节的分辨极为不利。小束流也不是形貌细节高分辨的必然选择，大部分情况下，选择稍大一些的束流强度效果更佳。

对加速电压和束流强度的选择，首先要明确测试平台的性能，特别是电子枪的本征亮度大小；其次要依据样品本身的特性以及所需获取的形貌信息需求，同时还要明确不同大小的加速电压和束流强度对形貌信息的影响；最后还要具有辩证的思维方式，做到取舍得当，找出最佳的组合方式，获取最优异的测试结果。

必须明确的一点是，最佳的测试结果不会出现在测试条件选择的极端位置，一个适中的测试条件，往往会带来最优异的测试结果。

附录

本书中与扫描电镜相关的概念及其说明

概念	说明
光源	用于产生激发样品信息的激发源（可见光、电子束）。 电子显微镜的样品电子信息激发源就是高能电子束
透镜系统	用于操控激发源或由其激发的样品电子信息，形成放大的样品图像信息。在扫描电镜中主要是进一步会聚光源产生的高能电子束形成电子探针，并操控电子探针去激发样品各像素点的表面形貌信息（二次电子、背散射电子、特征 X 射线）
信息接收及处理系统	用于接收、处理由透镜系统所形成的图像信息，并生成最终的放大图像。扫描电镜形成的是表面形貌像及其附属信息
平行束成像	平行光（或散射光）打在样品上产生含有样品特征信息的透射光或反射光（体视镜），透镜系统对这些透射光或反射光进行会聚、放大，由信息接收及处理系统形成放大的图像
会聚束成像	将高能电子束会聚成极细的电子探针，由交变磁场（扫描线圈）拖动，在样品上来回扫描，激发样品各像素点的特征信息，使之被探测系统接收、处理，并生成样品的放大图像
电子枪的三级结构	电子枪分为热发射及场发射两大类型，均使用三级结构的设计，热发射电子枪的三级结构主要为阴极、栅极（负偏压）、阳极，场发射电子枪的三级结构主要为阴极、第一阳极（正偏压）、第二阳极
发射亮度	由电子枪发射出来的电子束亮度值，定义为单位立体角内的束流密度，单位是 A/（$cm^2 \cdot sr$）

续表

概念	说明
本征亮度	电子枪的本征亮度是表述电子枪品质的一个亮度值。普遍认为该值越大，电子枪的品质越高，单位为 A/（cm^2 · sr · kV）。本征亮度是一个定值，当电子枪制作完成，就确定下来。电子枪的阴极材质、结构及制作工艺对该值的大小影响极大
球差	透镜的中心区与边缘区对光线的折射会有差异，使轴上某个物点发出的光束穿越透镜后会聚在透镜后方光轴上的不同位置，在像平面上形成一个弥散斑，从而影响图像的分辨率，这种像差被称为球差
色差	任何光束很难保证束内光子的能量完全一致。不同能量的光子（对于扫描电镜，是指高能电子束中的高能电子）在通过透镜时，折射程度也会存在差别，由此在焦平面或像平面上形成一个弥散斑，产生像差。光子的能量对应着光的颜色，因此由光子的能量差异而引起的像差被称为色差
二次电子	由高能电子束激发，能量低于 50 eV 的那部分电子。这类电子主要产生于样品原子核外的价电子层
背散射电子	入射电子在样品中发生弹性或非弹性散射形成散射电子。与入射电子运动方向相反的散射电子，就是背散射电子
图片放大模式	使用 5 in 相片的底边长（12.7 cm）作为扫描电镜图像的底边长来计算放大倍率的模式
屏幕放大模式	使用成像屏幕的底边长来计算扫描电镜放大倍率的模式。各电镜厂家选用的该底边长度都不相同，大部分都在 27 cm 以上。选用不同的底边长计算放大倍率，将造成不同扫描电镜的放大倍率无法直接进行比较
分辨率	分辨率是衡量扫描电镜图像的清晰度的指标，一般来说，图像分辨率越高，所包含的像素就越多，图像就越清晰
分辨力	分辨力指的是扫描电镜对微观细节的分辨能力，是对扫描电镜分辨能力的综合评价，是引起相应示值产生可觉察到变化的被测量的最小变化

续表

概念	说明
形貌衬度	直观呈现样品表面形貌三维空间形态的衬度。该衬度的大小取决于探头接收样品信息的角度。 较大的信息接收角将形成较大的形貌衬度，有利于呈现较大的形貌细节。较小的信息接收角形成较小的形貌衬度，所能呈现的形貌细节也较小。 大细节和小细节是形貌细节的两个重要组成部分，任何一点的缺失，形貌像就不完整。大细节如同形貌像的骨架，它的缺失会使形貌像如同坍塌的皮毛，特别容易形成形貌假象；而缺失小细节会使形貌像上的细节贫乏、图像呆板、粗糙。 要形成充分的形貌像，控制好形貌衬度是基础，同时也要考虑到过大的信息接收角所接收到的过多的散射电子对小细节的影响，因此选取最合适的信息接收角就极为重要
二次电子衬度和边缘效应	二次电子的溢出量与样品表面斜率相对应，表面斜率越大，溢出样品的二次电子就越多，在边缘处斜率最大，因此溢出的二次电子最多，这就形成了二次电子衬度和边缘效应
电位衬度	样品表面存在荷电场时，将影响该部位电子信息的溢出量，图像将出现明暗异常。如果荷电场的强度较弱，图像的形态将保持不变，这就形成电位衬度。该荷电场对二次电子影响最大
Z 衬度	Z 衬度是由样品各组成相的平均原子序数（Z）及密度差异所形成的二维图像衬度。背散射电子对该差异最敏感
晶粒取向衬度	晶体材料的晶粒取向差异也会造成溢出样品表面的电子信息在溢出量和溢出方向上出现差异，从而形成晶粒取向衬度。背散射电子对该差异同样也是最敏感。该衬度也被称为电子通道衬度（ECCI），但命名的原因不详
图像清晰度	指图像上各细部纹理及其边界的清晰程度
图像辨析度	指图像上各细部纹理及其边界的可分辨程度

续表

概念	说明
荷电现象	当高能电子束轰击样品时，大量的电子被注入并留驻在样品中。如果样品的漏电能力较弱，那么自由电子就会在样品表面的局部或全体部位形成堆积，并在堆积处形成强弱不等的静电场，影响电子堆积部位及其周边的二次电子甚至是背散射电子的正常溢出，使形貌像出现异常亮、异常暗或表面被磨平的现象，并时常伴随形貌像形态的改变。该现象被称为荷电现象，而该静电场也常被称为荷电场
漏电能力	漏电能力是指物体中自由电子的迁移能力。这是一个宽泛的概念，只要物体的绝缘性下降，其漏电能力就会增强，物体漏电既会产生于物体的整体，也可产生于物体的局部位置。 本书中探讨的漏电能力主要是指样品浅表层的自由电子迁移能力。荷电是静电现象，消除荷电就是静电泄漏的过程，因此将样品浅表层电子的迁移能力命名为漏电能力。结构连续紧密的晶体材料和分散性较好的纳米颗粒的漏电能力都比较强，在进行扫描电镜测试时不容易形成荷电现象。 漏电能力和导电性是有区别的：首先漏电能力是针对静电场提出的，其次它们的定义也不相同，导电性是指物体传导电流的能力。在电工领域，导电材料常指常温下电阻率为 0.15 ～ 1×10^{-7} $\Omega\cdot m$ 的金属材料，这个概念应用广泛，扫描电镜行业中对导电材料的定义也延用了这个概念。 物体的导电性差不代表其漏电能力也差，例如，潮湿木棍的电阻极大，但是附着在其表面的水分使得其表层的漏电能力增强，如果用它接触电线，将会发生触电现象。在用扫描电镜测试的过程中会使用大量类似的材料，如碳胶带、硅晶片等
碳污染	样品表面附着的污染物（有机物）受到电子束轰击后发生了碳化，在样品上形成一个矩形的碳污染区

后记

电镜是1956年开始进入我国的，至今，在我国仅扫描电镜的保有量就达2万台左右。按照每台扫描电镜一年最少向60个学生和老师提供服务来计算，我国的扫描电镜每年至少服务120万人次。可以说，扫描电镜是我国材料、化学等领域的科研工作和高科技产品生产中不可或缺的组成部分。

本书的3位作者分别从事扫描电镜的教学、销售和推广工作，在各自的领域里拥有多达数十年的经验。多年的工作经历使我们深刻体会到，目前在国内，由于缺乏在扫描电镜操作和分析方面具有较强实操指导性的图书，很多操作人员在进行扫描电镜的测试时都存在着较大的问题。例如，仪器设备的调整不到位，因测试条件选择的不合适而形成很多测试假象，对许多测试时遇到的问题（荷电现象、热损伤、材料的磁性以及碳污染）束手无策。出现这些问题除了因为缺乏专业的指导性图书，还在于目前所普遍存在的对扫描电镜认识上的缺陷，本书针对扫描电镜测试过程中出现的问题给予充分的论述和探讨，希望能给广大扫描电镜的从业者和使用者提供必要的帮助。

需要感谢北京电镜协会的两任理事长张德添和孙异临老师、天津电镜协会的姚琲老师、福建电镜协会的陈文列老师、安徽大学资源与环境工程学院的安燕飞老师等许多同行的支持与鼓励，也要感谢人民邮电出版社编辑邓昱洲在出版过程中给予的帮助，更要感谢日立高新科学仪器北京分公司的张月明先生对本书出版的辛勤付出。最后，还要感谢张戈、林泽彬、张龙改、吴向鹏、张政委、徐瑾斐、孙千等老师给予的积极协助和日立售后经理张培景先生提供的许多关键数据。

谢谢大家支持。

扫描电镜伪彩图片

万物同源、众生一体。在自然界可以见到的美妙形态，在微观世界也同样存在。这就是自然之美，也是科学之美。下面展示了笔者近十年来所拍摄的美妙的、经过伪彩渲染的微观形态。

花粉

——来自“娘胎”里的美丽

《油菜》

《蟹爪兰》

S4800 3.0 kV 15.2 mm x1.50k 3/23/2015
30.0 μm

《玉兰》

S4800 3.0 kV 15.2 mm x2.50k 3/30/2015
20.0 μm

《迎春花》

S4800 3.0 kV 15.4 mm x1.80k 2/17/2015
30.0 μm

《风信子》

S4800 3.0 kV 15.1 mm x800 3/30/2015
50.0 μm

《蒲公英》

S4800 3.0 kV 15.1 mm x1.50k 12/28/2015
30.0 μm

《北黄花菜》

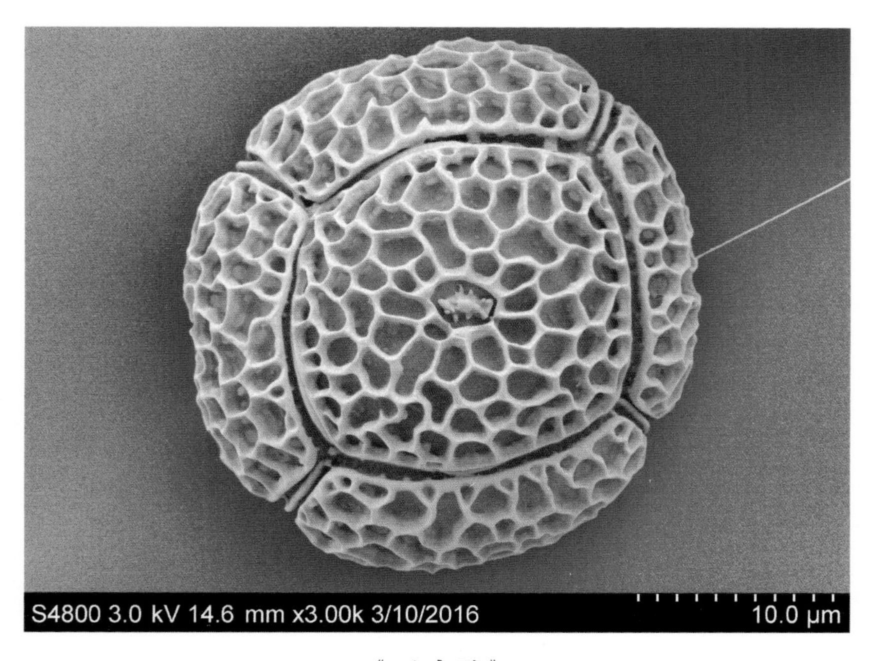
S4800 3.0 kV 14.6 mm x3.00k 3/10/2016
10.0 μm

《五味子》

S4800 3.0 kV 15.4 mm x4.50k 11/8/2016
10.0 μm

《轮叶婆婆纳》

S-4800 3.0 kV 14.8 mm x4.00k 12/24/2016
10.0 μm

《沙蓬》

S4800 3.0 kV 15.6 mm x3.50k 10/13/2016
10.0 μm

《刺五加》

S4800 3.0 kV 15.2 mm x2.50k 5/19/2016
20.0 μm

《牡丹草》

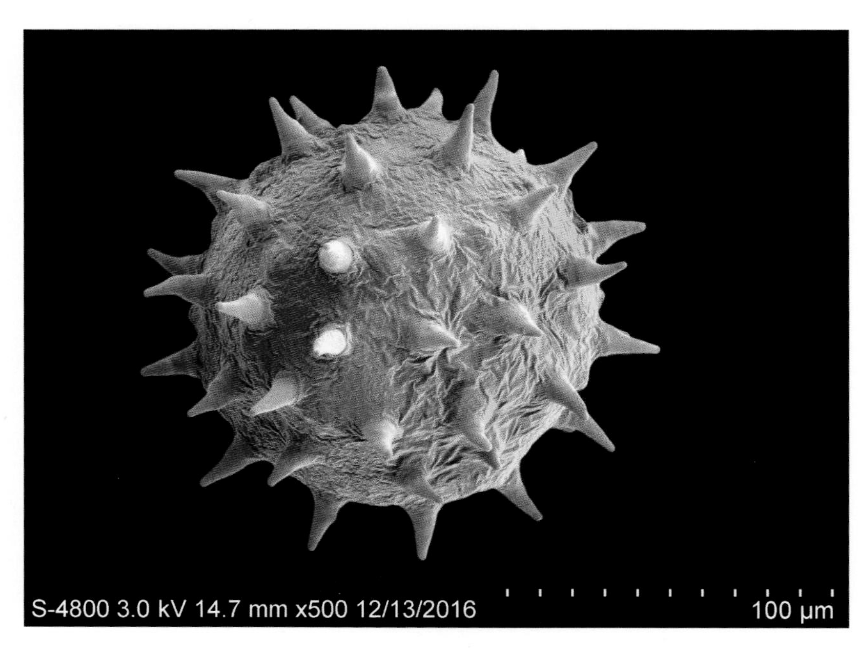
S-4800 3.0 kV 14.7 mm x500 12/13/2016
100 μm

《木槿》

S4800 3.0 kV 15.5 mm x2.00k 10/13/2016
20.0 μm

《败酱》

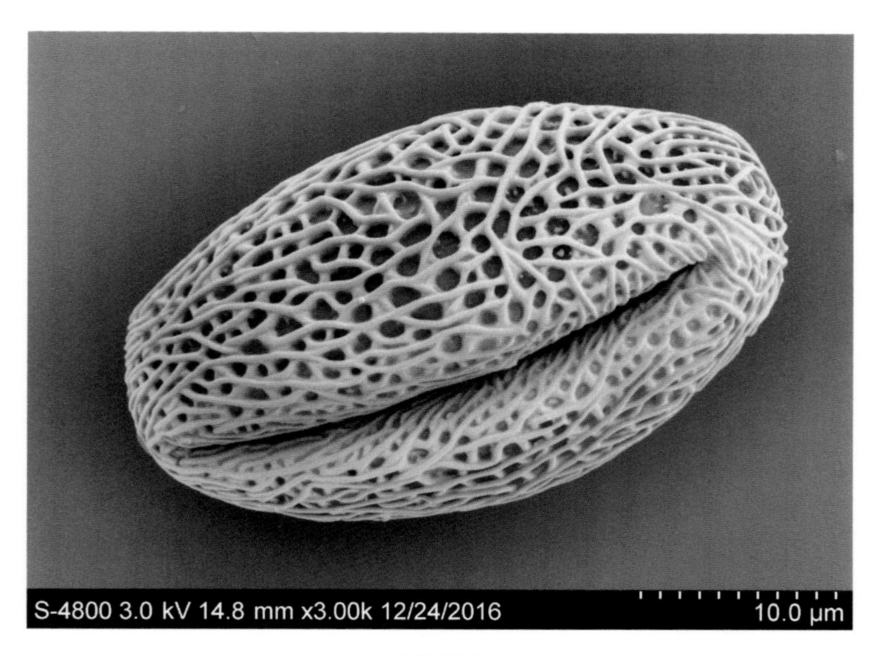
S-4800 3.0 kV 14.8 mm x3.00k 12/24/2016
10.0 μm

《臭椿》

S4800 3.0 kV 15.8 mm x2.00k 10/13/2016
20.0 μm

《藿香》

S-4800 3.0 kV 15.0 mm x2.00k 12/30/2016
20.0 µm

《曼陀罗》

S4800 3.0 kV 15.2 mm x5.00k 5/19/2016
10.0 µm

《樱草》

S4800 3.0 kV 15.2 mm x2.20k 11/9/2016
20.0 μm

《蹄叶橐吾》

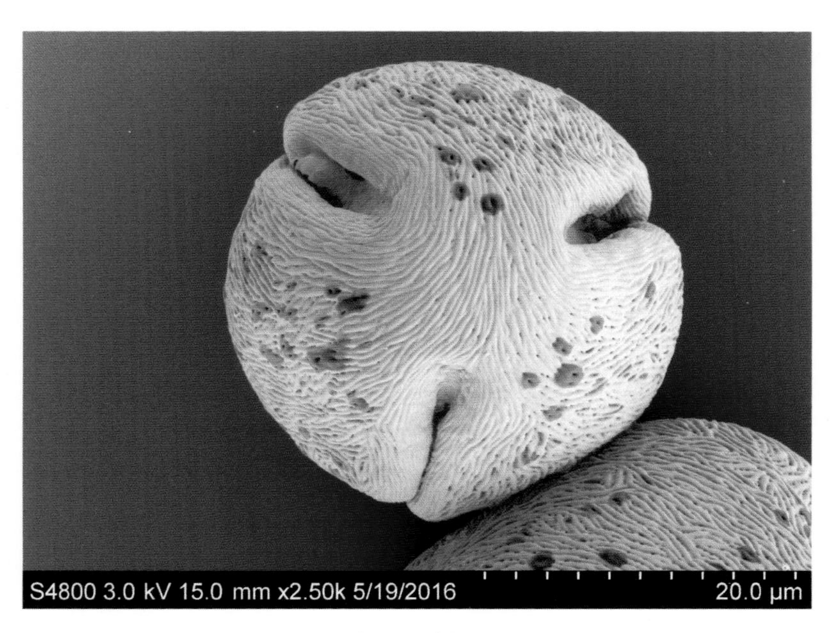
S4800 3.0 kV 15.0 mm x2.50k 5/19/2016
20.0 μm

《毛山楂》

细菌
——“恐怖”的另一面是环保和唯美

《正在分解金属锰的细菌》

《正在分解淤泥中重金属的细菌》

神奇而美丽的微纳世界
——美丽无处不在

《硅藻》

重要的水环境监测指示物种

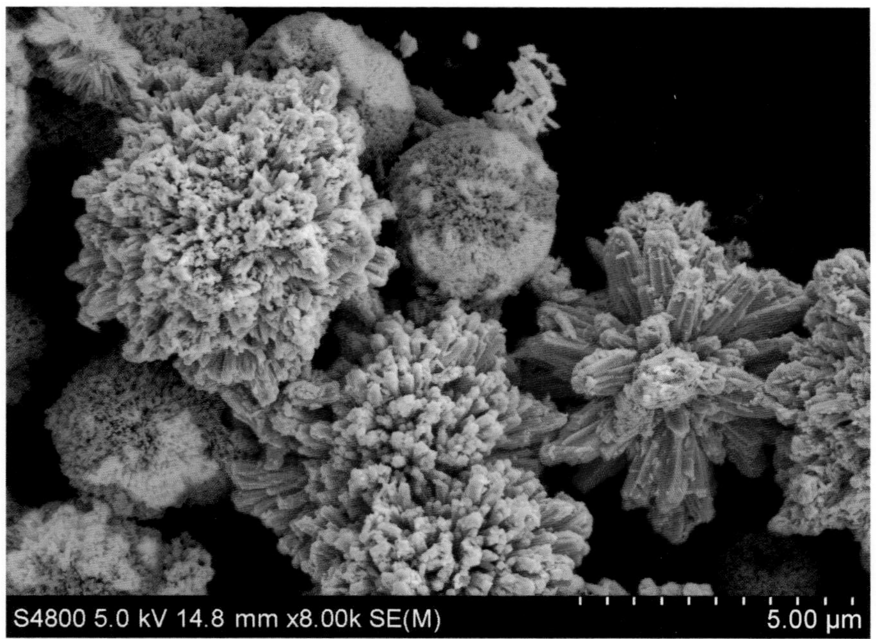

《硫化铜》

铜的化合物常常能形成美丽的形态

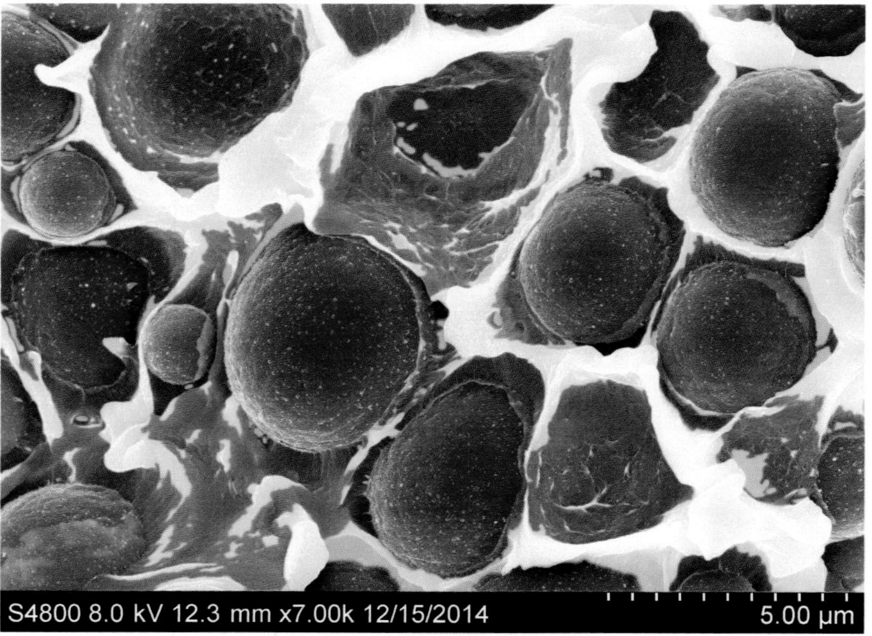

《来自微观世界的奶油巧克力》

硫化锌（上），PPS–PEEK 混合物（下）

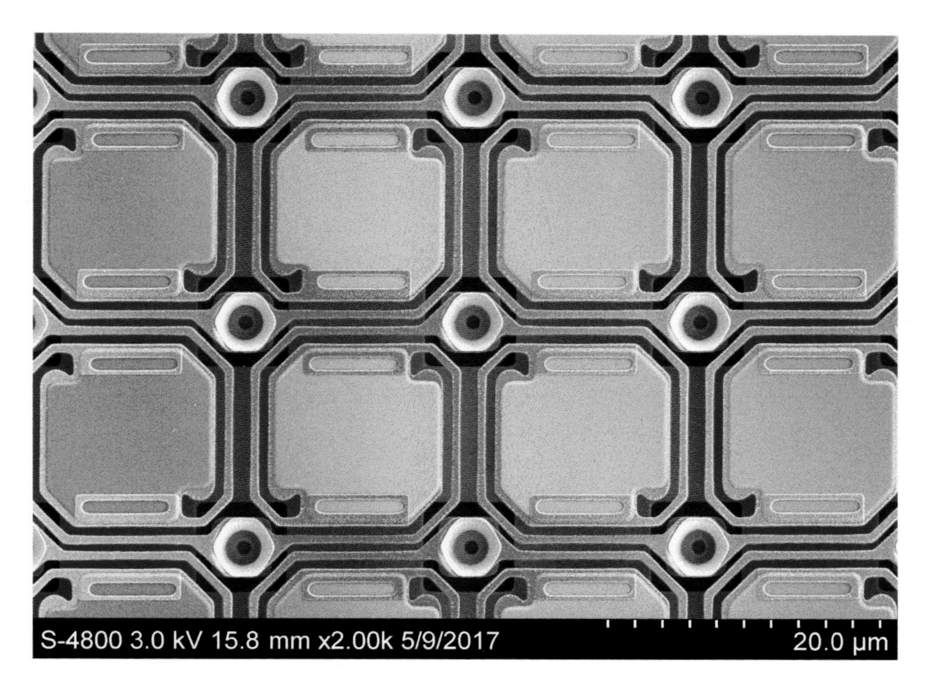

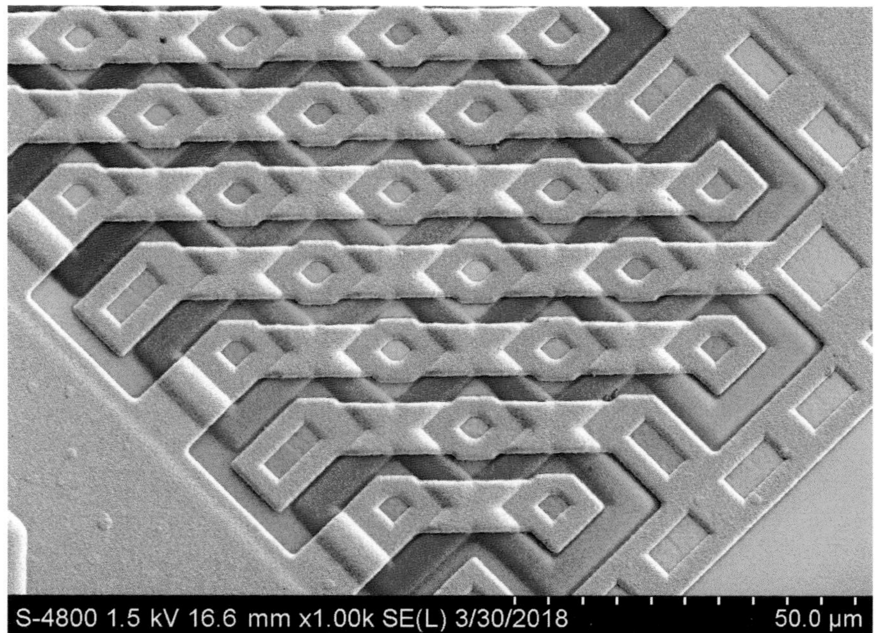

《整齐划一》

光敏探头（上），集成电路（下）

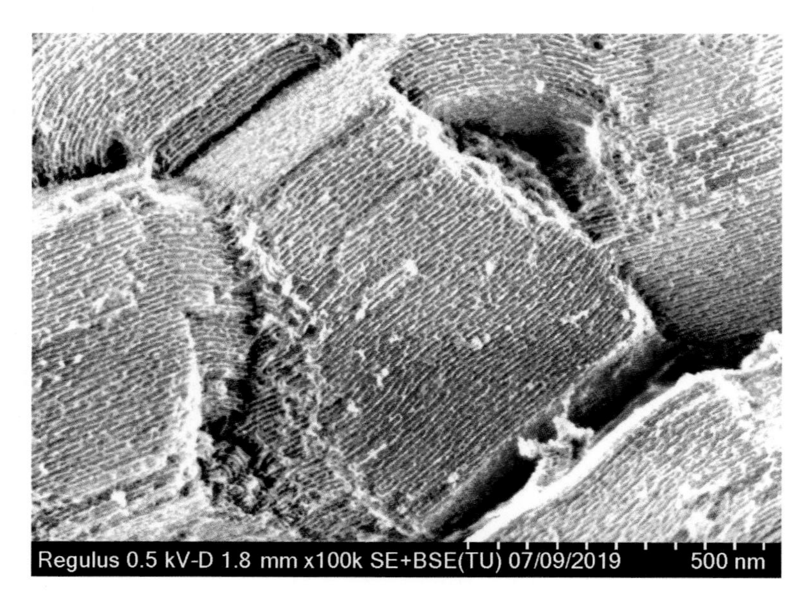

《千层糕》

介孔 SBA-15

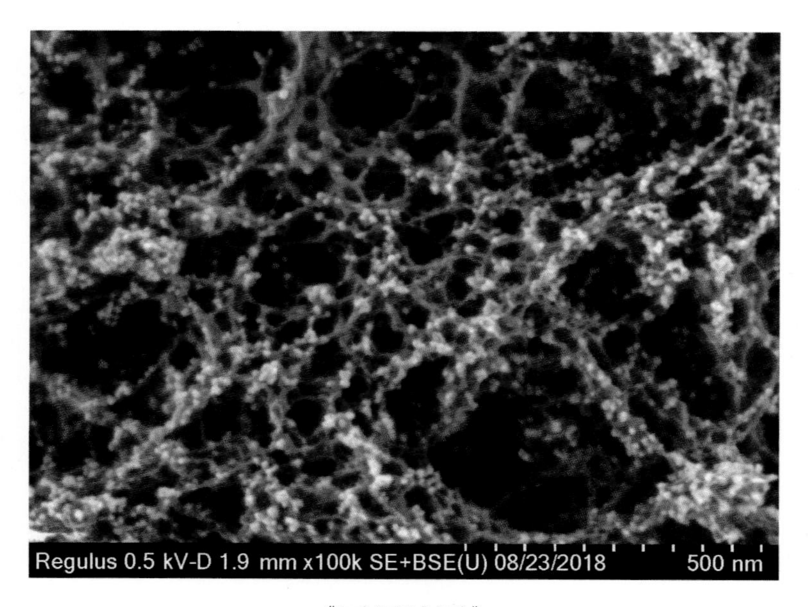

《天罗地网》

气凝胶

《花花世界 1》

硫化铋 + 硫化钼

《花花世界 2》

钼酸铋（上），泡沫镍 + 氧化铜（下）

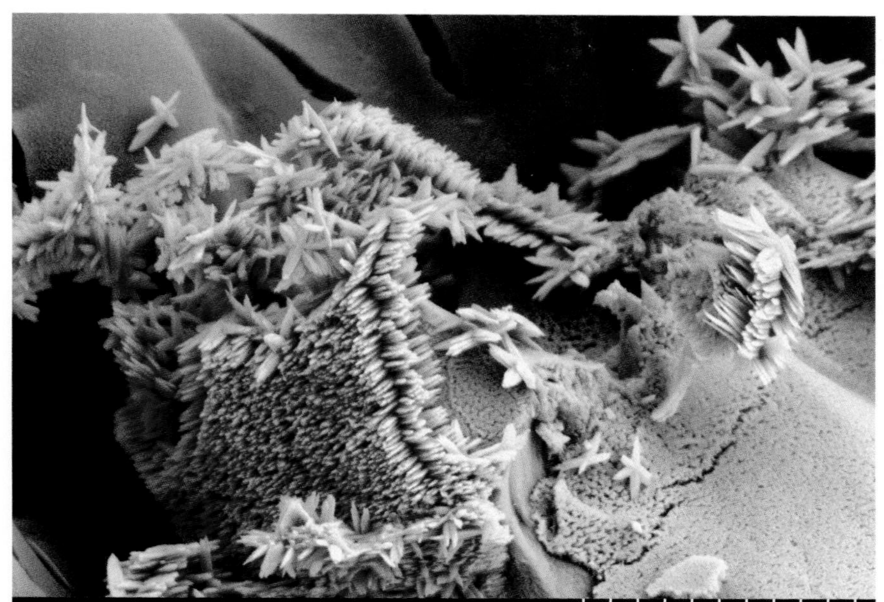

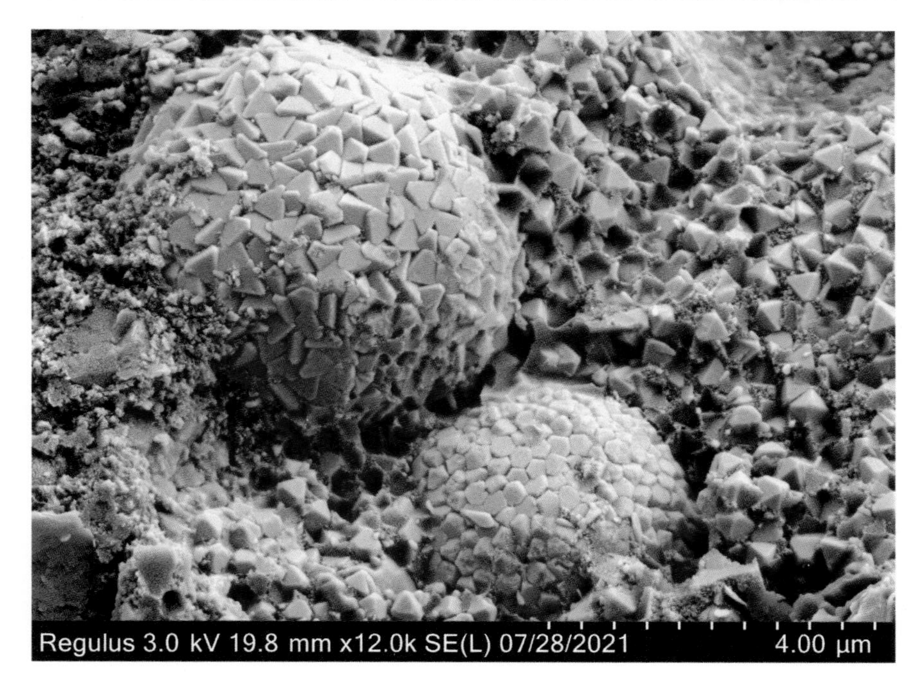

《来自远古的宝藏》

赤铁矿（上），黄铁矿（下）

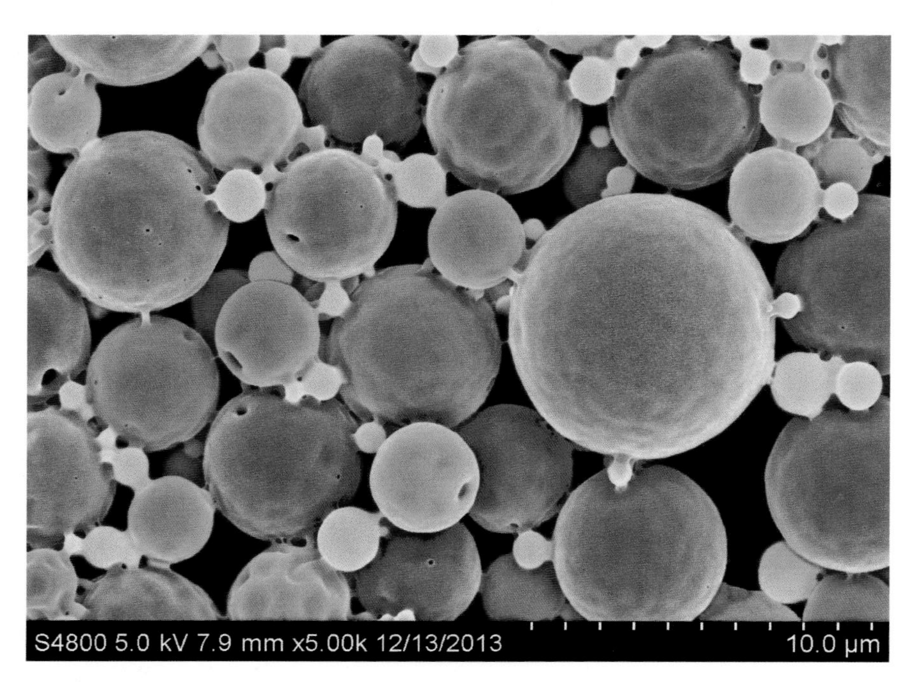

《方园之间》

有机纳米球（上），MOF（下）

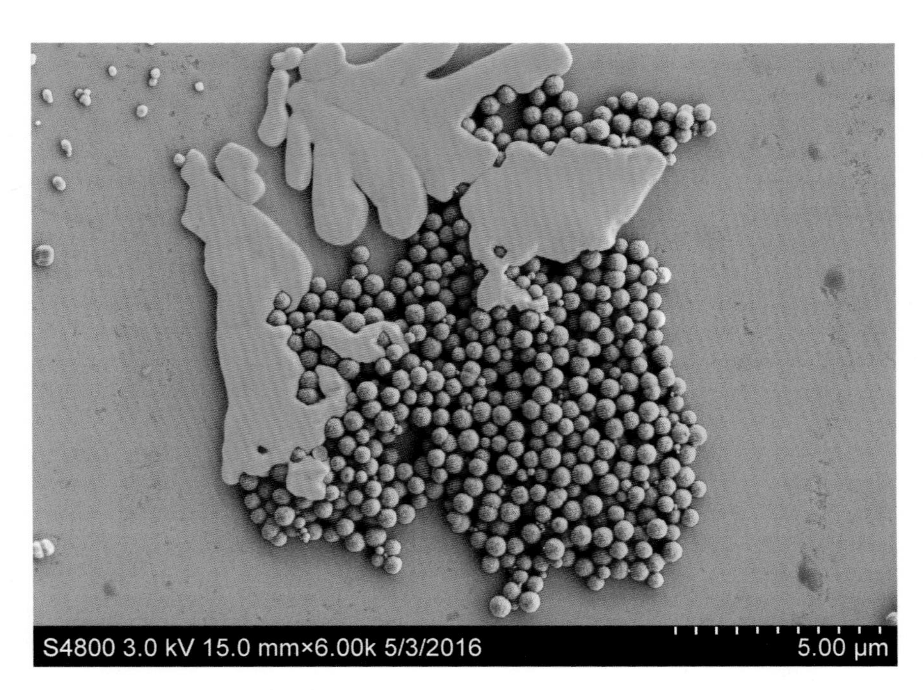

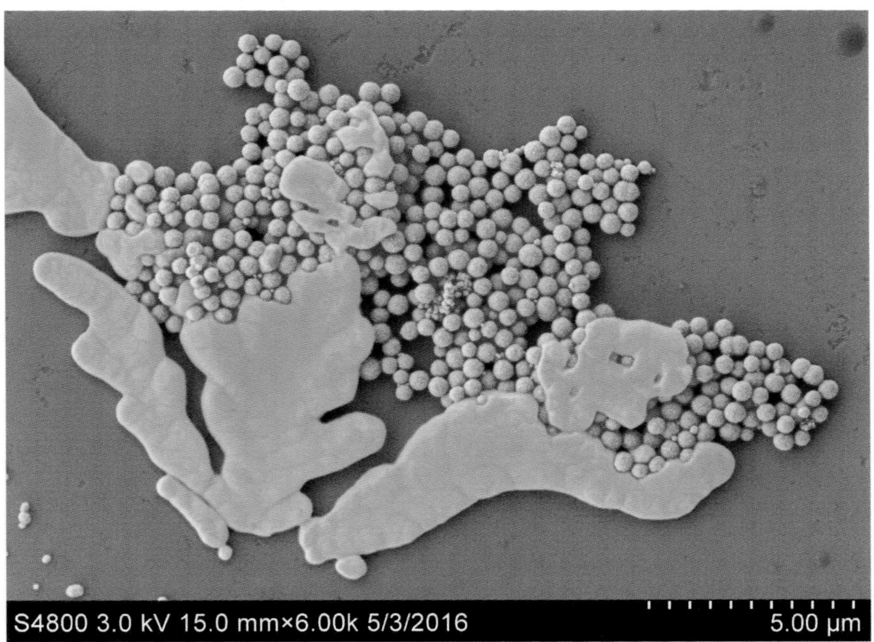

《葡萄高粱变奏曲》

四氧化三铁 + 高分子材料